Leitfaden für die physiologischen Übungen

von

Dr. Ferdinand Scheminzky
Privatdozent für Physiologie an der Universität Wien

Mit 82 Abbildungen

Wien
Verlag von Julius Springer
1930

Alle Rechte, insbesondere das der Übersetzung
in fremde Sprachen, vorbehalten.
ISBN-13: 978-3-7091-5168-6   e-ISBN-13: 978-3-7091-5316-1
DOI: 10.1007/978-3-7091-5316-1
Copyright 1930 by Julius Springer in Vienna.

Softcover reprint of the hardcover 1st edition 1930

Vorwort.

Wenn trotz der vielen schon vorhandenen Einführungen in die physiologischen Übungen dieser Leitfaden geschrieben wurde, so liegt der Grund darin, daß eben jedes Institut nach Tradition, Bestand an Apparaten usw. sein eigenes Praktikum hat. So ist das vorliegende Buch in erster Linie für den Gebrauch am Physiologischen Institut der Wiener Universität bestimmt, wo wegen der sehr großen Hörerzahl viele Versuche, die sonst ausgeführt werden, ausfallen und durch andere ersetzt werden müssen. Da die Studierenden nicht immer jene Vorkenntnisse mitbringen, die zum Verständnis der Versuche erforderlich sind, so mußte vielfach auch auf die theoretischen Grundlagen kurz eingegangen werden. Die große Hörerzahl bringt es auch mit sich, daß trotz einer wöchentlichen Einführungsvorlesung im Zusammenhang mit dem Praktikum und eines sehr ausgedehnten Übungsdienstes es nicht immer möglich ist, jedem einzelnen Studierenden alle Schwierigkeiten aus dem Weg zu räumen; so erklärt es sich auch, daß oft nebensächlich oder selbstverständlich Scheinendes berücksichtigt wurde. Der Verfasser hofft, daß das vorliegende Buch den Studierenden als Ratgeber dienen werde, die Versuche richtig und mit Verständnis auszuführen.

Die Abbildungen sind zum großen Teil Originale; Nr. 15, 24, 25, 36, 72, 75, 79, 80, 81 und 82 wurden dem Physiologischen Praktikum von E. ABDERHALDEN, Nr. 58 dem Physiologischen Praktikum von L. ASHER, Nr. 27, 70 und 71 dem Lehrbuch klinischer Untersuchungsmethoden von BRUGSCH-SCHITTENHELM, Nr. 6, 10, 16, 20 und 28 dem Lehrbuch der Physiologie von R. HÖBER, Nr. 22 dem Buch „Die Capillaren in gesunden und kranken Tagen" von O. MÜLLER und Nr. 51 der Monographie von A. KROGH über die Anatomie und Physiologie der Capillaren entnommen.

Meinem verehrten Chef, Herrn Professor A. DURIG, möchte ich hier ganz besonders für die Beratung und die mühevolle Durchsicht des Manuskriptes danken. Ebenso gebührt auch der Dank des Verfassers dem Verlag Julius Springer, der sich in entgegenkommendster Weise bemühte, das Buch in allerkürzester Zeit herauszubringen.

Wien, im September 1930.

F. SCHEMINZKY.

Inhaltsverzeichnis.

Seite

I. Zur Physiologie des Blutes 1

   1. Herstellung eines nativen Blutpräparates 4
   2. Herstellung eines gefärbten Blutpräparates mit Giemsalösung 7
   3. Herstellung eines Thrombocytenpräparates 9
   4. Beobachtung lebender Froschleukocyten 11
   5. Zählung der roten und weißen Blutkörperchen 12
   6. Resistenzbestimmung der roten Blutkörperchen 18
   7. Hämoglobinbestimmung mit dem Hämometer nach SAHLI .. 19
   8. Herstellung der TEICHMANNschen Häminkrystalle 21
   9. Untersuchung von Blutspektren 23
 10. Bestimmung der Blutgruppen 28
 11. Bestimmung des spezifischen Gewichtes des Blutes nach HAMMERSCHLAG 30
 12. Chemischer Blutnachweis mit Benzidin und Guajac-Harz .. 32

II. Zur Physiologie des Blutkreislaufes und der Atmung 33

 13. Perkussion der Lungen-Lebergrenze und der absoluten Herzdämpfung 33
 14. Auscultation der Lunge und des Herzens 37
 15. Beobachtung der Lungen und des Herzens bei Röntgendurchleuchtung 40
 16. Untersuchung des Radialispulses durch Palpation und Registrierung der Pulskurve 42
 17. Registrierung des Carotispulses auf dem Kymographion .. 45
 18. Nachweis des Carotispulses mit der Flammenkapsel 48
 19. Nachweis des Volumpulses mit dem Fingerplethysmographen 48
 20. Messung des systolischen Blutdruckes 49
 21. Beobachtung der menschlichen Capillaren am Nagelfalz ... 51
 22. Registrierung der Atmungsbewegungen 53
 23. Bestimmung der Atemvolumina (Spirometrie) 55
 24. Nachweis der Kohlensäure in der Ausatmungsluft 57

III. Physikalisch-chemische Versuche 57

 25. Ausflockung positiv und negativ geladener kolloidaler Lösungen 57
 26. Die optischen Eigenschaften von Kolloiden und Krystalloiden 58
 27. Dialyseversuche 59
 28. Vergleich des capillaren Verhaltens von Kolloiden 59
 29. Reversible und irreversible Eiweißfällung 60
 30. Versuche über Quellung 61
 31. Versuche über Adsorption 62
 32. Versuche an einer semipermeablen Membran 63

Inhaltsverzeichnis. V

Seite

IV. Versuche zur Physiologie der Verdauung und Ausscheidung 64

33. Mikroskopische Untersuchung der Kartoffelstärke 64
34. Nachweis von Rhodankalium im Speichel 65
35. Nachweis der Kohlehydratverdauung durch den Speichel . . 65
36. Eiweißverdauung durch Pepsin-Salzsäure 67
37. Untersuchung der Reaktion des Magensaftes 69
38. Quantitative Salzsäurebestimmung im Magensaft durch Titration (nach TOEPFER) 69
39. Nachweis von Milchsäure im Magensaft 71
40. Emulgierung der Fette durch Alkalien 72
41. Untersuchung eines ungefärbten Kotpräparates 73
42. Stärkenachweis im Kot mit Jod-Jodkalium-Lösung 74
43. Fettnachweis im Kot 75
44. Herstellung eines gefärbten Kotpräparates 75
45. Blutnachweis im Kot 75
46. Physikalische Untersuchung des Harnes 76
47. Mikroskopische Untersuchung der Harnsedimente 77
48. Nachweis von Eiweiß im Harn 79
49. Nachweis von Zucker im Harn 81
50. Nachweis der Gallenfarbstoffe 86
51. Nachweis von Aceton und Acetessigsäure 87
52. Nachweis von Urobilin 87
53. Nachweis von Harnindican 88
54. Nachweis von Blut im Harn 88

V. Schaltungsübungen 88

55. Schaltung von Elementen 96
56. Gebrauch des Stromwenders 98
57. Methoden zur Polbestimmung 99
58. Schaltungen mit der Wippe 100
59. Widerstände in Hauptschlußschaltung 103
60. Verwendung von Meßinstrumenten 105
61. Schaltungen mit Glühlampen 107
62. Verwendung von Transformatoren 110
63. Verwendung von Stromschlüssel und Wippe als Shunt . . . 112
64. Schaltung von Widerständen zur Spannungsteilung 113
65. Versuche mit dem Induktorium 119

VI. Physiologische Versuche am Frosch 123

66. Beobachtung des Blutkreislaufes in der Froschzunge 123
67. Beobachtung des Blutkreislaufes in der Froschschwimmhaut 124
68. Beobachtungen am freigelegten Froschherzen 125
69. Nachweis, daß das Herz nicht tetanisierbar ist 126
70. Registrierung der Tätigkeit des ausgeschnittenen Herzens mit dem Fühlhebel 127
71. Elektrische Reizung des ausgeschnittenen Herzens 128
72. Beobachtung an einem in Flüssigkeit suspendierten Herzen; Einfluß von Wärme und Kälte und von Adrenalin . . . 129
73. Beobachtungen am Flimmerepithel 131

VI Inhaltsverzeichnis.

Seite

74. Herstellung und elektrische Reizung eines Muskelpräparates (Musc. gastrocnemius) 132
75. Einfluß der Belastung auf die Hubhöhe 138
76. Aufzeichnen einer Ermüdungskurve 138
77. Bestimmung der Latenzzeit der Muskelzuckung 139
78. Registrierung tetanischer Kontraktionen 140
79. Aufzeichnungen isometrischer Muskelzuckungen 141
80. Herstellung eines Nervmuskelpräparates bzw. des „physiologischen Rheoskopes" 142
81. Mechanische, osmotische und elektrische Reizung des Nerven 144
82. Der Elektrotonus 145
83. PPLÜGERsches Zuckungsgesetz 147
84. Nachweis der Polarisation im Nerven 148
85. Nachweis des Muskelaktionsstromes mittels der sekundären Zuckung 149
86. Beobachtung der Aktionsströme des schlagenden Herzens mit dem Capillarelektrometer 149
87. Nachweis der Demarkationsströme bei Nerv und Muskel . . 153
88. Nachweis der „negativen Schwankung" im Muskel 154
89. Nachweis des Hautruhestromes 154

VII. **Reizversuche an Nerven und Muskeln beim Menschen** . . 155
90. Faradische Reizung 159
91. Galvanische Reizung 160

VIII. **Versuche zur Physiologie der Sinnesorgane und des Zentralnervensystems** 162
92. Aufsuchung von Druck-, Schmerz- und Temperaturpunkten der Haut 162
93. Versuche über die Lokalisation auf der Haut 163
94. Bestimmung der oberen Hörgrenze 164
95. Versuche über Resonanz 165
96. Untersuchung des Hörvermögens 166
97. Nachweis des Abströmens von Schall durch den äußeren Gehörgang 170
98. Untersuchung des Drehnystagmus 170
99. Auslösung des calorischen Nystagmus 172
100. Galvanischer Schwindel am Kaninchen 174
101. Übungen am Brillenkasten 174
102. Statische und dynamische Refraktion; Nachweis der Akkommodation mit den PURKINJE-SANSONschen Spiegelbildchen . 178
103. Nachweis der Zunahme des Brechungsvermögens bei der Akkomodation mit dem SCHEINERschen Versuch. 181
104. Objektiver und subjektiver Nachweis der Pupillenreaktion . 183
105. Nachweis der chromatischen Aberration des Auges 184
106. Bestimmung der Sehleistung 185
107. Untersuchung von Refraktionsanomalien; Bestimmung der Sehschärfe 186
108. Nachweis des Astigmatismus mit dem Keratoskop 189
109. Stenopäisches Sehen 190

Inhaltsverzeichnis. VII

	Seite
110. Beobachtung der Gefäßschattenfigur im eigenen Auge . . .	191
111. Beobachtung der Blutströmung in den eigenen Netzhautgefäßen.	192
112. Übungen mit dem Augenspiegel	192
113. Augenspiegel nach THORNER	196
114. Bestimmung des Gesichtsfeldes mit dem Perimeter	197
115. Prüfung des Farbensinnes	199
116. Prüfung der Tiefensensibilität und der Koordination . . .	200
117. Bestimmung der Reaktionszeit und der Wahlzeit	202
Sachverzeichnis	204

I. Zur Physiologie des Blutes.

Das Blut besteht aus dem Blutplasma und mikroskopisch kleinen, geformten Elementen, den roten und weißen Blutkörperchen, sowie den Blutplättchen.

Die meisten der folgend beschriebenen Versuche werden mit Menschenblut ausgeführt, das durch eine kleine Stichwunde austritt. Zum **Einstich** benutzt man eine lanzettförmige Nadel, über die eine Kappe zur Einstellung einer bestimmten Stichtiefe geschraubt werden kann. Auch federnde Schnepper sind im Gebrauch. Als Einstichstelle wählt man die Fingerbeere z. B. des kleinen Fingers der linken Hand oder das Ohrläppchen, weil dort die Hornschicht am dünnsten ist. Die Einstichstelle und das Instrument sind vorher durch Abreiben mit einem in Äther, Alkohol oder Toluol getauchten Wattebausch gründlich zu reinigen. Der Einstich darf aber erst erfolgen, wenn die Reinigungsflüssigkeit vollständig verdunstet ist, weil geringe Spuren von ihr schon die Blutkörperchen zerstören würden. Man legt den Finger mit der Rückseite auf eine harte Unterlage und sticht mit einem kurzen, federnden Schlag in die Haut ein. Es ist empfehlenswert, den Stecher aus einiger Entfernung gegen den Finger zu schlagen und ihn nicht einfach aufzusetzen und einzudrücken, weil das letztere Verfahren viel schmerzhafter als das Schlagen ist und dabei meist eine zu kleine Einstichöffnung ergibt. Erfahrungsgemäß ist es auch besser, sich nicht selbst zu stechen. Der erste aus der Wunde austretende Bluttropfen wird mit einem trockenen Wattebausch abgewischt, da er mit Gewebsflüssigkeit und auch mit Resten der in den Hautfurchen etwa zurückgebliebenen Reinigungsflüssigkeit gemischt sein kann. Erst das nach dem Abwischen austretende Blut wird verwendet. Die Blutung aus der kleinen Wunde steht sehr rasch; durch Aufdrücken eines reinen Wattebausches kann dies noch beschleunigt werden.

Einleitend sollen auch einige Worte über den **Bau des Mikroskopes** gesagt werden. Abb. 1 zeigt eine gebräuchliche Mikroskoptype und gibt die Bezeichnungen der einzelnen Teile. Der Tisch dient zum Auflegen des mikroskopischen Präparates, das dort mit den Klammern fixiert werden kann. Unterhalb des Tisches befindet sich der Beleuchtungsapparat (ABBEscher Kondensor), ein System

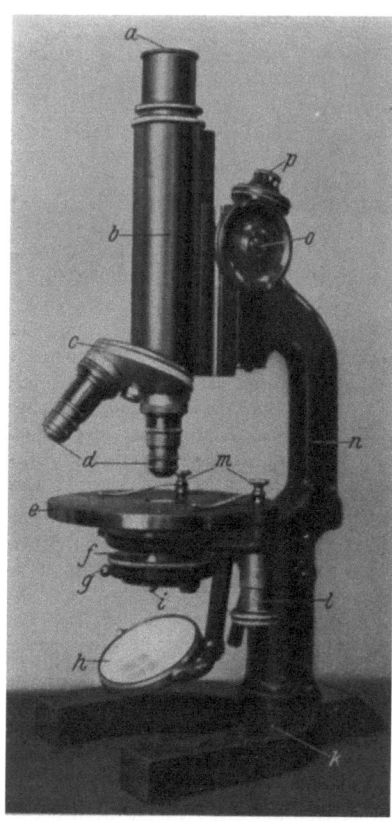

Abb. 1. Das Mikroskop und seine Teile (Stativ C nach STEINACH, Optische Werke C. Reichert, Wien).

a Okular, *b* Tubus, *c* Revolver, *d* Objektive, *e* Tisch, *f* Beleuchtungskondensor, *g* Knopf zur Regulierung der Irisblende, *h* Spiegel, *i* Griff des Ringes zum Einlegen einer Mattscheibe bei künstlicher Beleuchtung, *k* Fuß, *l* Schraube zum Heben und Senken des Kondensors, *m* Klammern zur Befestigung des Objektträgers, *n* Griff zum Tragen des Stativs, *o* Triebrad (Grobeinstellung), *p* Mikrometerschraube (Feineinstellung).

von Konvexlinsen. Er kann mit einem seitlichen Trieb gehoben und gesenkt werden und trägt unten eine Irisblende zur Regulierung der Beleuchtung, die durch den in der Abbildung links am Kondensor sichtbaren, kleinen, runden Knopf geöffnet und zugezogen werden kann. Mit Hilfe des nach allen Seiten beweglichen Hohl- und Planspiegels wird das Licht in den Beleuchtungsapparat geworfen. Oberhalb des Tisches befindet sich der Mikroskoptubus mit den nach unten gerichteten Objektiven und dem oben eingesetzten Okular. Die Okulare können herausgezogen und ausgewechselt werden; das zu benützende Objektiv wird mit Hilfe des drehbaren Revolvers in die optische Achse des Mikroskopes gebracht. Der Tubus läßt sich mit einer Zahnleiste und einem Triebrad heben und senken und so in die Nähe des Präparates bringen (Grobeinstellung). Eine im Stativ eingebaute Mikrometerschraube erlaubt eine Feinbewegung des Tubus, um das Präparat in verschiedenen Tiefen durchmustern zu können. Da die einzelnen Beobachter oft eine verschiedene Refraktion haben und die einzelnen Teile des Präparates immer in verschiedenen Ebenen liegen, so muß jeder, der in ein Mikroskop blickt, nach der Grobeinstellung sogleich an die Mikrometerschraube greifen und das Präparat scharf einstellen.

Zum **Mikroskopieren** öffnet man die Irisblende und wendet, während man in das Okular blickt, den Hohl- oder Planspiegel der Lichtquelle zu und bewegt ihn so lange, bis das Gesichtsfeld gleichmäßig hell erscheint. Bei Tageslicht und bei starken Vergrößerungen verwendet man zweckmäßig den Planspiegel, bei künstlichem Licht den Hohlspiegel, wobei jedoch von Fall zu Fall zu prüfen ist, ob nicht der andere Spiegel eine noch günstigere Beleuchtung ergibt. Ist das Gesichtsfeld unregelmäßig beleuchtet (besonders bei künstlichem Licht), so kann durch Senken des ABBE-Kondensors (evtl. auch durch Einlegen einer Mattscheibe in den Ring am Kondensor) die Beleuchtung gleichmäßiger gemacht werden. Bei künstlichem Licht wird das Suchen der richtigen Spiegelstellung oft durch Herausziehen des Okulares aus dem Tubus und direktes Blicken auf das Objektiv erleichtert. Das Okular ist natürlich nach Einstellen des Spiegels wieder einzusetzen. Man bringt nun den Objektträger, auf dem sich (vom Deckglas bedeckt) das Präparat befindet, auf den Mikroskoptisch, so daß die zu untersuchende Stelle unmittelbar über den Kondensor zu liegen kommt, und befestigt ihn dort mit den Präparatklammern. Man beginnt die Einstellung mit dem schwachen Objektiv, indem man durch Bewegen des Tubus mit dem Trieb die unterste Linse des Objektives (die Frontlinse) in den richtigen Abstand vom Präparat bringt. Das ins Okular blickende Auge sieht plötzlich das Bild des Präparates auftauchen, das durch Benützen der Mikrometerschraube scharf eingestellt wird. Bei ungefärbten Präparaten ist die Irisblende vorher stark zuzuziehen, weil man sonst oft das Bild übersieht. Soll eine Stelle mit starker Vergrößerung untersucht werden, so wird sie in die Mitte des Gesichtsfeldes gerückt und durch Drehen des Revolvers das stärkere Objektiv in die optische Achse des Mikroskopes gebracht, wobei auch das Bild wieder annähernd scharf sein soll. Man muß sich vor dem Objektivwechsel jedoch stets vergewissern, ob der Revolver der Objektivlänge angepaßt ist und nicht etwa das stärkere Objektiv beim Vorüberdrehen das Präparat berührt und beschädigt. In diesem Fall muß der Tubus mit dem Trieb ein wenig gehoben werden. Ist dagegen das Objektiv zu kurz, so muß der Tubus entsprechend gesenkt werden. Da bei der stärkeren Vergrößerung das Objektiv ganz nahe an das Präparat herankommt, so müssen alle Bewegungen mit dem Trieb oder der Mikrometerschraube besonders vorsichtig ausgeführt werden. Je nach der Firma sind die Objektive verschieden bezeichnet. Bei den im Wiener physiologischen Institut verwendeten REICHERT-Mikroskopen ist das schwächere Objektiv mit Nr. 4b und das stärkere mit Nr. 7a bezeichnet. Der Abstand der Frontlinse vom Deckglas, der Arbeitsabstand, ist für das Objektiv Nr. 4b etwa 2,5 mm, für das Objektiv Nr. 7a etwa 0,5 mm. Die Kenntnis dieser Zahlen ist wichtig, weil man *während des Ein-*

stellens wiederholt den Abstand zwischen Deckglas und Objektiv kontrollieren muß, um eine Beschädigung des Präparates oder der Frontlinse zu vermeiden.

Nach der Scharfeinstellung des Präparates muß noch die Beleuchtung entsprechend nachreguliert werden, um alle Einzelheiten genügend erkennen zu lassen. Als allgemeine Regel gilt, daß bei ungefärbten Präparaten (z. B. bei Untersuchung eines ungefärbten Blutausstriches) die Irisblende etwas verengt oder der Kondensor gesenkt werden soll; gefärbte Präparate werden dagegen besser mit weiter geöffneter Blende oder höher gestelltem Kondensor untersucht, doch ist die günstigste Blendenöffnung jedesmal auszuprobieren. Da starke Vergrößerungen mehr Licht erfordern als schwache, so ist beim Übergang zum stärkeren Objektiv gleichfalls die Blende wieder etwas zu erweitern. Sollte nach der Scharfeinstellung des Präparates das Gesichtsfeld wieder ungleichmäßig beleuchtet sein, so muß man durch Senken des Kondensors oder durch Verändern der Spiegelstellung wieder eine gleichmäßige Helligkeit zu erzielen trachten. Auch nach der Scharfeinstellung muß man bei der Durchmusterung ständig die Mikrometerschraube bewegen, weil nur so die verschiedenen Schichten des Präparates untersucht werden können.

Erscheint das Präparat verschmutzt oder treten im Gesichtsfeld Flecken auf oder sind die Einzelheiten verschleiert, so ist zunächst das Präparat (durch Verschieben), das Okular (durch Drehen) sowie die Frontlinse (nach Abschrauben des Objektives) auf Reinheit zu untersuchen. Besonders die Frontlinse ist leicht der Verschmutzung ausgesetzt. Sie wird mit einem reinen Läppchen und einem Tropfen destillierten Wassers oder mit etwas Benzin gereinigt, wenn wasserunlösliche Substanzen, besonders Harzreste, an ihr haften. Das Objektiv muß, schräg gegen das Licht gehalten, eine gleichmäßig spiegelnde Frontlinse zeigen.

1. Herstellung eines nativen Blutpräparates.

Erforderlich: Stecher, Objektträger, Deckgläser, Mikroskop, Watte, Toluol.

Die Deckgläser und die Objektträger werden mit einem Läppchen und gewöhnlichem Leitungswasser gereinigt; sind sie fett — was sich dadurch äußert, daß sich das Wasser nicht gleichmäßig auf ihnen ausbreitet, sondern sich zu kleinen, isoliert stehenden Tropfen zusammenzieht —, so muß man zur Reinigung 60—90proz. Alkohol verwenden.

Das aus dem kleinen Einstich austretende Blut sammelt sich auf der Fingerbeere an; ein vorher sorgfältig gereinigtes Deckgläschen wird in horizontaler Lage mit der Kuppe des Bluttropfens in Berührung gebracht, sofort wieder abgehoben und auf ein gleichfalls sorgfältig gereinigtes zweites Deckglas gelegt. Der Bluttropfen breitet

Herstellung eines nativen Blutpräparates.

sich zwischen den beiden Deckgläschen infolge capillarer Kräfte sofort zu einer dünnen Schicht aus. Die Deckgläser müssen dabei so übereinander gelegt werden, daß sie gegeneinander etwa um 45° verdreht sind und alle acht Ecken zusammen eine Sternfigur bilden, wie dies Abb. 2 zeigt. Je ein Deckglas wird nun mit zwei Fingern der linken bzw. rechten Hand erfaßt und die beiden Deckgläser rasch auseinandergezogen. Man legt sie hierauf mit der noch feuchten Blutseite nach oben auf ein Stück Filtrierpapier und läßt das Blut eintrocknen. Erst die „lufttrockenen" Deckgläschen dürfen weiter verwendet werden.

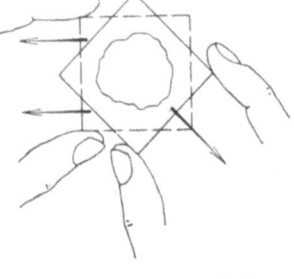

Abb. 2. Lage der beiden Deckgläschen vor dem Auseinanderziehen beim Anfertigen des Blutausstriches.

Der eine der beiden lufttrockenen Blutausstriche wird mit der Blutseite nach unten auf einen gereinigten Objektträger gelegt und mit diesem auf den Mikroskoptisch gebracht. Die mit Blut bestrichene Seite des Deckgläschens ist durch Schräghalten und Spiegelnlassen leicht zu erkennen; die „Glasseite" glänzt, die „Blutseite" erscheint matt.

Die **Untersuchung des Präparates** erfolgt bei vorher eingestellter Beleuchtung zunächst mit dem schwachen Objektiv, dann erst wird die stärkere Vergrößerung benützt. Das mikroskopische Bild läßt die drei charakteristischen Elemente des Blutes, die roten Blutkörperchen, die weißen Blutkörperchen und die Blutplättchen erkennen (Abb. 3).

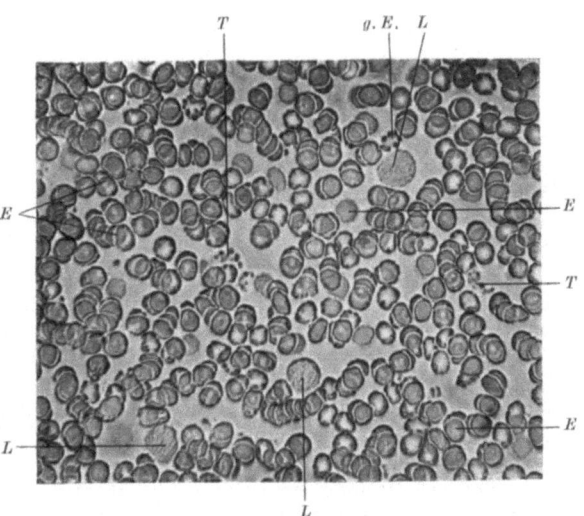

Abb. 3. Mikrophotographie eines ungefärbten Blutausstriches. *E* Erythrocyten, *g. E.* geschrumpftes rotes Blutkörperchen, *L* Leukocyten, *T* Thrombocyten.

Die **roten Blutkörperchen** (Erythrocyten) sind weitaus in der Überzahl (*E* in Abb. 3); es sind leicht gelbgrün gefärbte, runde Scheibchen mit einem Durchmesser von etwa 7,5 μ. Ihr Inneres läßt im allgemeinen keine Einzelheiten erkennen. Sie zeigen bei hoher Einstellung der Mikrometerschraube (Drehen *entgegen* dem Uhrzeigersinn) eine hellere, schmale Randzone und einen dunkleren Mittelteil, bei tiefer Einstellung der Mikrometerschraube (Drehen *im Sinn* des Uhrzeigers) dagegen einen hellen Mittelteil und eine dunkle Randzone. Dies hängt damit zusammen, daß die roten Blutkörperchen im Querschnitt biskuitförmig sind, die Randzone ist dicker, die Mitte dünner. Die Randzone wirkt wie eine Sammellinse; bei hoher Einstellung erscheint der Rand, der das Licht konzentriert, heller als die lichtzerstreuende Mitte, bei tiefer Einstellung ist dies umgekehrt.

Die **weißen Blutkörperchen** sind im Blut in viel geringerer Zahl vorhanden, sie verschwinden im Präparat gegen die große Menge von Erythrocyten, man muß sie daher besonders suchen. Zu ihnen gehören die Leukocyten im engeren Sinn (*L* in Abb. 3), die leicht dadurch zu erkennen sind, daß ihr Durchmesser ungefähr doppelt so groß ist als der eines roten Blutkörperchen. Die Lymphocyten sind ungefähr gleich groß wie die roten Blutkörperchen. Die weißen Blutzellen unterscheiden sich von den Erythrocyten durch das Fehlen des Farbstoffes; sie erscheinen nicht gelblich-grün, sondern farblos, bzw. grau. In ihrem Inneren kann man den Zellkern mit seinen verschiedenen Strukturen und oft auch eine zarte Punktierung im Zelleib (Granula) erkennen. Bei hoher Einstellung der Mikrometerschraube leuchten diese Einzelheiten zart bläulichgrün auf; doch lassen sich die weißen Blutzellen viel besser im gefärbten Präparat betrachten.

Die **Blutplättchen** (Thrombocyten) haben ungefähr ein Fünftel des Durchmessers eines roten Blutkörperchens und liegen entweder einzeln oder in kleineren Gruppen zusammen in den Lücken zwischen den Erythrocyten. Die Plättchen sind nicht rundlich, sondern haben eine mehr zackige, eckige Form. Gleich den weißen Blutkörperchen sind sie farblos und leuchten wie diese bei hoher Einstellung graublau auf, wie übrigens auch die anderen farblosen mikroskopischen Gebilde, z. B. Bakterien.

Gelegentlich findet man im Präparat auch einzelne rote Blutkörperchen, die nicht rundlich sind, sondern verbogen oder zackig und stachelig (z. B. *g E* in Abb. 3). Es handelt sich dabei um Schrumpfungsformen. Ebenso kann man auch weiße Blutkörperchen finden, die beim Auseinanderziehen der Deckgläschen gedrückt wurden und nun eine ovale oder unregelmäßige Form aufweisen.

Man kann die roten Blutkörperchen auch sehr gut in Flüssigkeit beobachten, indem man z. B. das Deckglas nach Abtupfen des frischen

Bluttropfens von der Fingerbeere gleich auf den Objektträger auffallen läßt, der entweder ganz trocken sein muß oder zur Verdünnung des Blutes mit einem kleinen Tropfen physiologischer Kochsalzlösung versehen wurde. In derartigen Präparaten läßt sich gut die Aneinanderlagerung der roten Blutkörperchen in Geldrollenform beobachten, dazwischen sieht man die weißen Blutkörperchen liegen. Auch die Form der einzelnen Blutkörperchen, die stets durch Flüssigkeitsströmungen hin- und herbewegt und gedreht werden, ist so gut zu erkennen. Solche Flüssigkeitsströmungen kann man leicht durch zartes Blasen gegen das Präparat während der Beobachtung hervorrufen. Da jedoch bei solchen Strömungen die weißen Blutkörperchen nicht so leicht gefunden werden können und auch Einzelheiten sich nicht so leicht erkennen lassen, soll unbedingt vorher oder nachher auch ein lufttrockenes Präparat in der oben angegebenen Art hergestellt und untersucht werden.

2. Herstellung eines gefärbten Blutpräparates mit Giemsalösung.

Erforderlich: Natives, lufttrockenes Blutpräparat, Methylalkohol, konzentrierte Giemsalösung, Färbeschälchen, Filtrierpapier, Canadabalsam oder Dammarharz, kleiner Spatel, Objektträger, Mikroskop.

Das zweite Deckglas, das zur Herstellung des Nativpräparates benützt wurde, wird für das Färbepräparat verwendet. Zunächst muß, wie vor jeder histologischen Färbung, eine Gerinnung des Eiweißes herbeigeführt werden („Fixieren"). Als Fixationsmittel für den Blutausstrich wird am besten Methylalkohol benützt, doch ist auch Äthylalkohol, denaturierter Spiritus u. dgl. geeignet. Der Alkohol wird in ein kleines Glasschälchen gegossen und das lufttrockene Deckglaspräparat für 10 Minuten in die Flüssigkeit gebracht und untergetaucht, dann mit einem kleinen Metallspatel oder einer Pinzette herausgezogen und kurze Zeit (etwa $^1/_2$ Minute) in der Luft gehalten, bis der Alkohol verdunstet ist. Darauf folgt die eigentliche Färbung. Da die verdünnte Giemsalösung nicht haltbar ist, muß sie stets aus der konzentrierten Stammlösung hergestellt werden. Um im Verlauf einer halben Stunde ein gut gefärbtes Präparat zu erhalten, nimmt man 5 Tropfen der konzentrierten Farblösung auf 1 ccm Wasser (also in das gebräuchliche Färbeschälchen, das etwa 2 ccm faßt, 10 Tropfen). Zur Verdünnung wird Leitungswasser verwendet, das wegen seiner leicht alkalischen Reaktion bessere Färbungen gibt. Da die verdünnte Giemsalösung nach kurzer Zeit Niederschläge bildet, würde das Präparat in der Lösung bald verschmutzt werden. Man läßt daher das vom Alkohol trockene Deckglas mit der Blutseite nach unten leicht auf die Oberfläche der verdünnten Giemsalösung auffallen, wo es schwimmt und mit der Blutschicht in die Flüssigkeit eintaucht. Nach einer halben bis einer

Stunde wird das Deckglas von der Farblösung weggenommen, zum Abspülen in ein Schälchen mit Leitungswasser getaucht, dann vorsichtig zwischen Filtrierpapier gelegt und durch leichtes Aufdrücken mit dem Finger vom anhaftenden Wasser befreit. Sodann läßt man das Präparat noch 5 Minuten an der Luft mit der Schicht nach oben trocknen; dann wird es mit Dammarharz oder Canadabalsam auf einen Objektträger aufgekittet. Da diese Harze sich schon bei Gegenwart geringer Spuren von Wasser trüben, muß das Präparat gut trocken sein. Die zum Aufkitten benützten Harze sind in Xylol gelöst. Ein Tröpfchen dieser dicken Lösung wird auf die Mitte des Objektträgers gebracht und das getrocknete Deckgläschen mit der Blutseite nach unten auffallen gelassen, wobei sich das Harz sofort bis an den Rand des Deckgläschens ausbreitet. Ist das Harz zu dickflüssig, so hält man den Objektträger für einen Augenblick über eine Flamme, worauf das Harz sofort dünnflüssig wird und sich ausbreitet. Das Harztröpfchen soll nur so groß sein, daß nicht überschüssige Mengen unter dem Deckglasrand hervorquellen. Durch Verdunstung des Xylols trocknet der Canadabalsam oder das Dammarharz im Verlauf einiger Tage vollkommen ein, das Deckglas haftet unverrückbar fest und der Blutausstrich kann als Dauerpräparat aufbewahrt werden.

Die **Giemsalösung** enthält drei Farbstoffe, das saure Eosin, das basische Methylenblau und das Methylenazur, die in Methylalkohol und Glycerin gelöst sind. Das Methylenazur ist ein Kernfarbstoff und färbt die Kerne der weißen Blutkörperchen violett, wodurch sie ganz wesentlich besser sichtbar werden als im ungefärbten Präparat. Die Erythrocyten im Blut des erwachsenen, gesunden Menschen zeigen keinen Kern, doch treten bei bestimmten Erkrankungen kernhaltige Formen auf. Das Protoplasma, das neutrale Reaktion hat, färbt sich sowohl mit dem sauren wie mit dem basischen Farbstoff; so erscheinen die Erythrocyten rosaviolett, das Protoplasma der Leukocyten ebenso wie das der Blutplättchen mehr grauviolett. Im Protoplasma der Leukocyten sind viele Körnchen eingeschlossen, die teils fein, teils grob sind (fein- und grobgranulierte Leukocyten). Die feinen Körnchen sind gleichfalls neutral und zeigen daher auch einen violetten Farbton, die groben Körnchen in einem Teil der Leukocyten nehmen nur das Eosin an, erscheinen daher leuchtend rot, während sich die groben Körnchen in anderen Leukocyten nur mit Methylenblau färben.

Die **mikroskopische Untersuchung des gefärbten Blutpräparates** mit der *starken* Vergrößerung zeigt die genannten gefärbten Elemente. Auch hier fällt wie beim nativen Präparat zunächst die große Menge der rosavioletten Erythrocyten auf, die jedoch ebenso wie die grauvioletten Blutplättchen keine besonderen Einzelheiten bieten. Im Gegensatz zum Nativpräparat fallen jedoch die weißen Blutzellen durch ihren stark violett gefärbten Kern sofort auf. Die Gesamtzahl aller weißen Blutzellen schwankt zwischen 5000 und 10 000 im Kubikmillimeter. Unter ihnen kommen am häufigsten (65—70 %) Zellen vor, die den Namen *neutrophile* oder *polymorphkernige Leukocyten* führen. Sie zeigen einen vielfach gelappten, oft auch nur aus einzelnen Stücken bestehenden Kern, gelegentlich auch mit einem feinen Verbindungsfaden zwischen den einzelnen Kernfragmenten. Das Protoplasma enthält feine, neutral reagierende, violett gefärbte Körnchen. Sie sind meist nur mit Immersionsobjektiven gut zu erkennen, mit den gebräuchlichen starken Trockensystemen zeigt das Protoplasma nur einen mehr grau- bis rosavioletten Farbenton. Die neutrophilen Leukocyten sind $1^1/_2$—2mal so groß als die Erythrocyten (9—12 μ). Neben den polymorphkernigen Leukocyten fallen kleinere Zellen mit rundlichem, dunkel gefärbtem Kern auf, der eine radspeichenartige Struktur zeigt. Sie haben meist nur einen schmalen, grauvioletten Protoplasmasaum und sind ungefähr ebenso groß wie die roten Blutkörperchen (etwa 8—10 μ); manche von ihnen haben eine etwas größere, graublau gefärbte Protoplasmamasse, die jedoch meistens keine Granula zeigt. Diese Zellen werden als kleine und große *Lymphocyten* bezeichnet; 20—25 % der weißen Blutkörperchen sind Lymphocyten. Die nächsthäufige Form sind dann die *Monocyten oder mononucleären Leukocyten*, die zu den größten Zellen des Präparates gehören (12—20 μ). Sie haben ein blaßblaues Protoplasma, meistens ohne Körnchen, einen nicht sehr großen, ovalen, oft bohnenförmigen, mit einer Eindellung versehenen Kern von lockerer Kernstruktur. Sie machen 6—8 % der weißen Blutkörperchen aus. Gelegentlich findet man im Präparat auch Leukocyten, deren Kern dem der neutrophilen ähnlich ist, die jedoch im Protoplasma große, besonders bei offener Blende, hell aufleuchtende rote Körnchen enthalten, die *eosinophilen* oder *acidophilen Leukocyten*. Auch sie sind etwa doppelt so groß wie ein rotes Blutkörperchen. Die eosinophilen Leukocyten machen nur 2—4 % der weißen Blutzellen aus; man muß daher, um sie zu finden, das Präparat oft längere Zeit durch Verschieben des Objektträgers durchmustern. Leukocyten mit intensiv blau gefärbten groben Granula, die als *basophile Leukocyten* oder als Mastzellen bezeichnet werden, sind — da sie nur 0,5 % aller Leukocyten ausmachen — im Präparat nur sehr selten zu finden. Dieses für das Blut des erwachsenen, gesunden Menschen charakteristische Bild erleidet in pathologischen Fällen bezüglich Zahl und Art der Zellen mannigfache Veränderungen.

3. Herstellung eines Thrombocytenpräparates.

Erforderlich: Schälchen mit geschmolzenem Paraffin, Glasplatte, Schälchen mit feuchtem Filtrierpapier (feuchte Kammer), Paraffinblock, Stecher, Watte, Toluol, Objektträger und Deckgläser, Mikroskop.

Im nativen Blutpräparat sind die Blutplättchen wegen ihrer geringeren Zahl seltener zu sehen. Mit Hilfe eines einfachen Kunstgriffes läßt sich jedoch eine Anreicherung erzielen. Man läßt einen großen Bluttropfen einige Zeit stehen, wobei die roten und weißen Blutkörperchen sich zu Boden senken, während die leichteren Thrombocyten sich an der Oberfläche ansammeln. Zu vermeiden ist die Blutgerinnung, die schon bei minimaler Austrocknung am Rand des Bluttropfens eintreten kann. Man muß daher die Fingerkuppe *vor* dem Einstechen durch Eintauchen in geschmolzenes Paraffin mit einer glatten Oberfläche versehen. Nach dem Erstarren wird durch die dünne Paraffinschicht hindurch wie sonst in den Finger eingestochen. Da die glatte Paraffinoberfläche vom Blutstropfen nicht benetzt wird, nimmt er infolge der Oberflächenspannung an allen Stellen eine nach außen konvexe Krümmung an, wodurch — im Gegensatz zu dem nach außen konkav gekrümmten Rand des Tropfens auf der nicht mit Paraffin überzogenen Fingerhaut — die Austrocknung und der Zerfall der Thrombocyten am Rand des Tropfens vermieden wird. Aus dem gleichen Grund bringt man auch den Blutstropfen für die Dauer des Absetzens der roten Blutkörperchen auf einen kleinen Paraffinblock, der sich — gleichfalls um das Austrocknen zu vermeiden — in einem mit Wasserdampf gesättigten Raum, einer sog. feuchten Kammer, befindet. Eine solche Kammer besteht z. B. aus einer Glasplatte 9 × 12 cm, über die eine zylindrische Glasschale gestülpt wird, die innen mit einem gut angefeuchteten Streifen Filtrierpapier ausgekleidet ist. In die Mitte der Kammer setzt man nun den Paraffinblock, auf den man einen großen Bluttropfen auffallen läßt. Einen Schnitt durch eine solche feuchte Kammer mit dem Block und dem Bluttropfen zeigt Abb. 4. Nach $1/2$ Stunde hebt man die Glasschale ab und berührt die Kuppe des Tropfens ganz zart mit einem reinen Deckglas, wobei man verhüten muß, durch zu kräftige Berührung die roten Blutkörperchen aufzuwirbeln. Es bleibt nun am Deckglas ein Tropfen Blutplasma mit vielen Thrombocyten haften. Das Deckglas läßt man auf die Mitte eines Objektträgers auffallen, worauf die Flüssigkeit sich sofort ausbreitet. Bei der mikroskopischen Untersuchung, die bei starker Abblendung erfolgen muß, da die Blutplättchen ungefärbte Objekte sind, stellt man zunächst auf einzelne im Präparat immer enthaltene rote Blutkörperchen zuerst mit schwacher, dann mit starker Vergrößerung ein. Durch Verschiebung des Präparates lassen sich leicht Stellen mit vielen Thrombocyten finden, die als kleine, zackige, un-

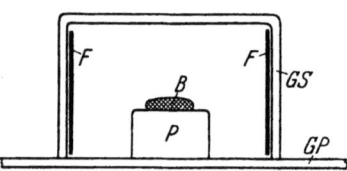

Abb. 4. Querschnitt durch die feuchte Kammer zur Herstellung eines Thrombocytenpräparates.

B Bluttropfen, *F* feuchtes Filtrierpapier, *GP* Glasplatte, *GS* Glasschale, *P* Paraffinblock.

regelmäßig geformte Plättchen erscheinen. In einem gut hergestellten Präparat sollen rote Blutkörperchen nur spärlich zu sehen sein. Sollte man beim Abheben doch die roten Blutkörperchen aufgewirbelt haben, so kann man nach einer Pause von etwa 20—30 Minuten neuerlich versuchen, Plasma mit Blutplättchen abzuheben.

4. Beobachtung lebender Froschleukocyten.

Erforderlich: Froschlymphe, Objektträger, Deckgläser, Mikroskop.

Die rundlichen Formen, die die Leukocyten des menschlichen Blutes im nativen oder gefärbten Präparat zeigen, entsprechen nicht den Formen der Zellen im strömenden Blut oder im Gewebe. Die Leukocyten haben nämlich die Fähigkeit der Eigenbewegung. Sie können aus ihrem Körper Protoplasmafortsätze, die Pseudopodien, ausstrecken, in die der Zellkörper hineinfließt und so von der Stelle bewegt wird. Leukocyten vom Warmblüter zeigen außerhalb des Körpers ihre typische Bewegung, wenn das Präparat bei Körpertemperatur gehalten wird. Bei den Kaltblütern, wie z. B. beim Frosch, zeigen jedoch die Leukocyten auch bei Zimmertemperatur ihre Beweglichkeit, so daß an ihnen die Pseudopodienbildung viel einfacher zu beobachten ist.

Die Leukocyten werden dem *Rückenlymphsack* des Frosches entnommen, einem großen, unmittelbar unter der Rückenhaut liegenden spaltförmigen Hohlraum. Dieser wird durch einen kleinen Einschnitt in der Höhe der Axilla eröffnet und ein Tröpfchen Rückenlymphe mit einer fein ausgezogenen Glasröhre (Pipette) entnommen. Da sich normalerweise nur wenig Lymphe und wenig Zellen im Rückenlymphsack befinden, so gibt man 12—24 Stunden vor der Entnahme einige Tropfen Milch oder feinen Sand mit Carmin in den Rückenlymphsack, was eine starke Flüssigkeits- und Zellenansammlung bewirkt.

Zur **Beobachtung der Leukocytenbewegung** wird auf einen Objektträger ein Tropfen Rückenlymphe gebracht und mit einem Deckglas bedeckt. Zuerst wird bei schwacher Vergrößerung das Licht eingestellt und dann die Blende stark zugezogen, da sonst die weißen Blutkörperchen als ungefärbte Elemente nur schwer sichtbar sind. Zunächst sieht man im Gesichtsfeld die großen roten Blutkörperchen des Frosches, die an ihrer grüngelblichen Färbung, der ovalen Form und dem gleichfalls ovalen Zellkern leicht erkannt werden können. Sie kommen durch Verletzungen von Blutgefäßen in die Lymphe hinein. Die weißen Blutkörperchen des Frosches sind bedeutend kleiner als die roten, etwa $^1/_2$ - $^1/_3$. Sie sind meist nach der Herstellung des Präparates durch die Reizwirkung bei der Übertragung auf den Objektträger zu abgerundeten Kügelchen kontrahiert; sie beginnen aber sehr bald ihre Pseudopodien auszustrecken und eine unregelmäßige Form anzunehmen. Im Verlauf von wenigen Minuten ändern sie unaufhörlich ihre Form. Wird ein Leukocyt z. B. zur Spitze des Zeigers im Okular gebracht, so läßt sich die langsame Fortbewegung beobachten. Zeichnet man etwa jede Minute den Umriß der Zelle auf, so kann man auch die Formänderungen feststellen (s. Abb. 5). Die Zelle selbst zeigt den Zellkern und eine Reihe von feineren oder gröberen Einschlüssen. Bei Verwendung von Milch als Reizmittel findet man in den Leukocyten feine Fetttröpfchen, die bei hoher Einstellung der Mikrometerschraube aufleuchten. Sie werden durch Phagocytose von den Leukocyten aufgenommen. In gleicher Weise gelangt auch in den Rückenlymphsack gebrachtes Carminpulver in die Zellen.

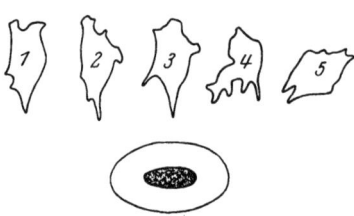

Abb. 5. Verschiedene Formen des gleichen Froschleukocyten in kurzen Zeitintervallen gezeichnet; darunter ein Froscherythrocyt zum Vergleich der Größe.

5. Zählung der roten und weißen Blutkörperchen.

Erforderlich: Stecher, Watte, Toluol, 3proz. Kochsalzlösung, Gentianaviolett-Essigsäure, Mischpipetten für Zählung der roten und weißen Blutkörperchen, Zählkammer nach THOMA-ZEISS oder BÜRKER-TÜRK, Schälchen, Mikroskop.

Das normale Blut enthält im Kubikmillimeter beim Mann 5 000 000, bei der Frau 4 500 000 Erythrocyten, 5000—10 000 Leukocyten und 300 000 Thrombocyten. Zur Zählung wird das Blut verdünnt.

Als Verdünnungsflüssigkeit zur **Zählung der roten Blutkörperchen** wird eine 3proz. Kochsalzlösung verwendet. In dieser hypertonischen Lösung schrumpfen sie, der Blutfarbstoff wird auf einen kleineren Raum zusammengedrängt, die Erythrocyten werden so deutlicher sichtbar. Zur Verdünnung wird eine Mischpipette nach Abb. 6 A verwendet. Das längere und unten leicht zugespitzte Ende der Pipette wird in den Blutstropfen eingetaucht, während an das kürzere obere Ende ein Stück Gummischlauch s mit einem Mundstück gesteckt wird. Vor Beginn der Zählung wird die Kochsalzlösung in ein Schälchen gegossen. Dann muß man sich überzeugen, daß die Mischpipette innen trocken ist, was daran leicht erkannt werden kann, daß in den Capillaren keine Flüssigkeitströpfchen zu sehen sind und auch zwischen der Glasperle p (s. Abb. 6 A) und der Glaswand sich keine Flüssigkeit befindet; beim Schütteln der Pipette muß die Perle sich bewegen. In einer feuchten Pipette hämolysieren die Blutkörperchen und man erhält falsche Resultate. Schließlich wird das Mundstück mit Alkohol oder Toluol gereinigt. Der

Zählung der roten und weißen Blutkörperchen.

Einstich in den Finger wird in der früher beschriebenen Art vorgenommen, nach Abwischen des ersten Tropfens die Spitze der Mischpipette in das Blut eingetaucht und durch ganz langsames, *besonders vorsichtiges* Saugen das Blut in die Capillare bis zur Marke 1 (unterhalb des erweiterten Teiles) aufgezogen. Dabei dürfen keine Luftblasen die Blutsäule in der Capillare unterbrechen, was leicht zu vermeiden ist, wenn der Einstich so vorgenommen wird, daß ein großer Blutstropfen zur Verfügung steht. Hierauf wird die Pipette aus dem Blutstropfen herausgezogen und die Spitze außen mit einem

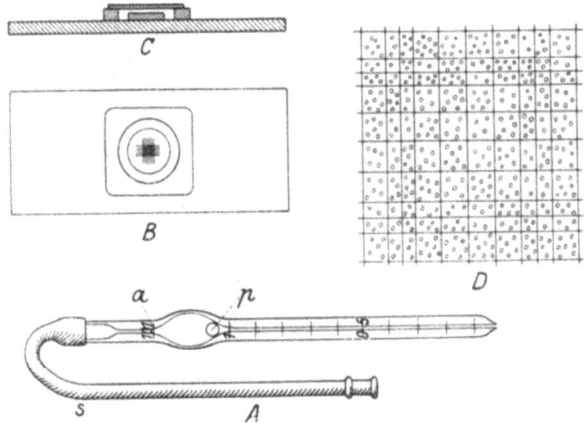

Abb. 6. Zählkammer nach THOMA-ZEISS.

A Mischpipette, *B* Zählkammer von oben, *C* Zählkammer im Schnitt, *D* Bild der Zählkammer bei starker Vergrößerung, *a* die obere Marke an der Pipette, *p* Glasperle zum Mischen, *s* Gummischlauch.

kleinen Wattebausch derart vom Blut gereinigt, daß man die Watte etwa in der Mitte der langen Capillare aufsetzt und die Capillare entlang über die Spitze hinweg gleiten läßt. Unmittelbar an die Spitze darf die Watte nicht angesetzt werden, weil sie sonst das Blut aus der Capillare wieder heraussaugen würde. Ein solches Absaugen darf nur dann angewendet werden, wenn die Blutsäule etwas über der Marke 1 endigt. Ist *zu wenig* Blut in die Capillare gekommen oder hat man doch wieder etwas herausgesaugt, so kann man durch nochmaliges Einsetzen der Pipettenspitze in den Blutstropfen versuchen, das fehlende Blut noch aufzusaugen. Die außen gereinigte Mischpipette wird sodann vertikal in das Schälchen mit der vorbereiteten 3proz. Kochsalzlösung eingetaucht und nun wieder durch Saugen die Flüssigkeit bis zu der unmittelbar über der Erweiterung liegenden Marke 101 (a) aufgezogen. Der Gummischlauch wird sodann von der Pipette abgenommen, die beiden Enden der Pipette zwischen Daumen und Zeigefinger gefaßt und zur guten Mischung des Blutes mit der Kochsalzlösung die Pipette etwa 5 Minuten lang senkrecht zu ihrer Längsrichtung geschüttelt. Zur besseren Durchmischung ist im Inneren des erweiterten Teiles der Pipette die schon früher erwähnte Glasperle p enthalten.

Sollte die Mischpipette bei Beginn sich als nicht trocken erwiesen haben, während des Aufsaugens Luftblasen zwischen die Blutsäule gekommen oder schließlich bei zu kräftigem Saugen Blut über die Marke 1 in den Beginn des kugelförmig erweiterten Teiles gelangt oder das Blut durch zu langsame Handhabung in der Capillare geronnen sein, so daß sich die Kochsalzlösung nicht mehr aufziehen läßt, so muß die Pipette neuerlich gereinigt und ausgetrocknet werden. Man verwendet dazu eine Wasserstrahlpumpe. An das mit einem dickwandigen Schlauch versehene Seitenrohr wird die Mischpipette mit ihrem kurzen Ende angesteckt und mit ihrer Spitze saugt man aus einem Schälchen destilliertes Wasser durch und trocknet dann durch anschließendes Durchsaugen von ein wenig Alkohol und Äther. Es genügt aber vollkommen, die Trocknung durch längeres Durchsaugen von Luft vorzunehmen. Die Luftdurchsaugung darf erst beginnen, wenn alles Blut aus der Capillare und dem erweiterten Hohlraum ausgewaschen worden ist. Die Trocknung dauert einige Minuten; es ist zweckmäßig, während dieser Zeit mit dem Finger einige Male gegen den erweiterten Teil der Pipette zu klopfen, damit die kleine Glasperle im Inneren von der Wand abspringt und das zwischen ihr und der Wand haftende Wasser verdunstet. Als Zeichen sicherer Trockenheit dient das Tanzen der Glaskugel auf dem durch die lange Capillare eingesaugten Luftstrahl, wenn man die Pipette mit der Spitze nach unten hält und mit dem Finger gegen die Erweiterung klopft; ist die Pipette innen noch feucht, so tanzt die Kugel nicht, sondern bleibt sofort an der Wand kleben. Mit Wasser nicht entfernbares geronnenes Blut an der Wand löst sich rasch, wenn zunächst ein wenig Kalilauge durchgesaugt und dann mit Wasser nachgespült wird.

Die **Zählkammer nach** THOMA-ZEISS (Abb. 6 B u. C)[1] besteht aus einem dicken Objektträger, auf den, wie der Schnitt in Abb. 6 C zeigt, ein Glasrahmen mit zentralem runden Loch aufgekittet ist. Im Inneren dieses Loches ist ein kreisrundes Plättchen mit kleinerem Durchmesser konzentrisch aufgekittet, so daß von oben gesehen (Abb. 6 B) eine kreisförmige Rinne entsteht. Das innere Plättchen ist um $1/10$ mm niedriger als der Rahmen, so daß nach Auflegen eines Deckglases zwischen der unteren Deckglasfläche und der Oberfläche

---

[1] Über die Zählkammer nach TÜRK und die neue ZEISS-Kammer siehe S. 17.

des mittleren Plättchens eine Schichthöhe von $1/10$ mm Höhe bleibt. Die mittlere runde Glasscheibe trägt ein System von Quadraten, die je eine Seitenlänge von $1/20$ mm haben. Bevor man das verdünnte Blut in die Zählkammer bringt, stellt man zweckmäßigerweise zuerst mit der schwachen und dann mit der starken Vergrößerung *(bei starker Abblendung,* also mit enger Irisblende) auf das Liniensystem ein. Wenn dann die Zählkammer weggezogen und nach der Einfüllung des Blutes mit dem Deckglas versehen wieder auf den Tisch des Mikroskopes gebracht wird, ohne daß an der Mikrometerschraube gerührt wurde, so hat man dann sofort wieder das Quadratnetz im Gesichtsfeld, ohne besonders einstellen zu müssen.

Da der lange Teil der Capillare nur die zur Verdünnung aufgezogene Kochsalzlösung enthält, die sich mit dem Blut in der Kugel nicht gemischt hat, so wird der erste Tropfen herausgeblasen. Erst der zweite Tropfen darf zur Zählung verwendet werden. Das Füllen der Kammer muß unmittelbar nach Beendigung des Schüttelns vorgenommen werden, weil sonst durch Senkung der Blutkörperchen und Entmischung eine ungleiche Verteilung zustande kommt, was zu großen Fehlern führt. Beim Einfüllen des verdünnten Blutes in die Kammer muß man darauf achten,

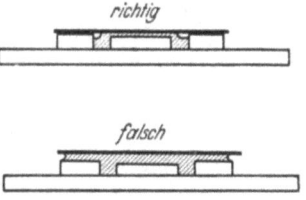

Abb. 7. Richtige und falsche Füllung der Zählkammer (das verdünnte Blut ist schraffiert gezeichnet).

daß die Flüssigkeit nur zwischen dem Deckglas und dem mittleren Glasplättchen sich befindet und der Überschuß nur in die Glasrinne abfließt. Keinesfalls darf Flüssigkeit auch zwischen dem äußeren Rahmen und dem Deckglas sein, weil sonst die Höhe der Kammer mehr als $1/10$ mm betragen würde. Abb. 7 zeigt oben die richtige und unten die falsche Art der Füllung im Schnitt: um diesen großen Fehler zu vermeiden, legt man das Deckglas so über die leere und vorher auf ihre Reinheit und Trockenheit geprüfte Kammer, daß nur ein kleiner Sektor des mittleren kreisförmigen Plättchens unbedeckt bleibt. Auf diesen Sektor stützt man leicht die Spitze der Mischpipette, wobei man vermeiden muß, daß an ihr ein allzu großer Tropfen hängt. Die Flüssigkeit läuft aus der aufgesetzten Spitze leicht von selbst in den Spalt hinein; nach Abheben der Pipettenspitze wird das Deckglas mit einem Ruck über die ganze Kammer geschoben. Sollte dennoch Flüssigkeit zwischen Glasrahmen und Deckglas gelangt sein, so spült man die Kammer und das Deckglas mit Wasser ab, trocknet beide mit einem weichen Leinwandläppchen und füllt noch einmal.

Die starke Vergrößerung zeigt das in Abb. 6 *D* skizzierte Bild. Wir finden Gruppen von je 16 Quadraten durch dickere Striche hervorgehoben. Jedes einzelne der 16 Quadrate, die gerade innerhalb des Gesichtsfeldes bei starker Vergrößerung Platz haben, hat — wie schon erwähnt — eine Seitenlänge von $1/20$ mm und einen Flächeninhalt von $1/400$ qmm. Man zählt die innerhalb eines solchen Quadrates liegenden Blutkörperchen; einzelne von ihnen liegen aber auch auf den Grenzstrichen zwischen zwei Quadraten. Um hier eine Doppelzählung zu vermeiden, rechnet man von den auf den Randlinien liegenden Blutkörperchen nur jene von zwei Seiten dazu. Welche Seiten man nimmt, ist natürlich gleichgültig, man pflegt aber die auf der *linken* und *oberen* Kante liegenden Blutkörperchen mitzuzählen. Zur Erzielung eines genauen Mittelwertes zählt man so die gesamten Blutkörperchen in 80—100 Quadraten, addiert die einzelnen Werte und dividiert durch die Zahl der gezählten Quadrate. Eine Zählung ist nur dann brauchbar, wenn in allen Quadraten annähernd die gleiche Zahl von Blutkörperchen gefunden wurde. Stark abweichende Zahlen in den einzelnen Quadraten deuten auf schlechte Mischung, zu kurzes Schütteln oder Sedimentierung hin; es muß dann die Zählung ganz von Anfang an nochmals begonnen werden. Beim normalen, gesunden Menschen findet man als Mittelwert für ein Quadrat 12,0—12,5 Blutkörperchen beim Mann und rund 11 Blutkörperchen bei der Frau. Diese Blutkörperchen befinden sich in einem Raum von $1/20 \times 1/20$ qmm Grundfläche und $1/10$ mm Höhe, also in $1/4000$ cmm Volumen des verdünnten Blutes. Im Kubikmillimeter sind daher 4000mal mehr rote Blutkörperchen enthalten. Da aber außerdem das Blut im Verhältnis 1:100 verdünnt wurde, so hat man den gefundenen Mittelwert mit 400000 zu multiplizieren, um die Zahl der Blutkörperchen im Kubikmillimeter unverdünnten Blutes zu erhalten.

Beispiel. Es wurden in 80 Quadraten zusammen 960 rote Blutkörperchen gezählt. Auf 1 Quadrat entfallen daher als Mittelwert 12 Erythrocyten. Im Kubikmillimeter sind daher 12mal 400000, das sind 4800000 Erythrocyten enthalten.

Prinzipiell in gleicher Art vollzieht sich auch die **Zählung der weißen Blutkörperchen.** Als Verdünnungsflüssigkeit benützt man jedoch Gentianaviolett-Essigsäure. Die gebrauchsfertig gemischte Lösung enthält 3% Essigsäure und $0,1\%_{00}$ Gentianaviolett; sie zerstört die roten Blutkörperchen (Essigsäure), während die Kerne der weißen violett gefärbt (Gentianaviolett) und dadurch gut sichtbar werden. Aufziehen, Mischen und Einbringen des verdünnten Blutes in die Kammer erfolgt in der gleichen Weise wie bei der Zählung der roten Blutkörperchen. Es wird aber nur im Verhältnis 1:10 verdünnt, weshalb eine andere Mischpipette als bei der Zählung der Erythrocyten verwendet werden muß, die mit den Marken 1 und 11 versehen ist. Die Zählung erfolgt genau so wie bei den Erythrocyten, wobei jedoch infolge der geringeren Zahl von weißen Blutzellen vollkommen leere Quadrate *nicht* übergangen, sondern mit „0" notiert werden müssen. Nach Zählung einer entsprechenden Anzahl von Quadraten wird auch hier ein Mittelwert gerechnet, der für normales Blut bei 0,1—0,2 liegt. Es ist allerdings einfacher, zur Zählung die großen, dick umrandeten Quadrate zu benützen, deren Flächeninhalt 16mal so groß ist als der der kleinen. Da wir nur im Verhältnis 1 : 10 verdünnt haben, multipliziert man den gefundenen Mittelwert für ein kleines Quadrat von $1/20 \times 1/20$ qmm Fläche mit 40000, was bei einer Mittelzahl von 0,1 nur 4000, bei 0,2 dagegen 8000 weiße Blutzellen im Kubikmillimeter ergibt.

Während bei der Zählung der weißen Blutkörperchen die roten durch die Essigsäure zerstört und unsichtbar werden, sind bei der Zählung der roten Blutkörperchen die weißen auch sichtbar und können, wenn man nicht sehr genau die Struktur eines jeden gezählten Partikelchens beobachtet, leicht mitgezählt werden. Da im normalen Blut jedoch durchschnittlich auf 500—1000 rote Blutkörperchen nur 1 weißes Blutkörperchen entfällt, so ist der dadurch bedingte Fehler nicht groß. In pathologischen Fällen, in denen die Zahl der weißen Blutzellen gegenüber der normalen beträchtlich erhöht ist, rechnet man bei Zählung der roten Blutkörperchen die weißen zunächst mit, zieht jedoch vom Endresultat die Zahl der weißen Blutzellen ab, die man durch eine nachfolgende Zählung gefunden hat.

Bei einer **neueren Ausführung der** THOMA-ZEISS-**Zählkammer** befinden sich auf dem Objektträger — durch zwei Furchen getrennt — drei Glasleisten. Die mittlere Leiste ist um $1/10$ mm niedriger und trägt die Teilung, die beiden äußeren dienen als Auflage für das Deckglas. Überschüssiges Blut kann sich in den Furchen ansammeln, darf aber *niemals* zwischen Deckglas und seitlichen Glasleisten liegen.

Bei der **Zählkammer nach** TÜRK sind gleichfalls drei durch Furchen getrennte Glasleisten vorhanden, die mittlere (um $1/10$ mm niedrigere) ist jedoch durch eine Querfurche in *zwei* Abschnitte geteilt, von denen *jeder* ein Zählnetz trägt. Die ganze Kammer wird mit *einem* Deckglas bedeckt, das zur sicheren Erzielung einer Flüssigkeitshöhe von $1/10$ mm mit zwei Metallfedern niedergedrückt wird. Unter das Deckglas kann *gleichzeitig* mit Kochsalzlösung verdünntes Blut zur Zählung der roten Blutkörperchen über das eine Netz gebracht werden, über das andere mit Gentianaviolett-Essigsäure verdünntes Blut zur Zählung der weißen. Die Bestimmung der Zahl der Erythrocyten und Leukocyten kann daher unmittelbar hintereinander nach Verschiebung des Objektträgers vorgenommen werden.

6. Resistenzbestimmung der roten Blutkörperchen.

Erforderlich: Tier- oder Menschenblutkörperchen, 1 proz. Kochsalzlösung, Proberöhren mit Gestell, Pipetten, geteilt in 0,1 ccm.

Die Verdünnung des Blutes bei der Zählung der roten Blutkörperchen mit 3 proz. Kochsalzlösung zeigt, daß in hypertonischen Lösungen die Blutkörperchen schrumpfen. Dies hängt damit zusammen, daß die Wand der Blutkörperchen halbdurchlässig ist, d. h. wohl Wasser, nicht aber die Salze durchtreten läßt. Die starke Salzlösung entzieht den Blutkörperchen das Wasser, so daß ihr Volumen kleiner wird. Im Gegensatz dazu quellen die Blutkörperchen in schwachen Salzlösungen auf, weil dann die Salze im Innern aus der schwächer konzentrierten Außenflüssigkeit Wasser anziehen, wodurch es zu einer Volumvermehrung der Blutkörperchen kommt. In einer Kochsalzlösung, die für den Menschen und die Säugetiere 0,9 % sein muß, für den Frosch dagegen nur 0,7 %, bleibt das Volumen der Blutkörperchen unverändert (*,,isotonische* Kochsalzlösung"). Ist die äußere Salzlösung zu wenig konzentriert, so kann die Wasseraufnahme durch die Blutkörperchen in solchem Ausmaß erfolgen, daß die Blutkörperchen zerplatzen. Der Blutfarbstoff tritt aus und löst sich in der Salzlösung, es tritt *Hämolyse* ein. Die ursprüngliche Deckfarbe der Blutkörperchensuspension wird zur Lackfarbe. Die Grenzkonzentration, bei welcher ein Zerreißen der Blutkörperchen stattfindet, liegt weit unter der Konzentration der physiologischen Kochsalzlösung, weil die Wand der Blutkörperchen etwas dehnbar ist und einem gewissen Innendruck standhalten kann. Je nach der Widerstandsfähigkeit der Blutkörperchen wird daher die Grenzkonzentration, bei der Hämolyse eintritt, verschieden sein. Man kann die Resistenz der Blutkörperchen so bestimmen, daß man sich in Proberöhrchen eine Reihe immer niedriger werdender Konzentrationen einer Kochsalzlösung herstellt und in jedes Proberöhrchen eine bestimmte Menge von Blutkörperchen hineinbringt. Auf der Klinik verwendet man abzentrifugierte Blutkörperchen des zu untersuchenden Patienten; zu Übungszwecken wird meist ein dicker Brei von Tierblutkörperchen benützt, der sich aus dem defibrinierten Blut nach einigem Stehenlassen absetzt, oder man läßt in jede Proberöhre von der Fingerbeere einen Blutstropfen hineinfallen.

Als Ausgangslösung zur **Herstellung der Verdünnungen** benützt man am einfachsten eine 1 proz. Kochsalzlösung. In einem Eprouvettengestell werden 6 Eprouvetten aufgestellt, in jede mit einer in Kubikzentimeter, bzw. 0,1 ccm geteilten Pipette, einer sog. bakteriologischen Pipette, eine bestimmte Menge der 1 proz. Stammlösung gebracht und dann mit einer zweiten ebensolchen Pipette die auf 10 ccm fehlende Menge destilliertes Wasser hinzugefügt. In der folgenden Tabelle sind zunächst die Kubikzentimeter der Stammlösung angegeben, darunter die Zahl der Kubikzentimeter für das destillierte Wasser, darunter schließlich der Prozentgehalt der dadurch erzielten verdünnten Kochsalzlösung.

1 proz. Kochsalzlösung	8	7	6	5	4	3 ccm
Destilliertes Wasser	2	3	4	5	6	7 ccm
Gehalt der verdünnten Lösung	0,8	0,7	0,6	0,5	0,4	0,3 %

Wir erhalten also eine Verdünnungsreihe von 0,8—0,3 %, mit Intervallen von je 0,1 %. Einen Versuch mit 0,9 proz. Kochsalzlösung anzusetzen, ist nicht notwendig, da ja, wie schon erwähnt, in der „physiologischen Kochsalzlösung" niemals Hämolyse eintritt. In jedes der Proberöhrchen bringt man nun mit einem Glasstab eine kleine Menge des Tierblutkörperchenbreies oder läßt von der Fingerbeere einen Tropfen Menschenblut hineinfallen und sorgt durch Schütteln dafür, daß das Blut gleichmäßig in der Flüssigkeit aufgeschwemmt wird. Dabei soll man darauf sehen, in jedes Röhrchen annähernd gleichviel Blutkörperchen zu bringen. Während in den konzentrierteren Lösungen dieser Reihe die Blutkörperchen erhalten bleiben, was daran zu erkennen ist, daß die Lösungen deckfarbig bleiben, tritt in den schwächer konzentrierten Lösungen sehr bald Hämolyse ein, wodurch eine klare, durchsichtige, rote Lösung entsteht. Die Grenzkonzentration liegt für normales Menschenblut zwischen 0,4 und 0,5 %. Auch die im Versuch verwendeten Tierblutkörperchen verhalten sich ähnlich, nur bei älterem, länger gestandenem Blut kann sich die Grenze gegen höhere Konzentrationen verschieben.

Bei der *klinischen Prüfung der Blutkörperchenresistenz* verwendet man nicht so große Stufen wie bei dem soeben beschriebenen Versuch. Man kann aber auch hier weitere Stufen einschalten; doch ist es zweckmäßig, zunächst den Vorversuch mit Stufen von 0,1 % auszuführen und anschließend daran den Versuch noch einmal zu wiederholen, wobei man für das kritische Gebiet Stufen von 0,02 % herstellt. Wurde im ersten Versuch bei 0,5 % noch keine Hämolyse, bei 0,4 jedoch eine solche gefunden, so stellt man sich eine neue Reihe mit folgenden Verdünnungsgraden her:

1 proz. Kochsalzlösung	5,0	4,8	4,6	4,4	4,2	4,0 ccm
Destilliertes Wasser	5,0	5,2	5,4	5,6	5,8	6,0 ccm
Gehalt der verdünnten Lösung	0,5	0,48	0,46	0,44	0,42	0,40 %

Mit dieser Reihe wird nun der genaue Hämolysepunkt festgestellt.

7. Hämoglobinbestimmung mit dem Hämometer nach SAHLI.

Erforderlich: Stecher, Watte, Toluol, Hämometer, $1/10$ normale Salzsäure, destilliertes Wasser, Pipetten.

Bei der Hämoglobinbestimmung mit dem **Hämometer nach SAHLI** wird das durch Salzsäurezusatz erzeugte Hämin verwendet, weil dieses Hämin, das in einer bestimmten Konzentration im Vergleichsröhrchen beigegeben ist, im Gegensatz zum Hämoglobin auch lange Zeit in seiner Färbung unverändert bleibt. Das Hämometer nach Sahli besteht aus einem Holzgestell mit zwei vertikalen Bohrungen, in die zwei Glasröhrchen eingesteckt werden können. Das eine ist zugeschmolzen und enthält eine Häminlösung bestimmter Konzentration als Vergleichslösung. Das andere Röhrchen ist oben offen und dient zur Aufnahme des Blutes und der Verdünnungsflüssigkeit. Die Hinterwand des Gestells wird durch eine Milchglasscheibe gebildet, an der Vorderseite befinden sich zur Beobachtung der Flüssigkeiten zwei Längsschlitze.

Der Apparat wird zur Messung vorbereitet, indem man mit der beigegebenen Pipette mit einem Gummihütchen das leere Röhrchen bis zum Teilstrich 10 mit $1/10$ normaler Salzsäure füllt. Zur Untersuchung sind 20 cmm Blut notwendig, die mit einer besonderen Pipette, die aus einem geraden Röhrchen mit einer Marke besteht, nach dem Einstechen aufgezogen werden. Nach vorsichtiger Reinigung der Spitze mit einem Wattebausch wird das Blut vorsichtig in das Röhrchen mit der Salzsäure hineingeblasen, wobei man die Pipette so weit in das Röhrchen einführt, daß das Blut unmittelbar in die Salzsäure kommt. Nach wenigen Sekunden wird die rötliche Flüssigkeit braun, da sich das salzsaure Hämatin *(Hämin)* bildet. Sollte durch zu langsames Arbeiten das Blut in der Pipette geronnen sein und sich nicht sofort in der Salzsäure auflösen, sondern in Form von Krümeln am Boden des Hämometerröhrchens liegen, so ist die Bestimmung nicht zu brauchen und muß nach vorheriger Reinigung des Hämometerröhrchens und der Pipette nochmals begonnen werden.

Die Häminlösung im Röhrchen ist nun im Verhältnis zur Vergleichsflüssigkeit viel zu dunkel und es muß durch Zusetzen von destilliertem Wasser — mit Hilfe der Pipette mit dem Gummihütchen — auf gleichen Färbungsgrad eingestellt werden. Nachdem man etwas Wasser zugesetzt hat, mischt man es mit der braunen Häminlösung durch vorsichtiges Neigen des Röhrchens. Von Zeit zu Zeit kontrolliert man die Färbung in den beiden Röhrchen, indem man den Apparat mit dem weißen Beinglas gegen den Himmel oder eine künstliche Lichtquelle hält. Man muß darauf sehen, daß an allen Stellen des Röhrchens die gleiche Färbung herrscht, d. h. also, daß die Mischung der Häminlösung mit dem Wasser wirklich vollkommen ist. Hat man nun so viel Wasser zugetropft, daß die Häminlösung in beiden Röhrchen gleich aussieht, so liest man den Stand der Flüssigkeit (den tiefsten Punkt des Meniscus) an der Teilung des Röhrchens ab. Da eine genaue Ablesung des Flüssigkeitsstandes nur möglich ist, wenn sich *keine* Luftblasen an der Flüssigkeitsoberfläche befinden, so muß man während des Mischens mit dem destillierten Wasser sorgfältig alles vermeiden, also auch kräftiges Schütteln, was zur Schaumbildung an der Oberfläche Anlaß geben könnte. Vollkommen fehlerhaft ist es, etwa das Röhrchen mit dem Finger zu verschließen und zu wenden. Die im Blut des normalen Menschen vorhandene Hämoglobinmenge ist in der Teilung des Röhrchens gleich 100 gesetzt. Der Wert 100 gilt allerdings nur für Männer; bei Frauen ist wegen der geringeren Blutkörperchenzahl auch der normale Sahliwert geringer. Aber auch bei gesunden Männern findet man sehr oft Werte von 90 oder 92, bei Frauen wird ein Sahliwert um 85 noch als normal angesehen.

Aus dem Sahliwert und einer gleichzeitig ausgeführten Zählung der roten Blutkörperchen läßt sich auch eine Verhältniszahl gewinnen, die etwas über die Hämoglobinmenge im einzelnen Blutkörperchen aussagt. Diese Zahl wird **Färbeindex** genannt. Der Färbeindex ist der Quotient aus dem Sahliwert und der Blutkörperchenzahl pro Kubikmillimeter, in Prozenten des normalen Wertes ausgedrückt. Hat man z. B. bei der Zählung für einen Mann 4 000 000 rote Blutkörperchen im Kubikmillimeter gefunden, so wäre dies von der normalen Zahl (5 000 000) 80 %. Wurde gleichzeitig ein Sahliwert von 70 bestimmt, so wäre der Färbeindex

$$F = \frac{70}{80} = 0{,}88\,.$$

Der normale Färbeindex muß natürlich 1 sein, weil der normale Sahliwert 100 ist und auch die normale Zahl der roten Blutkörperchen mit 100 bezeichnet wird. Werte zwischen 0,90 und 1,00 sind als normal anzusehen, ja die häufiger gefundenen Werte liegen näher zu 0,9 als zu 1,0, da das Instrument von SAHLI etwas zu hoch zeigt. In pathologischen Fällen, wo der Sahliwert beträchtlich tiefer liegt oder die Zahl der roten Blutkörperchen sehr vermindert ist, kann auch der Färbeindex von den genannten Normalwerten beträchtliche Abweichungen zeigen.

8. Herstellung der TEICHMANNschen Häminkrystalle.

Erforderlich: Objektträger, Deckgläschen, Metallspatel, getrocknetes Blut, Kochsalz, Eisessig, destilliertes Wasser, Bunsenbrenner, Mikroskop.

Das durch Salzsäure entstehende salzsaure Hämatin oder Hämin kann bei geeigneter Versuchsanordnung leicht in Krystallform erhalten werden. Die Häminkrystalle sind feine, stäbchenförmige Krystalle von hellbrauner bis schwarzbrauner Farbe mit schräg abgeschnittenen Enden. Da sie besonders charakteristisch und leicht zu erkennen sind, bedient man sich ihrer zum Nachweis von Blut. Die Reaktion wird auf einem Objektträger ausgeführt, die Krystalle werden im Mikroskop bei starker Vergrößerung gesucht.

Der **Blutnachweis mit den Häminkrystallen** erfordert nicht frisches Material, sondern läßt sich auch mit einem eingetrockneten Tropfen bzw. mit getrocknetem, pulverisiertem Blut ausführen. Es wurde deshalb diese Probe früher viel in der gerichtlichen Medizin dazu benutzt, festzustellen, ob z. B. verdächtige Flecke u. dgl. aus Blut bestehen. Die zu untersuchende Probe wird jedoch nicht direkt mit Salzsäure zusammengebracht, sondern mit Kochsalz, aus dem erst durch Zusatz von Eisessig die Salzsäure frei gemacht wird. Außer der Bildung von Salzsäure hat der Eisessig noch die Aufgabe, das gebildete Hämin zu lösen. Da die Reaktion in der Wärme ausgeführt wird, so verdunstet langsam der Eisessig, wobei das anfänglich gelöste Hämin sich in Krystallform abscheidet.

Zur Gewinnung der TEICHMANNschen Krystalle geht man für Übungszwecke von getrocknetem Blut aus, von dem mit einem Metallspatel eine winzige Menge (etwa so viel wie ein Stecknadelkopf) auf die Mitte eines Objektträgers gebracht wird. Nach Zufügen einer gleich großen Menge Kochsalz werden beide Substanzen mit Hilfe des stumpfen Endes des Metallspatels so lange zerdrückt und zerrieben, bis ein feines graubraunes Pulver entsteht, worin mit freiem Auge weder Blut- noch Kochsalzteilchen unterschieden werden können. Das Pulver wird hierauf flach ausgebreitet, mit einem Tropfen Eisessig und dann mit einem Deckglas bedeckt. Da der erste Eisessigtropfen gewöhnlich nicht ausreicht, den ganzen Raum zwischen Deckglas und Objektträger zu erfüllen, so bringt man jetzt an den Rand des Deckglases noch so viel Eisessig, daß alle Luft zwischen Objektträger und Deckglas verdrängt wird. Der Objektträger wird hierauf vorsichtig über die ganz klein gestellte Flamme des Bunsenbrenners gehalten (Luftzuführung eng machen, sonst schlägt der Brenner durch!), bis im Eisessig die ersten Gasblasen als Zeichen des Kochens auftreten. Man bringt in diesem Moment den Objektträger aus dem Bereich der Flamme und wartet so lange, bis die Gasblasenbildung aufgehört hat. Man erwärmt dann neuerlich, bis wieder Gasblasen auftreten, geht wieder aus der Flamme usw. Auf diese Weise findet die Erhitzung und Verdunstung des Eisessigs ganz allmählich statt, so daß auch die Abscheidung der Häminkrystalle nur ganz langsam erfolgt, wodurch sie viel größer werden, als wenn die Erhitzung schnell und überstürzt geschieht. Ist der gesamte Eisessig verdunstet, legt man den Objektträger auf den Tisch und läßt ihn einige Minuten auskühlen. Man bringt sodann an den Rand des Deckglases einige Tropfen destilliertes Wasser (mit Hilfe des im Stopfen des Fläschchens eingeschmolzenen Glasstabes), das nun rasch zwischen Objektträger und Deckglas eindringt und als Aufhellungsmedium eine gute Beobachtung der Krystalle ermöglicht. Sollte das destillierte Wasser wegen Krustenbildung am Rande des Deckglases nicht sofort eindringen, so genügt ein leichtes Kratzen mit dem Glasstäbchen, um die Kruste zu entfernen.

Die **mikroskopische Beobachtung der Krystalle** erfolgt wie sonst zunächst bei schwacher, dann bei starker Vergrößerung (Irisblende etwas verengen). Man findet im Präparat zunächst würfelförmige oder verästelte Krystalle, die *farblos* sind und teils aus Kochsalz, teils aus essigsaurem Natrium bestehen. Von Interesse sind jedoch nur die feinen braunen bis schwarzen Stäbchen, die zum Teil einzeln liegen, zum Teil gekreuzt sind oder strahlenförmige Gruppen bilden und meist in der Nähe von braunroten Flecken und Klumpen gefunden werden, den nicht zersetzten Resten des Blutes. Die Größe der TEICHMANNschen Krystalle schwankt sehr, entspricht aber im Mittel etwa dem Durchmesser von ein bis zwei roten Blutkörperchen.

9. Untersuchung von Blutspektren.

Erforderlich: BUNSENsches Spektroskop, Taschenspektroskop, Blutlösungen, Auerbrenner, Glühlampe, Glimmlampe.

Fällt ein Bündel von „weißen" Lichtstrahlen auf ein *Prisma* auf, so wird es nicht nur aus seinem geradlinigen Verlauf abgelenkt, *gebrochen*, sondern es kommt auch zu einer *Farbenzerstreuung*, weil die Brechungswinkel für die einzelnen Wellenlängen verschieden sind. Am schwächsten wird rot, am stärksten violett gebrochen; hinter dem Prisma entsteht ein Band mit kontinuierlichen Farbenübergängen **(Spektrum).** Glühende feste Körper (Sonne, Glühlampe, Auernetz) haben ein kontinuierliches Spektrum. Glühende gasförmige Körper (z. B. Natriumlicht — durch Einstreuen von Kochsalz in eine nicht leuchtende Gasflamme —, Glimmlicht der Geißlerröhren und der mit Neon gefüllten Glimmlampen) liefern diskontinuierliche Spektra, in welchen nur einzelne voneinander getrennte Linien enthalten sind; man nennt diese Spektra Linienspektra. Sie kommen dadurch zustande, daß von den leuchtenden Gasen nicht wie von glühenden festen Körpern alle Wellenlängen ausgesendet werden, sondern nur wenige charakteristische. Kontinuierliche und diskontinuierliche Spektra werden zusammen als *Emissionsspektra* bezeichnet, weil sie durch Aussendung der Wellenlängen durch die leuchtenden Körper zustande kommen. Schaltet man in den Gang des weißen Lichtes vor dem Prisma einen gefärbten durchsichtigen Körper ein, so wird nur ein bestimmter Teil des Lichtes durchgelassen, ein anderer absorbiert. Im Spektrum fehlen dann verschiedene Wellenlängen, das ursprünglich kontinuierliche Spektrum zeigt schwarze Lücken: *Absorptionsspektrum*. Oxyhämoglobin, reduziertes Hämoglobin und Kohlenoxydhämoglobin haben z. B. charakteristische Absorptionsspektren. So ist die Spektralanalyse ein einfaches, rasch anwendbares Mittel zum Nachweis von Kohlenoxydhämoglobin, was besonders für die gerichtliche Medizin zur Feststellung von Leuchtgasvergiftungen von Bedeutung ist. Das Spektrum des Sonnenlichtes ist nicht nur ein Emissions-, sondern auch ein Absorptionsspektrum, weil gleichzeitig der Sonnenball Strahlen aussendet und von diesen wieder mit seiner äußeren Dampfschicht (Chromosphäre) eine Reihe von Wellenlängen absorbiert, was sich durch das Auftreten schwarzer Linien, der sog. *Fraunhoferschen Linien*, bemerkbar macht. Diese Linien treten immer an den gleichen Stellen im Spektrum auf und werden mit bestimmten Buchstaben bezeichnet. Abb. 10 zeigt nebst den drei wichtigen Blutspektren die Verteilung und Bezeichnung der FRAUNHOFERschen Linien.

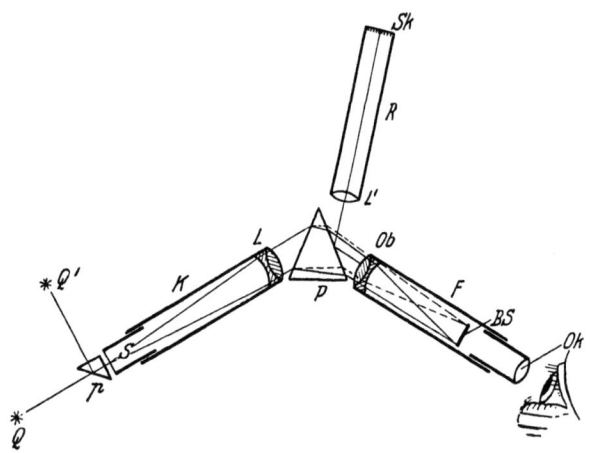

Abb. 8. Strahlengang beim BUNSENschen Spektroskop.

BS Bild der Spektren von *Q* und *Q'*, *F* Fernrohr, *K* Kollimator, *L, L'* Linsensysteme, *Ob* Fernrohrobjektiv, *Ok* Okular, *P* Prisma zur Farbenzerstreuung, *p* total reflektierendes Prisma, *Q, Q'* Lichtquellen, *R* Rohr mit der Skala *Sk*, *S* Spalt.

Um die Absorptionslinien und Absorptionsstreifen gut zu sehen, muß man ein schmales Lichtbündel durch einen Spalt abgrenzen und mit Hilfe eines Linsensystems ein Spaltbild in der Unendlichkeit entwerfen, das man mit Hilfe eines auf Unendlich eingestellten Fernrohres betrachtet. Derartige Apparate heißen Spektroskope. Das **BUNSENsche Spektroskop** wird in Abb. 8 schematisch dargestellt. Zur Erzeugung des Spektrums dient das im Zentrum gelegene Prisma P. Die von der Lichtquelle Q ausgehenden Strahlen werden durch den Spalt S abgeblendet; er befindet sich im Brennpunkt des Linsensystems L, so daß die zum Prisma gelangenden Strahlen zueinander parallel sind. Das den Spalt und das Linsensystem L enthaltende Rohr K wird auch als Kollimator bezeichnet. Die aus L austretenden Strahlen werden durch das Prisma P unter Farbenzerstreuung gebrochen. Das Fernrohrobjektiv Ob bildet nun in seinem Brennpunkt den zu einer Farbenreihe auseinander gezogenen Spalt in BS ab, da die (voll gezeichneten) blauen Strahlen vom Prisma eben stärker gebrochen werden als die (strichlierten) roten. Das farbige Bild des Spaltes BS wird mit dem Okular Ok vergrößert betrachtet. Die untere oder obere Hälfte des stets vertikal gestellten Spaltes S kann durch ein totalreflektierendes Prisma p so verdeckt werden, daß die Strahlen der Lichtquelle Q nur die andere Hälfte des Spaltes passieren können. Durch den verdeckten Teil des Spaltes können aber über das Prisma p Strahlen der zweiten, seitlich angebrachten Lichtquelle Q' in das Kollimatorrohr eintreten, so daß das Spaltbild BS aus einem oberen und unteren Teil besteht, von denen der eine das Spektrum von Q, der andere das Spektrum von Q' darstellt. Man kann so das Spektrum zweier verschiedener Lichtquellen unmittelbar miteinander vergleichen oder bei Q und Q' gleichartige Lichtquellen einschalten und in den Strahlengang der einen eine absorbierende Farblösung bringen, so daß Emissions- und Absorptionsspektrum miteinander verglichen werden können. Das BUNSENsche Spektroskop hat noch eine Einrichtung, um in das Spektrum eine Skala hineinzuprojizieren. Diese Skala Sk ist im Rohr R und wird von rückwärts durch eine (nicht gezeichnete) Lichtquelle beleuchtet. Die Skala ist im Brennpunkt der Linse L', die parallele Strahlen auf die dem Fernrohr zugewandte, als Spiegel wirkende Prismaseite fallen läßt; die ins Fernrohr F reflektierten Strahlen liefern dann in der Ebene des Spektrumbildes auch ein scharfes Bild der Skala Sk.

Wie Abb. 8 zeigt, muß infolge der Strahlenbrechung das Kollimatorrohr und das Fernrohr gegeneinander geneigt sein. Man kann jedoch durch Hintereinanderschalten mehrerer verschieden brechender Prismen die Ablenkung des Strahles aufheben, ohne die Farbenzerstreuung zu verändern. Das vom Spalt ausgehende Bündel von Lichtstrahlen durchsetzt dann das ganze Spektroskop in einer geraden Linie: **geradsichtiges Spektroskop.** Ein Schnitt durch ein solches kleines Handspektroskop (Spektroskop nach BROWNING) ist in Abb. 9 dargestellt. Das Kollimatorrohr besteht hier aus der äußeren Hülse K, an deren Ende sich der Spalt S befindet. Die Breite des Spaltes kann durch Drehen am Ring R verändert werden. Im äußeren Rohr K ist ein zweites Rohr Fe verschieblich, das ein Linsensystem L enthält. Auf der anderen Seite ist das Rohr Fe durch eine kreisförmige Blende B abgeschlossen. Zwischen dem Linsensystem L und der Blende B befindet sich der Prismensatz, der aus den abwechselnd aufeinanderfolgenden Glassorten C und F (Crown- und Flintglas) besteht. Blickt man durch die Blende B in das gegen eine Lichtquelle gehaltene Spektroskop und verschiebt dabei das Rohr Fe im Rohr K langsam hin und her, so erscheint das Spektrum der Lichtquelle. Um z. B. ein Absorptionsspektrum zu untersuchen, wird die gefärbte Flüssigkeit zwischen die Lichtquelle und den Spalt S gebracht.

Die **Bedienung der** beiden eben beschriebenen **Spektroskope** ist einfach. Beim BUNSENschen Spektroskop bringt man die Lichtquelle Q vor den Spalt, während man durch das Okular Ok in das Fernrohr blickt. Durch Drehen am Trieb des Fernrohres wird für das Auge des Beobachters die Scharfeinstellung besorgt. Schließlich bringt man auch die Lichtquelle Q' seitlich vor das Prisma p, bis man auch ihr Spektrum im Fernrohr F sieht, das nun gleichzeitig mit dem Spektrum von Q scharf erscheint. Soll auch die Skala Sk mit abgebildet werden, so bringt man eine dritte Lichtquelle hinter Sk an. Als Lichtquellen werden gewöhnlich Gasglühlicht oder gasgefüllte elektrische Glühlampen mit mattem Glas verwendet. Zwischen Q bzw. Q' und den Spalt werden kleine planparallele Fläschchen mit den zu untersuchenden Flüssigkeiten gehalten. Die Farben im Spektrum erscheinen um so reiner und die Absorptionslinien und Streifen umso schärfer, je enger der Spalt S ist. Man wird daher an der rückwärts angebrachten Stellschraube die Spaltbreite entsprechend einstellen, wobei man freilich den Spalt nicht zu eng machen darf, weil sonst das Spektrum zu lichtschwach wird. Meist ist der Spektralapparat gebrauchsfertig aufgestellt, so daß der Beobachter nur in das Fernrohr zu sehen und die für seine Augen geltende Scharfeinstellung am Trieb des Fernrohres vorzunehmen hat.

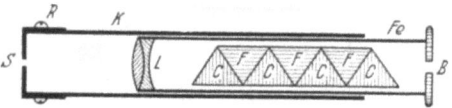

Abb. 9. Schema des geradsichtigen Spektroskopes nach BROWNING.

B Blende, C Prismen aus Crown-Glas, F Prismen aus Flintglas, Fe Prismenrohr, K Kollimatorrohr, L Linsensystem, R Ring zur Einstellung des Spaltes, S Spalt.

Während beim BUNSENschen Spektralapparat meist künstliche Lichtquellen verwendet werden, benützt man das geradsichtige Spektroskop nach BROWNING am einfachsten bei Tageslicht. Man nimmt den Apparat wie ein Fernrohr in die Hand, blickt nach Einstellen des Spaltes am Ring R durch die Blende B in das Spektroskop und richtet es gegen eine weiße Hauswand oder den Himmel bzw. gegen eine weiße Wolke. Die Scharfeinstellung erfolgt hier durch vorsichtiges Herausziehen und Hineinschieben des Fernrohres Fe in das Kollimatorrohr K. Auch hier stellt man wieder auf den oberen und unteren Rand des horizontal liegenden Spektrums scharf ein; das rote und blaue Ende des Spektrums ist ja verwaschen und kann niemals scharf gesehen werden. Verwendet man Tageslicht, so sind im Spektrum die parallel zu den Farbenübergängen (senkrecht zur oberen und unteren Begrenzung) verlaufenden FRAUNHOFERschen

Linien zu beobachten (enger Spalt!). Nun hält man unmittelbar vor den Spalt die Fläschchen mit der zu untersuchenden Lösung. Dem geradsichtigen Spektroskop sind gewöhnlich kleine eprouvettenartige Röhrchen beigegeben, in die die Blutlösung gefüllt wird und die mit Hilfe einer am Spektroskop angebrachten Klemme vor dem Spalt befestigt werden. Es ist jedoch besser, auch für das geradsichtige Spektroskop planparallele Glasfläschchen zu verwenden.

Die spektroskopische Untersuchung wird mit verdünntem Blut (einige Tropfen Blut aus der Fingerbeere oder Tierblut in das mit Wasser gefüllte Spektralfläschchen!) vorgenommen, weil konzentriertes Blut zu wenig Licht durchläßt. Die Lösung soll nicht zu stark rot

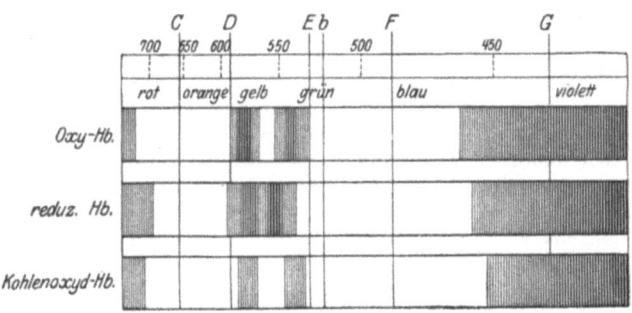

Abb. 10. Schematische Darstellung der Spektren von Oxyhämoglobin, reduziertem Hämoglobin und Kohlenoxydhämoglobin sowie der Verteilung der FRAUNHOFERschen Linien.

gefärbt sein. Auch kohlenoxydhaltiges Blut, das für Übungszwecke bereitgehalten wird, ist in solche Fläschchen zu füllen.

Abb. 10 zeigt zunächst oben die **Farbenverteilung im normalen Sonnenspektrum,** das man sich immer so einstellt, daß das rote Ende links, das violette rechts gelegen ist. Außerdem sind die wichtigsten FRAUNHOFERschen Linien eingezeichnet und die Wellenlängen der farbigen Lichter angegeben. Darunter ist das Spektrum des Oxyhämoglobins abgebildet, das zwei breite Absorptionsstreifen zwischen den Linien D (= 589 $\mu\mu$) und E (= 527 $\mu\mu$) aufweist. Wie das letzte Spektrum zeigt, liefert auch das *Kohlenoxydhämoglobin* zwei solche Absorptionsstreifen, die denen des Oxyhämoglobins recht ähnlich sehen. Da es sich beim ersten Anblick nicht entscheiden läßt, ob Oxyhämoglobin oder Kohlenoxydhämoglobin vorliegt, so muß man einen Kunstgriff anwenden, der darauf beruht, daß das Oxyhämoglobin durch Reduktion verändert wird, das Kohlenoxydhämoglobin dagegen nicht. Als Reduktionsmittel verwendet man Schwefelammonium, von dem einige Tropfen zum Blut in das Spektralfläschchen gebracht werden. Das Oxyhämoglobin geht dabei im Verlauf von einigen Stunden völlig in *reduziertes Hämoglobin* über, dessen Spektrum nur mehr *ein* breites Band im Gebiet zwischen den Linien D und E, also im Gelbgrün, zeigt. Dieses Spektrum findet sich gleichfalls in Abb. 10. Kohlenoxydhämoglobin ist nicht reduzierbar und verändert sich daher auf Zusatz von Schwefelammonium nicht.

Mit Hilfe der beiden Spektroskope sind zunächst die kontinuierlichen Spektra von Tageslicht, Gasglühlicht, elektrischen Glühbirnen, sowie diskontinuierliche Spektra von Natriumdampf und der elektrischen, mit Edelgas gefüllten Glimmlampe anzusehen. Der Natriumdampf wird dadurch erzeugt, daß in die nicht leuchtende Flamme eines Bunsenbrenners ein mit Kochsalz bestreuter Platinring gebracht wird. Das verdampfende Natrium färbt die Flamme gelb. Das Spektrum enthält die besonders kräftige, für Natrium charakteristische Linie D. Die elektrischen Glimmlampen sind wie gewöhnliche Glühbirnen direkt an das Leitungsnetz geschaltet. Ihr Spektrum enthält Linien im Rot, Orange und Blau, die vom leuchtenden Neongas herrühren. Die blaue Linie stammt zum Teil auch vom Fluorescenzlicht der Glaswand. Außerdem zeigt die Glimmlampe noch einige Linien im Grün, die vom Quecksilberdampf stammen, der zum Neongas zugemischt wird, um das reine Orange des Lichtes in ein Weiß-Rosa zu verwandeln. Außerdem sollen die Absorptionsspektren von Oxyhämoglobin, reduziertem Hämoglobin und Kohlenoxydhämoglobin untersucht werden.

10. Bestimmung der Blutgruppen.

Erforderlich: Hämotest A und B, Watte, Toluol, Stecher, Objektträger.

Blut verschiedener Menschen läßt sich für die Bluttransfusion oft darum nicht verwenden, weil die Blutkörperchen des Spenders, wenn sie mit dem Serum des Empfängers in Berührung kommen, miteinander verkleben, Klümpchen bilden und ausfallen. Dadurch kommt es zur Verstopfung der feinen Gefäße und zur Absperrung ganzer Organe von der normalen Blutzirkulation. Diese Verklumpung wird durch bestimmte Stoffe des Serums, *Agglutinine*, hervorgerufen, die auch als Isoagglutinine bezeichnet werden. Der Verklumpungsvorgang selbst heißt *Agglutination*, die Fähigkeit der Blutkörperchen zu verklumpen, wird auf die in ihnen enthaltenen *Agglutininogene* zurückgeführt. Man muß daher vor einer Bluttransfusion die zu mischenden Blutsorten auf einem Objektträger prüfen, ob sie sich ohne Schaden für den Blutempfänger mischen lassen oder ob sie agglutinieren. Es gibt vier Blutgruppen, die in verschiedener Weise bezeichnet werden. Als gebräuchlichste beginnt sich die mit Buchstaben (O, A, B und AB) einzubürgern.

Bestimmung der Blutgruppen.

Wie die einzelnen **Gruppen bei der Bluttransfusion** verwendet werden können, ergibt sich aus dem nebenstehenden Schema, wobei der Spender als Ausgangspunkt der Pfeile, der Empfänger durch die Pfeilspitze angedeutet wird. Jeder einer bestimmten Gruppe Angehörige kann Blut gleicher Art empfangen und ebenso einem Angehörigen der gleichen Gruppe sein Blut geben. Darüber hinaus kann die Gruppe O auch als Spender für *alle drei anderen* Gruppen dienen, so daß O also allen Menschen geben kann. A und B können nur von der der gleichen Gruppe und von O empfangen und der gleichen Gruppe und der Gruppe AB Blut spenden. Träger der Gruppe AB können nicht nur von der gleichen Gruppe, sondern auch von allen anderen empfangen, als Spender aber können sie *nur* für die *eigene* Gruppe dienen.

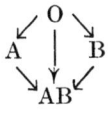

Zur **Prüfung auf die Blutgruppen** werden Serum A und Serum B in Fläschchen oder Capillaren z. B. unter dem Namen „*Hämotest*" in den Handel gebracht. Serum A ist in weißen Fläschchen bzw. Capillaren, Serum B in braunen abgefüllt. Zur Prüfung werden zwei reine Objektträger vorbereitet und, wie Abb. 12 zeigt, auf dem einen in einigen Zentimeter Abstand voneinander je ein Tropfen Serum A und Serum B aus je einer Capillare — der vorher **beide** zugeschmolzene Enden nach Anfeilen abzubrechen sind — aufgebracht. Mit je einer

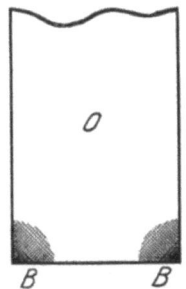

Abb. 11. Objektträger (*O*) mit den beiden Bluttropfen (*B*) an den Ecken vor der Mischung mit dem Testsera.

Ecke des zweiten Objektträgers wird Blut aus der Fingerbeere aufgenommen (Abb. 11), je eine Ecke in einen der Serumtropfen eingetaucht und rasch umgerührt, bis das Serum gleichmäßig rosa gefärbt ist. Man muß unter allen Umständen *vermeiden*, daß dabei Serum von einem Tropfen zum anderen gelangt oder daß man etwa mit der gleichen Ecke des zweiten Objektträgers in *beide* Serumtropfen eintaucht. Zweckmäßigerweise wird auch vorher zu jedem Serumtropfen „A" oder „B" mit einem Glasstift oder mit Tinte (nach vorherigem Anhauchen des Glases) dazugeschrieben. Bleiben die mit Blut vermischten Serumtropfen gleichmäßig gefärbt, so ist keine Agglutination aufgetreten; die Agglutination äußert sich bereits nach wenigen Minuten durch Bildung grober Klümpchen, die mit *freiem Auge* sofort sichtbar sind, so daß der Bluttropfen schollig zu zerfallen scheint. Eine mikroskopische Untersuchung der Tropfen ist überflüssig. Abb. 12 zeigt nebeneinander in einem Tropfen deutliche Agglutination, während in dem anderen *keine* Agglutination eingetreten ist. Während der Beobachtung wird zweckmäßigerweise der Objektträger leicht bewegt, so daß die Flüssigkeit innerhalb der Tropfen hin und her strömt und

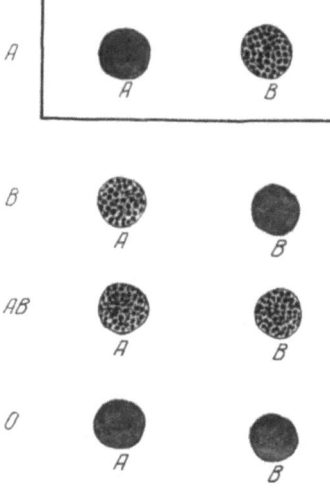

Abb. 12. Schematische Darstellung des Ausfalles der Blutgruppenbestimmung mit Testserum A und B.
Oben: Objektträger mit den beiden Serum-Blutstropfen bei einem Spender der Gruppe A. Unten: die beiden Serum-Blutstropfen bei Spendern der Gruppen B, AB und O.

eine gute Durchmischung erfolgt. Nach 5 Minuten tritt gewöhnlich eine feinkörnige Entmischung des Tropfens auf, die als *Pseudoagglutination* bezeichnet wird und mit der echten nicht verwechselt werden darf. *Die echte Agglutination tritt gewöhnlich innerhalb von 1—2 Minuten auf und hat einen grob scholligen Charakter.*

Erfolgt in keinem der beiden Tropfen eine Agglutination, so stammen die Blutkörperchen von einem Angehörigen der Gruppe O. Erfolgt die Agglutination nur mit dem Serum A, so gehört der Spender der Gruppe B an, erfolgt die Agglutination mit dem Serum B, so gehört der Spender zur Gruppe A. Tritt Agglutination in beiden Tropfen auf, handelt es sich um Blutkörperchen der Gruppe AB. Die Abb. 12 zeigt schematisch das Aussehen der Objektträger bei den verschiedenen Blutgruppen.

11. Bestimmung des spezifischen Gewichtes des Blutes nach HAMMERSCHLAG.

Erforderlich: Tierblut oder Blut aus der Fingerbeere, Benzol, Chloroform, Glaszylinder, Aräometer, Trichter, Filtrierpapier.

Das **spezifische Gewicht von Flüssigkeiten** wird am einfachsten mit Hilfe eines Aräometers bestimmt, das in die Flüssigkeit eingesenkt wird und schwimmt. Da je nach dem spezifischen Gewicht der Flüssigkeit der Auftrieb des Aräometers verschieden groß ist, so ändert sich damit die Eintauchtiefe. Im Aräometer ist eine Skala enthalten, auf welcher unmittelbar aus der Eintauchtiefe das spezifische Gewicht abgelesen werden kann. Für das Blut läßt sich diese Methode nicht unmittelbar anwenden, weil zu große Blutmengen dafür erforderlich wären. Man bedient sich jedoch nach HAMMERSCHLAG des Kunstgriffes, einen Tropfen Blut in eine mit Blut nicht mischbare Flüssigkeit zu bringen, das spezifische Gewicht dieser Flüssigkeit dem Blut anzugleichen und schließlich mit dem Aräometer das spezifische Gewicht der Hilfsflüssigkeit zu bestimmen. Ist das Blut leichter, so geht der Tropfen an die Oberfläche, ist das spezifische Gewicht des Blutes größer, so sinkt er zu Boden, ist Blut und Flüssigkeit gleich, so schwebt der Tropfen. Als Hilfsflüssigkeit verwendet man ein Gemisch von Benzol und Chloroform. Benzol hat ein spezifisches Gewicht von 0,88, Chloroform von 1,485. Das spezifische Gewicht des Blutes liegt zwischen 1,050 und 1,060. Zur Herstellung einer Flüssigkeit, deren spezifisches Gewicht dem des Blutes annähernd gleich ist, mischt man etwa einen Teil Chloroform mit 2,5 Teilen Benzol. Die Benzol-Chloroform-Mischung soll nach Beendigung des Versuches nicht weggeschüttet werden, sondern ist in einer bereitstehenden Vorratsflasche zu sammeln, aus der für weitere Versuche das Gemisch wieder entnommen wird.

Um das spezifische Gewicht des Blutes zu bestimmen, füllt man mit einem geeigneten Benzol-Chloroform-Gemisch (aus der Vorratsflasche) einen breiten, etwa 10 cm hohen Zylinder und läßt aus der Fingerbeere einen großen Blutstropfen in die Flüssigkeit fallen. Schwimmt er, so ist die Flüssigkeit zu schwer, es muß vorsichtig etwas Benzol zugegossen werden; sinkt der Blutstropfen, so muß man etwas Chloroform hinzufügen. Nach jedem Hinzufügen von Flüssigkeit muß das Benzol-Chloroform-Gemisch mit einem Glasstäbchen vorsichtig umgerührt werden, wobei man darauf achten muß, den Blutstropfen nicht in kleine Teilchen zu zerreißen. Ist nun nach mehr oder weniger oft wiederholtem Zufügen von Benzol und Chloroform das spezifische Gewicht der Hilfsflüssigkeit so eingestellt worden, daß der Tropfen *auch nach Verschwinden* der beim Umrühren sich stets bildenden kreisenden Flüssigkeitsströmungen *schwebt*, so sind das Blut und die Benzol-Chloroform-Mischung vom gleichen spezifischen Gewicht. Man gießt nun das Benzol-Chloroform-Gemisch in einen hohen, schmalen Zylinder, in den das Aräometer eingesenkt wird. An der Durchtrittsstelle des Aräometers durch die Flüssigkeitsoberfläche wird direkt das spezifische Gewicht des Gemisches, das dem spezifischen Gewicht des Blutes gleich ist, abgelesen. Die benützte Flüssigkeit ist dann über ein Filter, das die Blutstropfen zurückhält, in die Vorratsflasche zu gießen.

Diese Bestimmungsmethode ist nicht sehr genau, gibt aber doch annähernd richtige Werte, wenn man sehr rasch arbeitet, weil Benzol und Chloroform in die roten Blutkörperchen etwas eindringen und damit das spezifische Gewicht des Blutes verändern. Je länger der Bluttropfen im Benzol-Chloroform-Gemisch ist, um so ungenauer werden die Werte. Bevor man das Blut in die Flüssigkeit bringt, muß man sich daher durch Prüfung mit dem Aräometer davon überzeugen, daß das spezifische Gewicht des Benzol-Chloroform-Gemisches annähernd 1,050 ist, so daß nach dem Einbringen des Blutes nur mehr geringe Mengen von Benzol oder Chloroform hinzuzusetzen sind. Da das spezifische Gewicht von der Zahl der Blutkörperchen abhängt, sind die gefundenen Werte bei Männern und Frauen etwas verschieden. Bei Männern liegen die normalen Werte zwischen 1,055 und 1,060, bei Frauen zwischen 1,050 und 1,055.

12. Chemischer Blutnachweis mit Benzidin und Guajac-Harz.

Erforderlich: Verdünnte Blutlösung, Guajac-Harztinktur, Benzidin, Eisessig, Wasserstoffsuperoxyd (3 proz.), Eprouvetten.

Bei verschiedenen Erkrankungen kann dem Harn oder Kot Blut beigemengt sein, dessen Nachweis sehr wichtig ist. Sind große Mengen vorhanden, so sind sie schon durch die Färbung zu erkennen; kleine Mengen aber, deren Nachweis oft von besonderer Bedeutung ist, können durch die Eigenfarbe der genannten Excrete verdeckt werden. Man bedient sich zum Blutnachweis gewöhnlich des *Benzidins* oder der *Guajactinktur*, die mit Wasserstoffsuperoxyd zusammengebracht werden. Beide Substanzen liefern durch Oxydation blaue Farbstoffe (Benzidinfarbstoffe, bzw. die blaugefärbte Guajaconsäure). Den Sauerstoff liefert das Wasserstoffsuperoxyd, doch findet die Oxydation erst dann statt, wenn ein Sauerstoffüberträger, ein *Katalysator*, vorhanden ist. Benzidin bzw. Guajactinktur geben daher mit Wasserstoffsuperoxyd allein keine Färbung, sondern erst nach Zusatz von bluthaltigen Stoffen, wobei das Eisen des Blutfarbstoffes als Katalysator wirkt. Von den beiden Reaktionen ist die *Benzidinprobe die wesentlich empfindlichere*.

Beim Blutnachweis im Harn wird dieser unverdünnt verwendet, zum Blutnachweis im Kot wird dieser mit etwas Wasser in einem Schälchen zu einem Brei angerührt. Zur Einübung der Reaktion verwendet man zunächst eine Blutlösung, die man sich durch Eintropfen von etwas Tier- oder Menschenblut in Wasser herstellt und die nur schwach rosa gefärbt sein soll.

Die **Benzidinprobe** wird so vorgenommen, daß man zunächst eine Federmesserspitze Benzidinpulver in eine Eprouvette bringt und etwa 1 ccm Eisessig hinzufügt. Nach leichtem Schütteln geht das Benzidin rasch in Lösung. Man fügt dann 3—5 ccm möglichst frisch bereitete 3 proz. Lösung von Wasserstoffsuperoxyd hinzu, schließlich als letztes die fragliche bluthaltige Probe. Je nach der Menge des vorhandenen Blutes tritt verschieden rasch, jedenfalls aber im Verlauf einiger Minuten, zunächst eine grüne und dann eine berlinerblauartige Färbung auf. Tritt die Blaufärbung *nicht* ein, so war kein Blut vorhanden.

Die **Probe mit Guajac-Harz** wird in ganz ähnlicher Weise ausgeführt. Man bringt etwa 1 ccm der bereits gebrauchsfertigen Guajactinktur (einer alkoholischen Lösung von Guajac-Harz) in ein Proberöhrchen, gibt wieder 3—5 ccm 3 proz. Wasserstoffsuperoxyd hinzu und als letztes die zu untersuchende Probe. Die zunächst hellbraun gefärbte Mischung wird je nach der Blutmenge verschieden schnell graublau, dann himmelblau. Die Farbe entwickelt sich langsamer als bei der Benzidinprobe, bei kleinen Blutmengen wird die Lösung nur grau und auch das erst im Verlauf von 5—10 Minuten.

Da die beschriebenen Reaktionen nicht für Blut spezifisch sind, sondern unter Umständen auch durch andere Katalysatoren ausgelöst werden können, so soll man nach der Mischung des Reagens mit dem Wasserstoffsuperoxyd stets etwas warten, ob nicht etwa durch Verunreinigungen (die in der Proberöhre enthalten waren) eine Blaufärbung eintritt. Es genügen dazu schon minimalste Spuren, die auch nach wiederholtem Auswaschen der Proberöhre oft noch zurückbleiben. Erst wenn etwa 1—2 Minuten nach der Mischung von Reagens und Wasserstoffsuperoxyd keine Blaufärbung eingetreten ist, darf man Blutlösung bzw. Harn oder Kotaufschwemmung hinzufügen.

Nachdem zunächst die Reaktion mit Benzidin und Guajac-Harz geübt wurde, soll auch bestimmt werden, um wieviel empfindlicher die Benzidinreaktion ist als die Guajacprobe. Man benutzt dazu eine Blutlösung, die man aus Wasser und einigen Tropfen Tierblut herstellt und weiter so lange verdünnt, bis die Reaktion mit Guajacharz keine Blaufärbung mehr zeigt. Mit dieser verdünnten Lösung gibt die Benzidinprobe noch eine deutliche Reaktion; man verdünnt nun neuerlich so lange, bis auch die Benzidinreaktion verschwindet. Aus der erforderlichen zweiten Verdünnung bis zum Verschwinden der Benzidinreaktion läßt sich das Verhältnis der Empfindlichkeit beider Reaktionen bestimmen. Man kann die große Empfindlichkeit der Benzidinprobe auch dadurch nachweisen, daß man zunächst in eine Proberöhre eine Blutlösung mittlerer Konzentration einfüllt, hierauf diese wieder ausgießt, das Proberöhrchen mit Wasser füllt und nun die Reaktion mit diesem „Wasser" — das ja durch restliche Spuren von Blut verunreinigt ist — ausführt. Meist gelingt es auch noch nach dem Ausgießen des ersten Waschwassers mit dem zweiten und evtl. mit dem dritten die Benzidinprobe auszuführen.

II. Versuche zur Physiologie des Blutkreislaufes und der Atmung.

13. Perkussion der Lungen-Lebergrenze und der absoluten Herzdämpfung.

Erforderlich: Hautstift.

Unter **Perkussion** versteht man das Beklopfen des Körpers, hauptsächlich der Brust und Bauchhöhle, um aus der Art des dabei entstehenden Schalles Schlüsse auf die Beschaffenheit der darunterliegenden Organe zu ziehen. Die Perkussion erfordert viel Übung; das Praktikum will nur das Prinzip der Perkussion lehren.

Am meisten üblich ist es, mit einem Finger der rechten Hand auf einen untergelegten Finger der linken zu klopfen (**Finger-Finger-Perkussion**), und zwar mit dem Zeige- oder Mittelfinger der rechten Hand *(Perkussionsfinger)* auf den Zeige- oder Mittelfinger der linken Hand *(Plessimeterfinger)*. Der Plessimeterfinger ist fest an den Körper anzudrücken, die Kuppe des hakenförmig gekrümmten Perkussionsfingers schlägt auf die Dorsalseite der zweiten Phalange. Die Klopfbewegung soll im Handgelenk erfolgen, nicht etwa im Ellenbogengelenk; der rechte Unterarm ist dabei ganz ruhig zu halten. Der Plessimeterfinger soll stets parallel zu der aufzusuchenden Organgrenze liegen. Soll beispielsweise auf der rechten Thoraxseite die nahezu horizontal verlaufende Lungen-Lebergrenze festgestellt werden, so wird der Plessimeterfinger horizontal auf die rechte Brustseite aufgelegt, das ist parallel zu den Rippen, und unter ständiger Perkussion parallel nach unten verschoben. Liegt das zu untersuchende Organ unmittelbar unter der Körperoberfläche, so wird leise perkutiert (z. B. Lungen-Lebergrenze), ist das Organ von einem anderen bedeckt (z. B. relative Herzdämpfung), so muß die Perkussion mit größerer Kraft erfolgen.

Zur Erzeugung des Perkussionsschalls genügt an sich ein einmaliges federndes Klopfen gegen den Plessimeterfinger; da aber das Ohr gewöhnlich nicht so rasch die Schallqualität erfassen kann, so klopft man 2—3mal kurz hintereinander. Hat man die Schallqualität erfaßt, so wird der Plessimeterfinger etwa um 1 cm verschoben und neuerlich geprüft. Besonders an Organgrenzen — oder bei Feststellung einer pathologischen Schalländerung — wird man mit dem Plessimeterfinger mehrmals nach beiden Seiten hin und her wandern, um wiederholt zu prüfen und zu vergleichen.

Ist das zu untersuchende Organ lufthaltig wie die Lunge, so spricht man von einem *vollen, lauten Schall*; besteht es aus dichtem, luftarmen Gewebe wie die Leber, so liefert es einen *leeren oder gedämpften Schall*. Der volle Schall — der z. B. über der ganzen rechten Lunge leicht gehört wird — ist gleichzeitig auch tief und von relativ langer Dauer. Der leere Schall — der unmittelbar über dem Herzen oder über der Leber zu hören ist — hat einen höheren Klangcharakter und ist von kürzerer Dauer. Schalltiefe und Schalldauer hängen mit Resonanzerscheinungen zusammen, die im lufthaltigen Gewebe zu tieferen und länger dauernden Schwingungen führen.

Zur Orientierung am Brustkorb dienen die *Rippen*. Fährt man mit Mittel- und Zeigefinger das Brustbein entlang, so spürt man deutlich den vorspringenden Winkel zwischen Manubrium und Corpus sterni; an dieser Stelle tritt die zweite Rippe an das Sternum heran und von dieser Stelle aus lassen sich durch Zählen die anderen Rippen leicht bestimmen. Da die erste Rippe durch das Schlüsselbein bedeckt ist, beginnt man die Zählung eben bei der zweiten

Rippe. Zwischen den Rippen liegen die Intercostalräume, und zwar zwischen der zweiten und dritten Rippe der zweite Intercostalraum, zwischen der dritten und vierten der dritte usf. Als vertikale Orientierungslinien dienen der linke und rechte Sternalrand, die als gerade Linien gedacht und als *Parasternallinien* bezeichnet werden. Weitere Linien sind die auf beiden Seiten parallel zum Sternalrand durch die Brustwarzen gehenden *Mamillarlinien;* da die verschieblichen Brustwarzen keinem festen anatomischen Punkt entsprechen, hat man die Mamillarlinien neuerdings durch die *Medioclavicularlinien* ersetzt, die durch die Mitte der Clavicula nach abwärts gezogen werden. Am Rücken orientiert man sich nach den Dornfortsätzen der Wirbel; durch leichtes Neigen des Kopfes nach vorn wird der Dornfortsatz des siebenten Halswirbels (Vertebra prominens) deutlich fühlbar, von dem ausgehend die anderen abgezählt werden können. Auch die Schulterblätter werden zur Orientierung benützt.

Am leichtesten ist für den Anfänger die **Feststellung der Lungen-Lebergrenze** an der *rechten* Brustseite, wobei Versuchsperson und Untersucher am einfachsten stehen. Der Plessimeterfinger der linken Hand wird horizontal gehalten und etwa über dem rechten fünften Intercostalraum aufgelegt. Das Beklopfen ergibt unter normalen Verhältnissen noch Lungenschall, im sechsten Intercostalraum dagegen findet man schon gedämpften Leberschall. Man geht bei dieser Bestimmung am zweckmäßigsten entlang der rechten Mamillarlinie nach unten. Prüft man dann die Lungen-Lebergrenze an der rechten Parasternallinie, an der Seitenfläche des Brustkorbes und schließlich am Rücken, so findet man folgenden Verlauf der unteren Lungengrenze: am Sternum: oberer Rand der sechsten Rippe; in der rechten Mamillarlinie: unterer Rand der sechsten Rippe, bzw. sechster Intercostalraum; an der Seitenfläche des Thorax: siebente Rippe; auf dem Rücken: Handbreit unter dem Angulus inferior der Scapula und verlaufend zum Dornfortsatz des elften Brustwirbels. Ähnlich verläuft auch die untere Grenze der linken Lunge, doch läßt sie sich an der Vorderseite des Brustkorbes infolge des Aneinanderstoßens von Leber, Magen und Herz nur schwer bestimmen. Die herausperkutierte Grenze wird mit einem Hautstift auf der Haut angezeichnet. Die beschriebene Grenze gilt für mittlere Atmung, bei der die Organverschiebungen nur gering sind. Läßt man die Versuchsperson tief einatmen und dann für kurze Zeit den Atem anhalten oder stark ausatmen und dann eine kurze Atempause machen, so findet man eine starke Verschiebung der Lungengrenze nach abwärts bzw. aufwärts. Der höchste und der tiefste Stand des Lungenrandes wird mit dem Farbstift markiert, man findet meist einen Abstand von drei Querfingern (etwa 5 cm, „*respiratorische Verschieblichkeit*"). Da die Versuchsperson den Atem nicht unbegrenzt lang anhalten kann, muß die Perkussion recht rasch erfolgen, weil sie sonst durch die zwangsläufig wieder einsetzende Atmung gestört wird.

Beim Herzen liegen die Verhältnisse etwas komplizierter, da ein Teil des Organes vom Lungengewebe bedeckt ist und nur ein kleiner Teil unmittelbar unter der Brustwand liegt. Dieses bei leicht aufgelegtem Plessimeterfinger mit *leiser* Perkussion festzustellende, vom Lungengewebe unbedeckte Gebiet des Herzens (in Abb. 13 schraffiert) liefert die sog. *absolute Herzdämpfung*. Der Geübte kann mit stärkerer Perkussion und fest angelegtem Plessimeterfinger auch ein Dämpfungsgebiet herausfinden, das im großen und ganzen der wirklichen Herzgröße, wie man sie durch die Röntgendurchleuchtung bestimmen kann, entspricht und das als *relative Herzdämpfung* bezeichnet wird.

Für den Anfänger empfiehlt sich vorerst nur die **Feststellung der absoluten Herzdämpfung**. Man beginnt, wie früher beschrieben, bei mittlerer Atmung der Versuchsperson mit der Feststellung der rechten Lungen-Lebergrenze in der Mamillarlinie, zeichnet sie mit dem Hautstift auf und verlängert die gezogene Linie auch auf die linke Thoraxseite über das Sternum. Dann wird der Herzspitzenstoß aufgesucht; er liegt gewöhnlich im fünften Intercostalraum etwas innerhalb von der Mamillarlinie. Bei manchen Menschen ist er nicht tastbar, weil die Herzspitze gegen eine der Rippen schlägt. Jedoch kann auch in diesen Fällen der Spitzenstoß meist festgestellt werden, wenn die Versuchsperson sich nach links beugt oder auf die linke Seite legt. Die Stelle des Spitzenstoßes wird mit dem Hautstift durch ein Kreuzchen bezeichnet. Das Gebiet der absoluten Herzdämpfung ist sehr klein; es hat als untere Grenze den nach links verlängerten Strich der rechten Lungen-Lebergrenze und wird seitlich durch den linken Sternalrand abgegrenzt, von dem dann etwa drei Querfinger über der Basislinie, entsprechend dem Ansatz der vierten Rippe, ein leicht konvexer Bogen gegen den bereits gefundenen Punkt des Spitzenstoßes zieht. Das Gebiet der absoluten Herzdämpfung ist demnach ungefähr ein kleines Dreieck mit nur einigen Zentimetern Seitenlänge. Man bestimmt nun die genannte Abgrenzung dieses Gebietes, indem man etwas oberhalb der Lungen-Lebergrenze mit vertikal gestelltem Plessimeterfinger vom rechten Sternalrand gegen den linken unter leiser Perkussion fortschreitet. Die konvex gegen die Herzspitze ziehende obere Grenzlinie findet man analog, indem man aus dem Gebiet des Lungenschalles radiär gegen das Zentrum des Gebietes der absoluten Herzdämpfung fortschreitet und jeweils den Plessimeterfinger senkrecht auf diese radiäre Richtung hält, das ist parallel zu der zu erwartenden Grenze. Wichtig ist *leise* Perkussion, besonders bei der Feststellung der linken Begrenzung, weil bei starker Perkussion nicht mehr reiner Lungenschall, sondern ein Gemisch von Lungen- und Herzschall — entsprechend der relativen Herzdämpfung — zu hören ist, was die Abgrenzung gegen das Gebiet der absoluten

Herzdämpfung wenigstens für den Anfänger unmöglich macht. Auch hier wird jeder gefundene Umschlagspunkt von Lungenschall gegen Herzschall mit dem Hautstift bezeichnet, so daß die nebeneinander gefundenen Punkte zusammen eine geschlossene Linie, eben die Grenze der absoluten Dämpfung, ergeben.

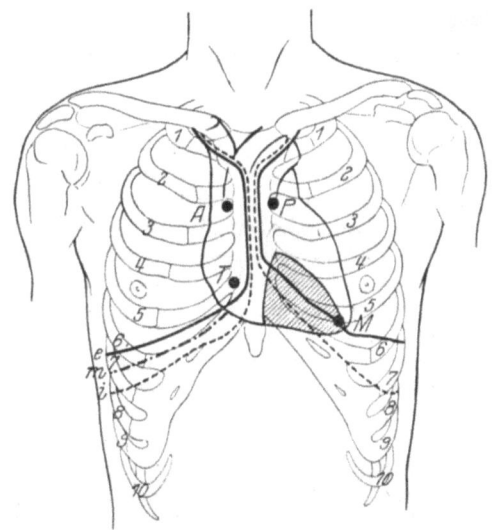

Abb. 13. Schematische Darstellung der Lage des Herzens im Brustraum und der Lage der Lungengrenzen bei maximaler Inspiration (*i*, strichliert gezeichnet), bei maximaler Exspiration (*e*, vollgezeichnet) und bei mittlerer Atmungslage (*m*, strichpunktiert).
Auscultationspunkte: *A* für die Aorta, *P* für die Pulmonalis, *T* für die Tricuspidalis, *M* für die Mitralis, zugleich auch Ort des Herzspitzenstoßes.
Das schraffierte Gebiet entspricht der absoluten Herzdämpfung.

In Abb. 13 ist schematisch die Lage des Herzens im Brustkorb dargestellt und das Gebiet der absoluten Herzdämpfung durch Schraffieren herausgehoben.

14. Auscultation der Lunge und des Herzens.

Erforderlich: Holz- oder Schlauchstethoskop oder Phonendoskop.

Ebenso wichtig wie die durch Beklopfen erzeugten Schallerscheinungen sind die Geräusche, welche in der Lunge und im Herzen bei ihrer Tätigkeit entstehen. Diese Geräusche erleiden bei Krankheiten Veränderungen, die eine Diagnose ermöglichen. Aufgabe der folgenden Übung ist das Kennenlernen der normalen Geräusche.

Zum **Abhorchen (Auscultieren)** bedient man sich des bloßen Ohres oder eines Hörrohres aus Holz, Hartgummi oder Metall (Stethoskop). Das schmälere, etwas trichterförmig erweiterte Ende wird auf die Brustwand gesetzt und das Ohr des Untersuchers auf das breite, tellerförmige Ende des Rohres gelegt. Während des Abhorchens muß das Stethoskop leicht zwischen Brustwand und Ohr eingeklemmt und darf keinesfalls festgehalten werden, weil sonst die vorwiegend durch die Wand erfolgende Schalleitung gestört ist. Eine andere Art der Stethoskope besteht aus einer kleinen, unten offenen oder mit einem dünnen, elastischen Blatt verschlossenen Metallkapsel, die auf die Brustwand gesetzt wird und von der zwei Schläuche mit Oliven am oberen Ende herausführen. Jede Olive wird in ein Ohr gesteckt, weshalb diese *Schlauchstethoskope* auch als *binaurale Stethoskope* bezeichnet werden. Da hier die Schalleitung nicht durch die feste Wand wie beim Holzstethoskop, sondern durch die Luft erfolgt, kann die Metallkapsel während des Abhorchens festgehalten werden, was ja bei einer stehenden Versuchsperson selbstverständlich auch notwendig ist. Es ist wichtig zu wissen, daß das Holzstethoskop und das Schlauchstethoskop dieselben Geräusche mit etwas *verschiedener* Klangfarbe hören lassen, das Holzstethoskop mit etwas hellerer, das Schlauchstethoskop mit etwas dumpferer Färbung, weil die Schwingungszahlen mit höherer Frequenz durch die weiche Wand des Gummischlauches gedämpft werden.

Die **Schallerscheinungen über der Lunge** beim Atmen sind verschieden, je nachdem, ob man über dem eigentlichen Lungengewebe abhorcht *(vesiculäres Atmen)* oder über der Trachea bzw. den großen Bronchien *(bronchiales Atmen)*. Das vesiculäre Atmen ist über der ganzen Lunge, für den Anfänger am besten am Rücken über den Unterlappen zu hören; es ist ein weiches, schlürfendes Geräusch, Ein- und Ausatmung sind wohl unterscheidbar, die erstere hört man aber viel länger und lauter, die letztere ist nur zart angedeutet. Das bronchiale Atmen hört man beim Gesunden am besten über der Trachea bzw. über dem Manubrium sterni; es hat einen scharfen, mehr hauchenden Charakter. Im Gegensatz zum vesiculären Atmen ist beim bronchialen Atmen auch das Exspirium *sehr* deutlich zu hören.

Die Atemgeräusche kommen durch die Reibung der Luft an den Wänden der Bronchien und Alveolen zustande. Die deutlicher ausgeprägte Inspiration beim vesiculären Atmen ergibt sich dadurch, daß die Alveolen durch die angesaugte Luft plötzlich, explosionsartig geöffnet werden, während bei der Exspiration die Luft nur langsam und daher nur wenig hörbar ausströmt. Man kann den Klang des vesiculären Atmens ungefähr nachahmen, wenn man die oberen Schneidezähne auf die Unterlippe stellt und leicht einatmet. Ein dem Bronchialatmen ähnliches Geräusch entsteht, wenn man bei der einem Ch entsprechenden Mundstellung aus- und einatmet.

Die **Herztöne** entstehen zum Teil durch die plötzliche Anspannung des Herzmuskels bei der Kontraktion (Muskelton), zum Teil durch den plötzlichen Schluß der Klappen (Klappenton). Der Muskelton fällt mit dem Ton der atrio-ventriculären Klappen zusammen (erster Ton); der Ton beim Schließen der arteriellen Klappen (zweiter Ton) folgt etwas später, so daß zwei unmittelbar aufeinanderfolgende Schallerscheinungen, der erste und der zweite Herzton, gehört werden. Der erste Ton ist dumpf und langgezogen und wird auch als *systolischer Herzton* bezeichnet, der zweite ist kürzer und schärfer und heißt *diastolischer Ton*. Die „Herztöne" sind übrigens nicht etwa „Töne" im musikalischen Sinne, sondern haben eher den Charakter eines Geräusches. Da man jedoch unter Herzgeräuschen „blasende, gießende, brummende" Schallerscheinungen usw. versteht, die meistens bei Erkrankungen zu den physiologischen Schallerscheinungen hinzukommen, so trennt man die letzteren als eigentliche Herztöne ab.

Die Schallerscheinungen über dem Herzen bestehen demnach aus einer rhythmischen Aufeinanderfolge des systolischen Tones, des diastolischen Tones und einer Pause. Da sich die Valvula mitralis und tricuspidalis gleichzeitig schließen und etwas später ebenfalls gleichzeitig die Aorten- und Pulmonalklappen, so enthält sowohl der erste wie auch der zweite Herzton Schallkomponenten vom linken und vom rechten Herzen. Da der erste und zweite Ton an verschiedenen Stellen im Herzen entstehen, so wird an einem bestimmten Abhorchpunkt derjenige Ton lauter erscheinen, dessen Entstehungsort dem Ohr näher liegt. Man hört daher stets einen der beiden Herztöne lauter, *akzentuiert*.

Die für die einzelnen Klappen festgelegten **Abhorchstellen** sind in Abb. 13 eingetragen und durch kleine volle Kreise hervorgehoben. Man horcht die Mitralis an der Herzspitze ab (Punkt M), wohin der Schall durch die Blutmasse des linken Ventrikels besonders gut geleitet wird, die Tricuspidalis am Ansatz der fünften Rippe am rechten Sternalrand (Punkt T), Aorta und Pulmonalis im zweiten Intercostalraum unmittelbar neben dem Sternum; infolge der Kreuzung der großen Gefäße wird die Aorta rechts vom Sternum (Punkt A), die Pulmonalis links vom Sternum (Punkt P) abgehorcht. Auch am Ansatz des dritten Rippenknorpels am linken Sternalrand kann die Aorta gehört werden (ERBscher Punkt). An den verschiedenen Abhorchstellen ist die Akzentuation verschieden. An der Mitralis und Tricuspidalis ist der erste Ton akzentuiert, man hört etwa eine Schallerscheinung wie tú — tup; über der Aorta und Pulmonalis liegt die Akzentuation auf dem zweiten Ton, man hört dementsprechend etwa tu-túp.

Die normalen Herztöne sind meist nicht sehr laut, es ist deshalb unbedingte Stille im Untersuchungsraum notwendig. Der Anfänger hört meistens die Herztöne am leichtesten mit dem binauralen Stethoskop.

Hört man die Herztöne einer sitzenden oder ruhig stehenden Versuchsperson ab, läßt diese hierauf eine Reihe tiefer Kniebeugen machen und horcht wieder ab, so findet man nach der Arbeitsleistung zweierlei Veränderungen: erstens eine Beschleunigung der Herzfrequenz, die zu einer Verkürzung der Pause führt, so daß die Herztöne rascher aufeinander folgen; zweitens häufig eine schärfere Akzentuierung des zweiten Tones.

15. Beobachtung der Lungen und des Herzens bei Röntgendurchleuchtung.

Die kurzwelligen Röntgenstrahlen haben bekanntlich die Fähigkeit, die Gewebe unseres Körpers je nach ihrer Dichte verschieden stark zu durchdringen. Da die Röntgenstrahlen für unser Auge unsichtbar sind, müssen sie mit einem Fluorescenzschirm (z. B. Bariumplatincyanür) in sichtbares, grünliches Licht verwandelt werden. Die Versuchsperson bzw. der Patient wird zwischen die Röntgenröhre und den Fluorescenzschirm gestellt und der Schirm möglichst dicht dem Brustkorb angelegt. Die kompakten Organe wie Knochen, Herz, Leber erscheinen als dunkle Schatten, die Lunge als heller, ausgesparter Raum. Das gewöhnliche Durchleuchtungsbild des Brustkorbes erscheint also so, wie es Abb. 14 schematisch andeutet. Im Zentrum liegt die Schattenmasse H des Herzens und der großen Gefäße, in die hinein der Schatten des Brustbeines und der Wirbelsäule fällt. Zu beiden Seiten des Herzens erscheinen die beiden hellen Lungenfelder Lu, in denen schräg verlaufend die Rippen sichtbar sind. Die Lungenfelder werden unten durch eine nach oben konvex begrenzte Schattenmasse Le, die der Leber entspricht, abgegrenzt. Die Grenzlinie zwischen Lungenfeldern und Leberschatten entspricht dem Zwerchfell Z. Ihm sitzt der Schatten des Herzens H auf. Die rechte Grenze des Herzschattens wird durch den rechten Vorhof ($r. V.$) und zum Teil durch die Vena cava sup. (V) gebildet, die linke oben durch den Aortenbogen A, die Pulmonalis P, in der Mitte durch das linke Herzohr ($l. H. O.$) und gegen die Herzspitze zu durch die linke Kammer ($l. K.$). Unterhalb der Herzspitze erscheint im Leberschatten oft eine rundliche oder ovale helle Stelle, die mit Luft gefüllte „Magenblase" ($MB.$).

Die Beobachtung der Lunge zeigt zunächst die bei mittlerer Atmung nur geringen respiratorischen Verschiebungen des Zwerchfelles. Bei *maximaler* Ein- bzw. Ausatmung läßt sich unmittelbar die respiratorische Verschieblichkeit ersehen und evtl. auch messen. Das Ergebnis der Perkussion kann so objektiv kontrolliert werden. Bei der maximalen Inspiration wird das Lungengewebe infolge des größeren Luftgehaltes für die Strahlen durchlässiger, die Lungenfelder daher *heller* und *klarer*, die Rippenschatten treten deutlicher hervor; bei

Beobachtung der Lunge und des Herzens bei Röntgendurchleuchtung. 41

maximaler Ausatmung werden die Lungenfelder *grau*, die Rippenschatten mehr verschwommen. Auch die Bewegung der Rippen während der Atmung ist zu sehen.

Am Herzen soll zunächst die Konfiguration des Herzschattens betrachtet werden und die *Pulsation*, die sich besonders deutlich im Gebiet der linken Kammer (*l. K.*) und der Herzspitze zeigt.

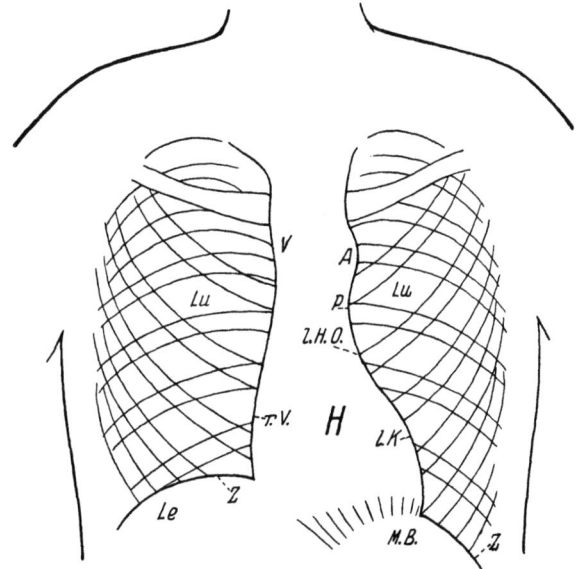

Abb. 14. Schematische Darstellung des Röntgenbildes bei Durchleuchtung des Brustkorbes.
H Herzschatten, *Le* Leberschatten, *Lu* Lungenfelder, *MB* Magenblase, *Z* Zwerchfell.
Die Grenzen des Herzschattens: *A* Aorta, *P* Pulmonalis, *l.H.O* linkes Herzohr, *l. K.* linke Kammer, *r. V.* rechter Vorhof, *V* Vena cava sup.

Vor dem Röntgenschirm lassen sich auch der MÜLLERsche und der VALSALVAsche **Versuch** ausführen. Beim MÜLLERschen Versuch wird zuerst maximal ausgeatmet und dann versucht, so stark als möglich einzuatmen, ohne daß man tatsächlich Luft einströmen läßt. Die Glottis ist dabei geschlossen. Infolge des starken Saugzuges füllt sich das Herz besonders stark, was zu einer Erweiterung und Vergrößerung des Herzens führt, die im Schattenbild gut zu sehen ist. Bei vielen Menschen kommt es hierbei auch zu einer Pulsbeschleunigung. Beim VALSALVAschen Versuch wird zuerst maximal eingeatmet und dann versucht, die Luft auszupressen, wobei aber die Glottis geschlossen wird, so daß in Wirklichkeit keine Luft ausströmen kann. Infolge der Drucksteigerung im Thorax wird das Einströmen des

42 Versuche zur Physiologie des Blutkreislaufes und der Atmung.

Blutes in das Herz erschwert, seine Austreibung erleichtert; der Herzschatten wird sich infolgedessen sichtlich verkleinern. Bei manchen Menschen kommt eine *Verlangsamung* der Herztätigkeit hinzu.

16. Untersuchung des Radialispulses durch Palpation und Registrierung der Pulskurve.

Erforderlich: Hautstift, Sphygmograph nach JAQUET, berußter Papierstreifen, ein Unterlagskissen.

Die einfache Betastung der Arteria radialis im Gebiet des Processus styloideus radii erlaubt die Feststellung der Pulsfrequenz, die Erkennung von Arrhythmien sowie auch ein Urteil über die anderen,

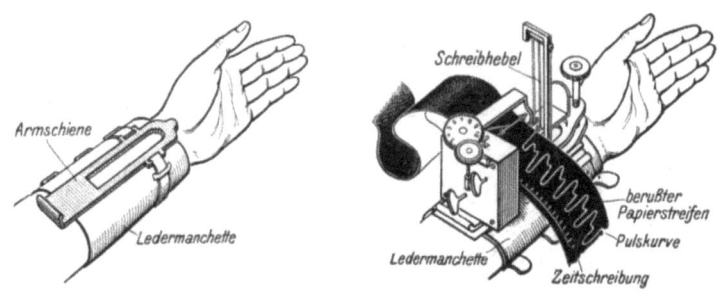

Abb. 15. Anlegen des Sphygmographen.

später noch genauer zu besprechenden Qualitäten des Pulses. Man setzt Zeige-, Mittel- und Ringfinger der rechten Hand so auf, daß die Fingerbeeren unmittelbar über die Arterie zu liegen kommen.

Der genaue Verlauf der Pulskurve läßt sich mit dem **Sphygmographen** auf einem berußten Papierstreifen registrieren. Die Sphygmographen — z. B. die Apparate nach JAQUET — bestehen aus einer mit einem Hebelsystem versehenen Pelotte, die unmittelbar über der Arteria radialis im Gebiet des Processus styloideus radii aufgesetzt wird. Die Befestigung des Apparates erfolgt, wie Abb. 15 zeigt, mit Hilfe einer Ledermanschette. Die Pulse werden auf das Hebelsystem übertragen, das seinerseits wieder einen horizontal liegenden, feinen Schreiber in Bewegung setzt. Der Druck der Pelotte auf die Arterie kann durch eine am oberen Ende des Federwerkes befindliche Schraube reguliert werden. Man legt den Apparat stets nur mit wenig gespannter Feder an. Das Durchziehen des berußten Papierstreifens, dessen Breite *genau* für den betreffenden Apparat zugeschnitten werden muß, erfolgt mit einem Uhrwerk; ein zweites Uhrwerk läßt alle Fünftelsekunden einen kleinen Zeiger vorspringen. Die große Schraube rückwärts am Uhrwerkskästchen dient zum Aufziehen des Treibwerkes, die kleine zum Aufziehen des Uhrwerkes für den Zeitschreiber; beide werden — im Gegensatz zu den sonstigen Aufziehschrauben der Uhren — entgegen dem Uhrzeiger gedreht. Das Treibwerk kann durch einen seitlichen Hebel arretiert werden, nicht aber das Uhrwerk für den Zeitschreiber. Der — im Sinn der Versuchsperson — links befindliche Stellhebel schaltet bei Druck nach unten das Laufwerk ein, bei Druck nach oben aus. Das Papier kann mit zwei verschiedenen Geschwindigkeiten bewegt werden, je nachdem, ob der kleine Hebel nach links oder rechts gerückt wird, der sich unmittelbar vor der den Pelottendruck regulierenden Schraube an der oberen Fläche des Federwerkskästchens befindet. Im allgemeinen wird nur mit der kleineren Geschwindigkeit gearbeitet; es ist daher der Hebel vor Beginn des Versuchs in die richtige Stellung zu bringen.

Zur Registrierung dienen Glanzpapierstreifen, die zum **Berußen** mit der *rauhen* Seite auf einen gleich großen Streifen aus weichem Blech gelegt werden. Papier- und Blechstreifen werden an den Enden mit den Fingern gefaßt, zur Spannung des Papieres leicht konvex durchgebogen und mehrmals durch den oberen Teil einer rußenden Flamme (Durchleiten von Leuchtgas durch Benzol oder Xylol) gezogen. Die große Wärmekapazität des Blechs kühlt das Papier, so daß es nicht verbrennt, sich dafür aber sofort mit Ruß beschlägt. Ohne Blech kann ein Papierstreifen nicht ordentlich berußt werden.

Bei der **Registrierung der Pulskurve** geht man so vor, daß sich die Versuchsperson setzt und den Arm, an dem der Sphygmograph angelegt werden soll, in Supinationsstellung auf einen Tisch lagert. Unter den Arm wird ein flaches Kissen geschoben und die Hand leicht dorsal flektiert. Durch Palpation wird sodann die Lage der Arterie bestimmt und ein Punkt etwa 1 cm hinter dem Processus styloideus radii, wo die Pulsation sehr deutlich zu fühlen ist, mit dem Hautstift bezeichnet. Über diesem Punkt wird — wie Abb. 15 links zeigt — die Ledermanschette so befestigt, daß der spitze Teil der Metallschiene nach vorn zeigt und die bezeichnete Stelle etwa 1—1,5 cm innerhalb vom vorderen Rand des Ausschnittes in der Schiene zu liegen kommt. Verschiebung der Haut und damit Verschiebung der Marke muß vermieden werden; von den drei Lederriemen der Manschette wird der der Hand am nächsten liegende relativ stark zugezogen, die beiden anderen nur leicht, um die Arterie nicht abzuschnüren. Vor dem Aufsetzen des Sphygmographen sind beide Uhrwerke ganz aufzuziehen; man hat sich ferner davon zu überzeugen, daß die pulsierende Arterie noch in der Mitte des Ausschnittes liegt. Der Sphygmograph wird zur Befestigung auf der

44 Versuche zur Physiologie des Blutkreislaufes und der Atmung.

Manschette mit seiner rückwärts befindlichen Leiste in schräger Stellung in eine genau passende Nut am hinteren Ende der Schiene eingeschoben, sodann in die horizontale Lage gesenkt, wobei eine vorn befindliche Schraube auf eine Mutter der Metallschiene zu liegen kommt. Diese Schraube wird hierauf festgezogen, wobei meist schon der Schreiber des Sphygmographen zu pulsieren beginnt. Die richtige Lage des Schreibers ebenso wie die Größe des Ausschlages läßt sich durch Veränderung des Pelottendruckes mit der über dem Federwerkskästchen befindlichen Schraube regulieren. Sollte der Schreiber *nicht* pulsieren, dann wurde die Manschette verschoben, der Sphygmograph ist wieder abzunehmen und die Arterie neuerlich zu suchen. Pulsiert der Schreiber, so wird der berußte Papierstreifen von links (im Sinn der Versuchsperson) auf die Walze gebracht und durch Hebeldruck das Laufwerk eingeschaltet. Die andere Hand hebt

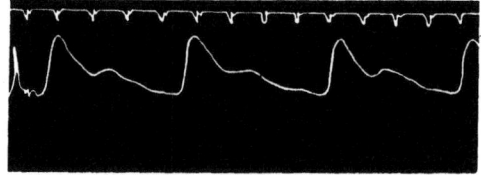

Abb. 16. Sphygmogramm.

mit einer dem Apparat beigegebenen Nadel den Pulsschreiber und den Zeitschreiber in die Höhe, damit der Anfang des Papierstreifens unter ihnen leicht durchgleiten kann. Man arretiert nun zweckmäßigerweise das Laufwerk, um vor der eigentlichen Registrierung noch eine vielleicht beim Einschieben des Papiers zustande gekommene Verlagerung des Pulsschreibers zu korrigieren. Dann läßt man den Papierstreifen endgültig durchlaufen. Die Ausschläge des Sphygmographen sind größer, wenn die Hand leicht dorsal gebeugt ist.

Abb. 16 zeigt eine typische **Pulskurve.** An ihr ist der steil ansteigende *anakrote* und der langsamer abfallende *katakrote* Schenkel zu unterscheiden. Letzterer zeigt meist eine deutlich ausgeprägte Erhebung, die *dikrote Erhebung*, die als Reflexion der Pulswelle gedeutet wird. Daneben zeigt der katakrote Schenkel oft eine Reihe von kleineren Wellen, die als Kunstprodukte anzusehen sind und durch den Apparat zustande kommen. Aus der Pulskurve kann zunächst die Frequenz der Herzschläge an Hand der darüber befindlichen Zeitmarken (in $1/_5$ Sekunden) genau ausgemessen werden und die Prüfung an verschiedenen Stellen der Kurve zeigt, ob diese Frequenz dauernd beibehalten wird. Besonders bei kräftiger In- und Exspiration während der Registrierung findet man bei vielen

Menschen eine Arrhythmie, die darin besteht, daß die Frequenz bei der Inspiration steigt und bei der Exspiration sinkt *(respiratorische Arrhythmie)*. Aus der Form der einzelnen Pulskurven kann ein Schluß auf die Qualität des Pulses nur mit Vorsicht gezogen werden, da die Form der Kurve vielfach mit der Art des Anlegens der Manschette sich ändert. Man unterscheidet folgende Formen des Pulses: nach der Frequenz: Pulsus rarus und Pulsus frequens; nach der Höhe: einen kleinen, schwachen Pulsus parvus und einen kräftigen Pulsus altus oder magnus; ist der Anstieg des Pulses besonders steil, so spricht man vom Pulsus celer, ist er auffallend langsam, von einem Pulsus tardus; nach der Regelmäßigkeit wird schließlich ein Pulsus regularis und ein Pulsus irregularis unterschieden. Tritt die Rückstoßelevation sehr spät auf, so kann der Puls dikrot werden, bei sehr schlaffen Gefäßen sogar anadikrot.

17. Registrierung des Carotispulses auf dem Kymographion.

Erforderlich: MAREYsche Kapsel oder Piston Recorder, Strohschreiber, Gummischlauch, T-Stück mit Quetschhahn, Glastrichter von 20—30 mm Durchmesser, Kreuzkopf, Stativ, Kymographion.

Beim Sphygmographen wurde die Pulsation der Arterie mechanisch auf ein Hebelsystem übertragen; mit Hilfe einer MAREYschen Kapsel oder eines Piston Recorders kann eine solche Übertragung auch auf dem Luftweg, pneumatisch, erfolgen. Für diese Art der Registrierung eignet sich die Carotis wegen der kräftigeren Pulsationen besser als die Arteria radialis. Die Aufzeichnung selbst erfolgt hierbei am besten auf einer berußten, sich drehenden Trommel, einem sog. *Kymographion.*

Die MAREYsche Kapsel (Abb. 17) besteht aus einer flachen Metallkapsel K, über die eine Gummimembran M gespannt ist. Wird durch den Schlauch Sch, der an das ins Kapselinnere führende Röhrchen R gesteckt wird, Luft eingeblasen, so wölbt sich die Membran M nach oben und drückt dabei über das in Abb. 17 sichtbare Metallstück Z auf den Schreibhebel H. Die Schreiberspitze Sp macht dementsprechend einen Ausschlag nach oben, senkt sich aber wieder, wenn die Luft aus der Kapsel entweichen kann. Um am Beginn des Versuches den Schreibhebel in die Horizontale zu bringen, ist seine Achse an einem Stellhebel SH befestigt. Das ganze System ist mit einem Stab ST in Verbindung, der mit Hilfe eines sog. Kreuzkopfes Kr an ein gewöhnliches Stativ S geklemmt wird. Um die Schreiberspitze Sp an die berußte Trommel möglichst fein und mit geringster Reibung anlegen zu können, ist die Kapsel an einer Feder befestigt, die durch die Schraube Sr mehr oder weniger gebogen werden kann. Die Pulsationen der Arterie werden so aufgezeichnet, daß man einen Trichter, der durch den Schlauch Sch mit der Mareyschen Kapsel verbunden ist, über der Carotis aufsetzt; durch die Pulsationen der Arterie entstehen Verdichtungen und Verdünnungen der Luft. Um eine zu starke Dehnung der Gummimembran beim Aufpressen des Trichters zu vermeiden, schaltet man in den Verlauf des Schlauches ein T-Stück ein, dessen seitliches Rohr mit einem Stückchen Gummischlauch und einem Quetschhahn versehen ist. Nach dem Aufsetzen des Trichters wird der Quetschhahn für einen Augenblick geöffnet, wodurch ein Druckausgleich stattfindet.

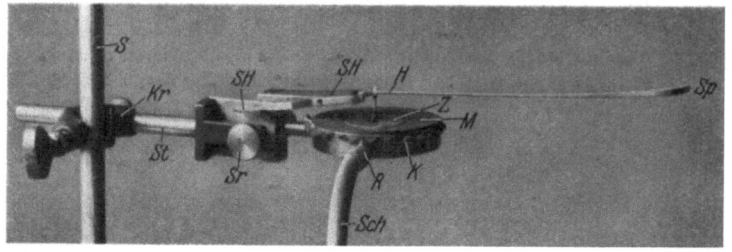

Abb. 17. MAREYsche Kapsel.

H Schreibhebel, *K* Kapsel, *Kr* Kreuzkopf, *M* Membran, *R* Rohr, *S* Stativ, *Sch* Gummischlauch, *SH* Stellhebel, *Sp* Schreiberspitze, *Sr* Feinstellschraube, *St* Befestigungsstab der Kapsel, *Z* Metallblech.

An Stelle der MAREYschen Kapsel kann an den Glastrichter mit Gummischlauch und T-Stück auch ein **Piston Recorder** angeschlossen werden. Er besteht aus einer kleinen zylindrischen, innen sorgfältig ausgeschliffenen Metallbüchse, in der ein leichter, luftdicht eingepaßter Stempel aus Hartgummi sich verschieben kann. Verdichtung der Luft durch die Pulswelle hebt den Stempel, der nach dem Verschwinden der Welle wieder sinkt. Der Piston Recoder wird in ganz ähnlicher Weise wie die MAREYsche Kapsel an einem Stativ befestigt. Der Stempel überträgt seine Bewegung so auf den Schreibhebel wie die früher besprochene Gummimembran.

Das Kymographion besteht, wie schon erwähnt, aus einer zylindrischen Metalltrommel, über die weißes Glanzpapier, das zu berußen ist, gespannt wird. Die berußte Trommel *T* wird, wie Abb. 18 zeigt, an einem eigenen Gestell vertikal eingespannt. Zum Antrieb dient das Federwerk *F*, das durch den Schlüssel *S* aufgezogen wird. Eine Schnur *Sch* treibt die Trommel *T* an. Die Geschwindigkeit der Umdrehung kann durch Verstellen der Windflügel *W* am Federwerk reguliert werden. Ein an der Achse der Windflügel angreifender Hebel *A* arretiert das Kymographion. Wird der Hebel *A* abgehoben, beginnt die Trommel sich zu drehen.

Zur **Registrierung des Carotispulses** wird die Schreiberspitze der MAREYschen Kapsel oder des Piston Recorders mit der in Abb. 17

Registrierung des Carotispulses auf dem Kymographion. 47

sichtbaren Schraube *Sr* nur ganz zart von vorn an die Konvexität der Trommel angelegt. Die Windflügel des Kymographions werden so eingestellt, daß die Umdrehungsgeschwindigkeit der Trommel etwa 2—3 mm in der Sekunde beträgt. Die MAREYsche Kapsel ist so zu befestigen, daß das Kymographion *in der Richtung* des Schreibers

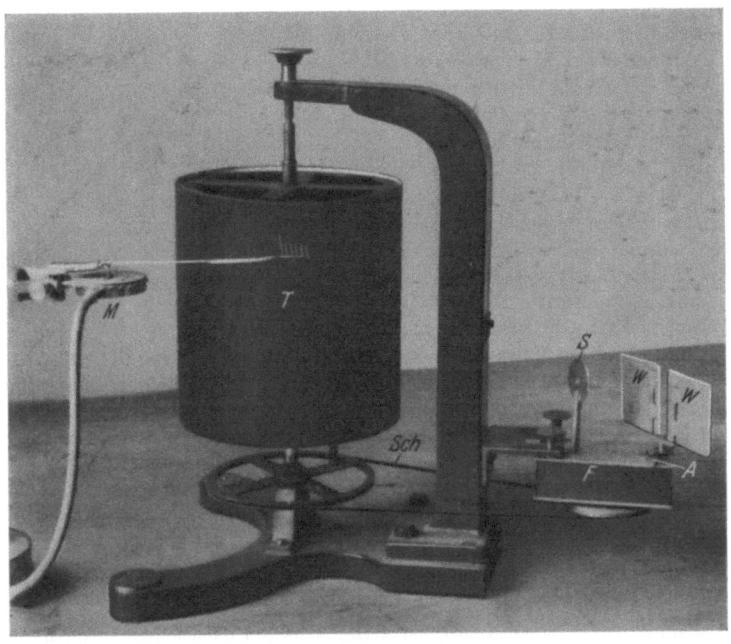

Abb. 18. Kymographion.
A Arretierhebel, *F* Federwerk, *M* MAREYsche Kapsel, *S* Schlüssel zum Aufziehen, *Sch* Übertragungsschnur, *T* berußte Trommel, *W* Windflügel zur Regulierung der Geschwindigkeit.

und *nicht gegen* den Schreiber läuft. Hierauf wird der Trichter auf die Carotis aufgesetzt, durch kurzes Öffnen des Quetschhahnes die Kommunikation mit der Außenluft für einen Augenblick hergestellt und schließlich am Stellhebel der MAREYschen Kapsel der Schreiber in die Horizontale gebracht.

Bei richtiger Lage des Trichters lassen sich von der Carotis Pulskurven schreiben, die eine Höhe von 5—10 mm haben. An der Carotiskurve läßt sich gleichfalls der anakrote und der katakrote Schenkel unterscheiden sowie die im Verlauf des katakroten Schenkels auftretende dikrote Erhebung.

48 Versuche zur Physiologie des Blutkreislaufes und der Atmung.

18. Nachweis des Carotispulses mit der Flammenkapsel.

Erforderlich: KÖNIGsche Flammenkapsel, Spiegel mit Dreheinrichtung.

Genau über der Carotis wird eine kleine Glastube aufgesetzt, die auf der einen Seite mit einer aufgebundenen Gummimembran abgeschlossen ist, auf der anderen Seite einen Stopfen mit zwei Glasrohren enthält. Das eine von beiden endigt im Innern unmittelbar nach dem Durchtritt durch den Kork, das zweite geht durch die ganze Glastube bis fast an die Gummimembran. Durch die kürzere Glasröhre wird Leuchtgas in die Glastube geleitet, das durch das längere Glasrohr abströmen kann. Dabei muß das Gas durch den schmalen Spalt zwischen der Gummimembran und dem Ende des längeren Glasrohres hindurchströmen. Da mit dem Carotispuls die Gummimembran periodisch nach innen schwingt, so wird dadurch der Gasstrom rhythmisch gedrosselt. An das längere Glasrohr ist nun ein kleiner Gasbrenner angeschlossen, dessen Flammenhöhe im Rhythmus des Pulses größer und kleiner wird. Um ein Auslöschen der Flamme zu verhüten, enthält dieser Mikrobrenner noch eine winzige, konstante Zündflamme; außerdem wird ein enger Glaszylinder über die Flamme gestülpt.

Aus dem rhythmischen Zucken der Gasflamme nach dem Aufsetzen der Kapsel auf die Carotis läßt sich vor allem der *Rhythmus* des Pulses demonstrieren, eine respiratorische Arrhythmie erkennen und auch die Steigerung der Herzfrequenz nach einer Arbeitsleistung (etwa zehn tiefe Kniebeugen) nachweisen. Wird die zuckende Flamme in einem rotierenden Hohlspiegel betrachtet, so kann man die Pulskurve unmittelbar sehen.

19. Nachweis des Volumpulses mit dem Fingerplethysmographen.

Erforderlich: Fingerplethysmograph, ein kurzes Stückchen Gummischlauch oder besser die untere Hälfte eines abgeschnittenen Gummifingerlinges, Wasser von etwa 40°.

Da bei jedem Herzschlag Blut in die Capillaren gepreßt wird, so nimmt das Volumen eines jeden Organes für die Dauer der Pulswelle zu. Diese rhythmische Volumzunahme läßt sich mit Hilfe der *Plethysmographen* nachweisen. Der Fingerplethysmograph, der in Abb. 19 dargestellt ist, besteht aus einer Glastube T mit einer angeschmolzenen Capillare K. In die Tube T paßt ein Finger so hinein, daß das Lumen nach unten zu vollkommen abgeschlossen wird. Der Raum über dem Finger wird mit *warmem* Wasser von etwa 40° gefüllt — kaltes Wasser führt zur Gefäßkontraktion und damit zur Verkleinerung des Volumpulses — und die Lage des Flüssigkeitsmeniscus M in der Capillare beobachtet. Der Meniscus macht als Zeichen der Volumvergrößerung bei jedem Puls einen beträchtlichen Ausschlag.

Zum **Füllen** wird das obere Ende der Capillare mit dem Finger verschlossen, die Glastube mit der breiten Öffnung nach oben gedreht, mit warmem Wasser gefüllt und der Finger, der seinem Durchmesser nach am besten in die Tube paßt, hineingesteckt. Der Finger ist so weit einzuführen, daß ein vollständiger Abschluß erfolgt. Sodann wird Finger und Plethysmograph nach aufwärts gedreht, so daß beide in die in Abb. 19 gezeichnete Stellung kommen. Sollte der Finger nicht genau in den Tubus passen und das Wasser daher wieder ausfließen, so kann man entweder den Plethysmographen horizontal oder nur leicht schräg nach oben halten oder man überzieht das untere Ende der Glastube mit einem Stückchen Gummischlauch G, der etwas vorsteht und sich dem Finger anschmiegt. Noch besser ist die untere Hälfte eines Gummifingerlings.

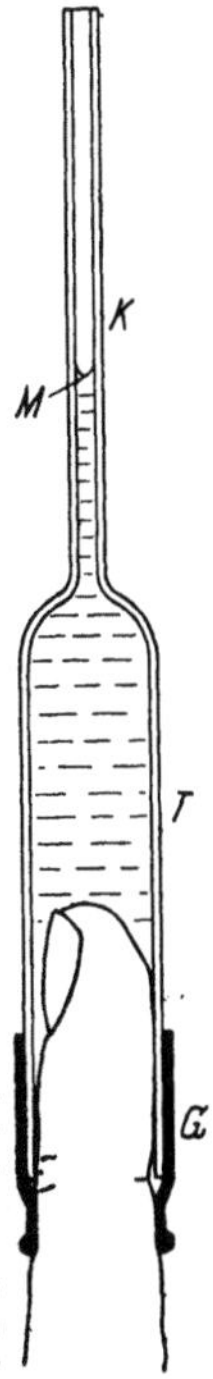

20. Messung des systolischen Blutdruckes.

Erforderlich: Sphygmomanometer nach RIVA-ROCCI oder nach V. RECKLINGHAUSEN, Unterlagskissen für den Arm.

Der Blutdruck wird gewöhnlich am Oberarm gemessen. Der Unterarm der sitzenden Versuchsperson wird rechtwinklig abgebeugt und auf ein auf dem Tisch liegendes flaches Kissen gelegt. Eine aufblasbare Gummimanschette wird in Herzhöhe um den Oberarm fest herumgelegt und mit Gurt und Schnalle befestigt. Der aus der Manschette herausführende Schlauch muß dabei nach unten hängen und darf nicht geknickt werden. Durch Lufteinpumpen in die Manschette wird ein Druck auf die Gewebe des Oberarmes ausgeübt und damit die Arterie komprimiert. Ist der Druck in der Manschette gleich groß oder etwas größer als der maximale Blutdruck, so wird der Blutstrom peripher von der Kompressionsstelle vollkommen gedrosselt. Abb. 20 zeigt eine solche Anordnung.

Abb. 19. Fingerplethysmograph.
G Gummidichtung, K Kapillare, M Meniscus, T Glastube.

Die Blutdruckmessung wird durch **Prüfen auf Verschwinden des Pulses** ausgeführt. Dies kann palpatorisch durch Aufsetzen der Finger auf die Arteria radialis erfolgen oder auscultatorisch; bei dieser Methode beobachtet man das Auftreten des rhythmisch zischenden Geräusches, das man mit einem auf die Arteria cubitalis aufgesetzten Stethoskop hören kann, wenn man den zur vollständigen Kompression notwendigen Druck in der Manschette etwas nachläßt.

Der in der Manschette beim Nachlassen des Druckes und Wiederauftreten des Pulses vorhandene Druck entspricht dem maximalen oder systolischen Blutdruck. Der Druck in der Manschette wird durch ein parallel geschaltetes Manometer gemessen und zwar beim Apparat nach RIVA-ROCCI durch ein einfaches Quecksilbermanometer, beim Apparat nach v. RECKLINGHAUSEN durch ein Dosenmanometer. Bei der Verwendung von Quecksilbermanometern hat man darauf zu achten, daß sich nicht Luft in der Quecksilbersäule verfängt. Wenn dies der Fall ist, so hat man zu rasch aufgeblasen — Auslassen der Luft aus der Manschette und nochmaliges Beginnen — oder es ist zu wenig Quecksilber im Manometergefäß. Beim Dosenmanometer ist immer zuerst darauf zu achten, ob der Zeiger vor Beginn des Versuches auf den Nullpunkt zeigt, da die Dosenmano-

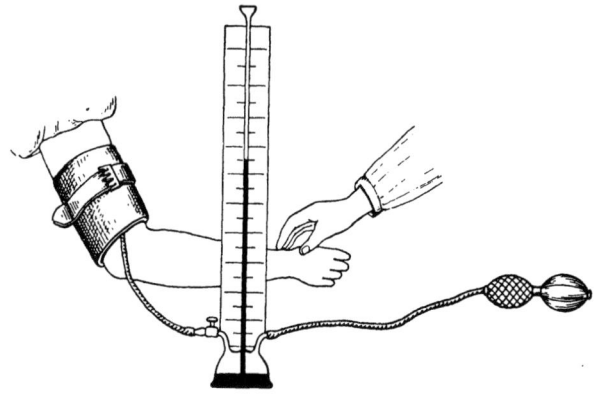

Abb. 20. Blutdruckmessung mit dem Apparat nach RIVA-ROCCI.

meter sich mit der Zeit ändern. Infolge dieser Abweichung würde der abgelesene Blutdruck zu hoch sein. Es ist ein vor dem Versuch schon vorhandener Zeigerausschlag daher vom Endwert abzuziehen. Prüft man das Verschwinden des Pulses und sein Wiederkommen durch Palpation, so darf man, während der Puls verschwunden ist, die palpierenden Finger nicht entfernen, weil sonst der gerade wieder auftretende, noch ganz schwache Puls nicht gefunden würde.

Zum Herauslassen der Luft aus der Manschette dient bei den meisten Apparaten ein Schraubenventil. Je nach der Type des Apparates kann dieses unmittelbar am Manometer selbst befestigt, in der Leitung zur Manschette oder zwischen dem Gummiballon (Pumpe) und dem Manometer eingeschaltet sein. Zum Aufblasen dient entweder ein Doppelgebläse aus Gummi oder eine Pumpe ähnlich den Fahrradpumpen. Sollte der Gummiballon oder die Pumpe undicht sein, so ist der Schlauch während der Ablesung am Manometer mit einem dem Apparat beigegebenen Quetschhahn unmittelbar vor dem Ballon abzuklemmen.

Eine **Blutdruckmessung** wird also folgendermaßen ausgeführt: der zu Untersuchende sitzt, der Arm liegt in Herzhöhe, es wird die Manschette fest — nicht locker! — um den Oberarm geschnallt. Aufsuchen des Pulses bzw. Aufsetzen des Stethoskopes über der Arteria cubitalis, Einpumpen von Luft, bis sicher ein höherer Druck als der Blutdruck in der Manschette herrscht (etwa 160—180 mm Hg). Das Aufpumpen darf nicht zu rasch und nicht stoßweise erfolgen. Hierauf langsames Ausströmenlassen der Luft bis zum Wiederauftreten der Pulsschläge oder des Gefäßgeräusches; man hält den Ballon in der Hand und ermittelt unter vorsichtigem Nachlassen und wieder Steigern des Druckes den Punkt, wo der Puls zurückkehrt bzw. wieder auftritt, und liest ab. Die Messung muß rasch erfolgen, zu lange Kompression des Armes ist zu vermeiden. Ist die Ablesung beendet, so läßt man die Luft entweichen; erst dann wird die Manschette abgenommen. Wenn sie beim Abnehmen noch prall mit Luft gefüllt ist, kann sie leicht zerreißen.

Der **systolische Blutdruck** beträgt normalerweise 100—150 mm Quecksilber und ist je nach Alter verschieden. Die Messung muß stets bei einer ruhenden, schon einige Zeit sitzenden Versuchsperson vorgenommen werden, da man sonst oft stark schwankende Werte erhält. Um sich davon zu überzeugen, soll man die Versuchsperson etwa zehn tiefe Kniebeugen ausführen lassen und hierauf neuerlich eine Blutdruckmessung vornehmen. Da sich auch die Frequenz der Atmung und die Frequenz des Pulses während der Arbeitsleistung verändert, so kann ein zweiter bzw. dritter Beobachter vor und nach den Kniebeugen die Puls- und Atemfrequenz bestimmen. Es ist ferner zu untersuchen, nach welcher Zeit Atmung, Puls und Blutdruck wieder normal — wie vor der Arbeitsleistung — geworden sind.

21. Beobachtung der menschlichen Capillaren am Nagelfalz.

Erforderlich: Capillarmikroskop (Hautmikroskop) oder ein gewöhnliches Mikroskop mit einem schwachen Objektiv (z. B. REICHERT Nr. 2), Kochkolben für 150—200 ccm mit Kupfersulfatlösung gefüllt, kleine Handbogenlampe mit Linse und Widerstand, Glycerin oder Cedernöl.

Schon mit relativ schwachen Vergrößerungen lassen sich die **Capillaren in der Haut** beobachten. Am Nagelfalz, besonders wenn nicht frisch manikürt worden ist, sind die Capillaren als einfache haarnadelförmige Schlingen oder als lockere oder festere Knäuel mit zu- und abführendem Schenkel zu sehen. Am Nagelfalz läßt sich auch der subpapilläre Plexus besonders gut beobachten. Zur Beleuchtung dient starkes, schräg einfallendes Licht. Die Risse, Sprünge und Poren in der Haut müssen durch ein stark lichtbrechendes Medium, z. B. Glycerin oder Cedernöl, ausgefüllt werden, wovon man einen Tropfen auf die zu untersuchende Hautstelle bringt. Glycerin ist mit Wasser abwaschbar, daher vorzuziehen.

Das notwendige intensive Licht wird beim Hautmikroskop durch eine kleine niedervoltige Glühbirne geliefert; bei Verwendung eines gewöhnlichen Mikroskopes dient als Lichtquelle eine kleine Handbogenlampe, die 4—5 Amp. verbraucht und mit Gleich- oder Wechselstrom betrieben werden kann. Die Bogenlampe wird unter Vorschaltung eines entsprechenden Widerstandes an das Lichtnetz angeschlossen. Aus der in der Bogenlampe eingebauten Linse treten annähernd parallele Strahlen aus. Sie müssen zur intensiven Beleuchtung des Fingers durch eine zweite Linse konzentriert werden. Als solche benutzt man am zweckmäßigsten einen Kochkolben von 150—200 ccm Inhalt, der mit einer schwach blauen Kupfersulfat-

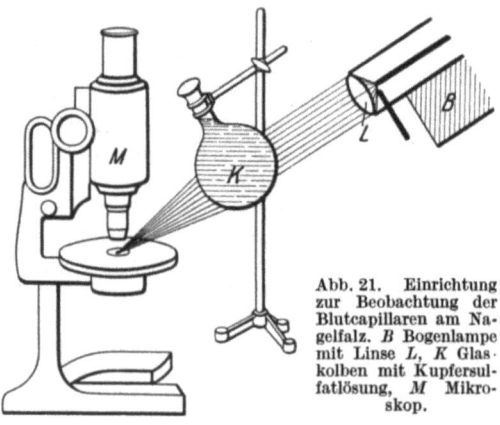

Abb. 21. Einrichtung zur Beobachtung der Blutcapillaren am Nagelfalz. B Bogenlampe mit Linse L, K Glaskolben mit Kupfersulfatlösung, M Mikroskop.

lösung (1—2%) gefüllt wird. Das Kupfersulfat absorbiert die Wärmestrahlen, so daß keine Erwärmung des Fingers und damit keine Veränderung der normalen Blutgefäßweite zustande kommt; gleichzeitig konzentriert die mit Flüssigkeit gefüllte Glaskugel wie eine Linse das Licht.

Abb. 21 zeigt die **Einrichtung zur Beobachtung der Capillaren**. Die vom Krater der Bogenlampe B ausgehenden und durch die Linse L parallel gemachten Lichtstrahlen durchsetzen den Kochkolben K und werden zu einem Brennpunkt vereinigt. Das Mikroskop M, auf dessen Tisch der mit Glycerin befeuchtete Finger gelegt wird, ist dann so aufzustellen, daß der Brennpunkt der Lichtstrahlen gerade auf die zu untersuchende Fingerstelle fällt. Verwendet wird ein Objektiv mit einem Arbeitsabstand von 15—20 mm (z. B. REICHERT Nr. 2) in Verbindung mit einem Okular Nr. 3 oder 4. Steht ein Doppelokular zur Verfügung, so können zwei Beobachter gleichzeitig untersuchen.

Die Capillaren erscheinen als feine, haarnadelförmige Schlingen. Abb. 22 bringt ein Bild, wie es mit einer derartigen Einrichtung gesehen werden kann. Das einzelne Blutkörperchen ist gewöhnlich nicht zu unterscheiden, wohl aber Gruppen von Blutkörperchen, zwischen denen sich kleine, mit Plasma gefüllte Lücken befinden. Die Verschiebung dieser Gruppen und der Lücken läßt sich an geeigneten Capillaren recht gut beobachten.

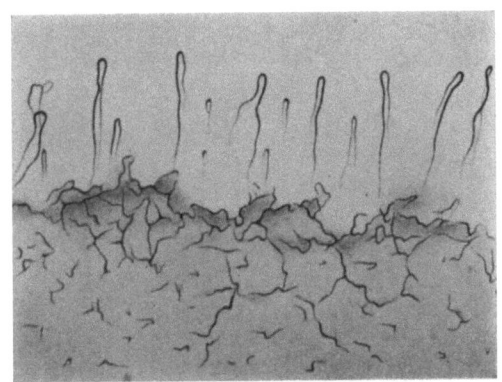

Abb. 22. Capillarschlingen am Nagelfalz mit subpapillärem Plexus.

22. Registrierung der Atmungsbewegungen.

Erforderlich: Pneumograph, Gummischlauch mit T-Stück und Quetschhahn, MAREYsche Kapsel, Kymographion, elektromagnetischer Zeitschreiber, Schaltdraht.

Die Vergrößerung des Thoraxvolumens bei der Einatmung wird durch Vergrößerung des Thoraxdurchmessers infolge der Rippenhebung bewirkt (thorakale Atmung), sowie durch das Tiefertreten des Zwerchfelles unter Vorwölbung der Bauchdecken (abdominale Atmung). Die normale Atmungsfrequenz beträgt 16—20 in der Minute.

Die Atmungsbewegungen können mit Hilfe einer MAREYschen Kapsel unter Benutzung eines **Pneumographen** registriert werden. Der Pneumograph nach GUTZMANN besteht aus einem schmalen, langen Gurt mit aufgeklebtem, luftgefülltem Gummipolster, der um den Bauch oder um die Brust gelegt und bei der Einatmung gestreckt und zugleich komprimiert wird. Das Gummipolster steht mit einem Schlauch in Verbindung, der unter Zwischenschaltung eines T-Stückes mit Quetschhahn an eine gewöhnliche MAREYsche Kapsel angeschaltet wird. Eine andere Form des Pneumographen wird durch

54 Versuche zur Physiologie des Blutkreislaufes und der Atmung.

Abb. 23 gezeigt. Die beiden Metallstücke A_1 und A_2 sind durch die Stahlfeder F in Verbindung und werden mit den Bändern B_1 und B_2 am Körper der Versuchsperson befestigt. Bei der Einatmung wird die Feder durchgebogen, bei der Ausatmung kehrt sie in die Ruhelage zurück. Die Lageänderungen der beiden Metallteile A_1 und A_2 werden mit Hilfe des Stabes St und der im Gelenk G_1 neigbaren Schraube

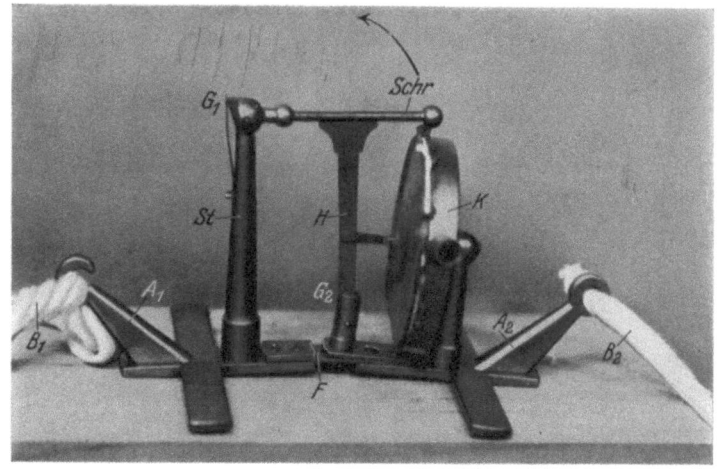

Abb. 23. Pneumograph.

A_1, A_2 Metallarme, die durch die Feder F verbunden sind und mit den Bändern B_1 und B_2 am Körper befestigt werden; G_1 und G_2 Gelenke, H Übertragungshebel, K MAREYsche Kapsel zur Umwandlung der Atmungsbewegungen in Luftdruckschwankungen, St Stab mit der umlegbaren Schraubenspindel $Schr$. Der Pfeil über $Schr$ zeigt die Richtung, in der die Spindel vor dem Aufbinden des Pneumographen umgelegt werden muß.

$Schr$ auf den Hebel H der MAREYschen Kapsel K übertragen. Der Hebel H ist im Gelenk G_2 beweglich und zieht jeweils die Membran der Kapsel K nach außen oder drückt sie nach innen. Die Kapsel hat hier daher die umgekehrte Verwendung wie bei der Registrierung. Die in ihr entstehenden Druckschwankungen werden gleichfalls durch einen Schlauch mit T-Stück und Quetschhahn zur Registrierung auf eine zweite MAREYsche Kapsel übertragen. Beim Anlegen dieses Pneumographen wird die Schraubenspindel $Schr$ im Sinne des Pfeiles (Abb. 23) nach oben umgelegt und erst nach dem Befestigen wieder zurückgelegt. Da die Einatmung beim ersten Pneumographen eine Kompression bewirkt, steigt dabei der Schreiber der registrierenden MAREYschen Kapsel; beim zuletzt beschriebenen Pneumographen bewirkt die Einatmung einen Zug auf die Membran der Kapsel K

(Abb. 23), was zu einem Fallen des Schreibers der registrierenden Kapsel führt. Es ist also zu beachten, daß bei Benutzung verschiedener Pneumographen die Ausschlagsrichtung des Schreibers für Inspiration und Exspiration jeweils verschieden ist. Die Kurven werden wie bei der Registrierung des Carotispulses auf einem langsam laufenden Kymographion aufgezeichnet. Zur Ausmessung der zeitlichen Verhältnisse wird unter dem Schreiber der MAREYschen Kapsel ein elektromagnetisches Zeitsignal befestigt. Es besteht aus einem kleinen Elektromagneten, über dem eine Feder, die einen Schreiber trägt, befestigt ist. Einschalten des Stromes bewirkt ein Anziehen der Feder und einen Ausschlag nach unten; wird der Strom rhythmisch unterbrochen, so zeichnet das elektrische Signal auf der Kymographiontrommel Strichmarken im Rhythmus der Stromeinschaltung bzw. Unterbrechung. Die Spitze des Zeitmarkierers muß sich genau unterhalb der Schreiberspitze der MAREYschen Kapsel befinden. Die rhythmische Stromeinschaltung kann durch einen beliebigen Apparat, z. B. durch ein Metronom mit Quecksilberkontakt, erfolgen; meist wird die Unterbrechung des Stromes für alle Arbeitsplätze gemeinsam ausgeführt; die mit der Bezeichnung „Uhr" versehenen Klemmen an den Schaltbrettchen liefern einen im Sekundenrhythmus unterbrochenen Strom.

Es soll nun zunächst die **Atmungskurve** bei verschiedenen Versuchspersonen aufgezeichnet werden, und zwar sowohl die thorakale wie die abdominale Atmung. Aus den Kurven ist der Verlauf des auf- und absteigenden Schenkels, also der In- und Exspiration, zu ersehen, ferner zu beobachten, daß zwischen der Exspiration und der folgenden Inspiration keine eigentliche Pause besteht. Ferner ist der Grad der Regelmäßigkeit der Atemzüge festzustellen und Frequenz und Tiefe der Atmung — letztere erkennbar an der Veränderung der Amplituden der Kurve — vor und nach einer Arbeitsleistung (Kniebeugen) zu untersuchen. Atmet man ferner rasch hintereinander einige Male maximal ein und aus (Überventilation), so kommt es für längere Zeit zu einem Aussetzen der spontanen Atmung infolge der verminderten Kohlensäurespannung im Blut. Es ist die Dauer dieser Apnoe bei verschieden langer Überventilation zu bestimmen.

Sollten die Amplituden der Atmungskurven zu groß sein, so kann man mit Hilfe des am T-Stück seitlich angebrachten Schraubenquetschhahnes eine mehr oder minder große Kommunikation des Pneumographen mit der Außenluft herstellen, wodurch die Ausschläge kleiner werden.

23. Bestimmung der Atemvolumina (Spirometrie).

Erforderlich: Spirometer nach HUTCHINSON oder Gasuhr.

Die durch einen gewöhnlichen Atemzug ein- oder ausgeatmete Luftmenge beträgt ungefähr 500 ccm *(Respirationsluft)*. Nach einer normalen Einatmung kann man durch eine weitere, maximale Inspira-

56 Versuche zur Physiologie des Blutkreislaufes und der Atmung.

tion noch etwa 1500 ccm oder mehr Luft in die Lunge bringen (*Komplementärluft*). Nach einer normalen Exspiration können noch etwa 1500 ccm oder mehr Luft weiter ausgeatmet werden *(Reserveluft)*. Nach einer maximalen Inspiration können daher durch eine maximale Exspiration im Mittel etwa 3000 ccm Luft ausgeatmet werden *(Vitalkapazität)*. Die Verteilung der Komponenten der Vitalkapazität wird übersichtlich durch Abb. 24 gezeigt.

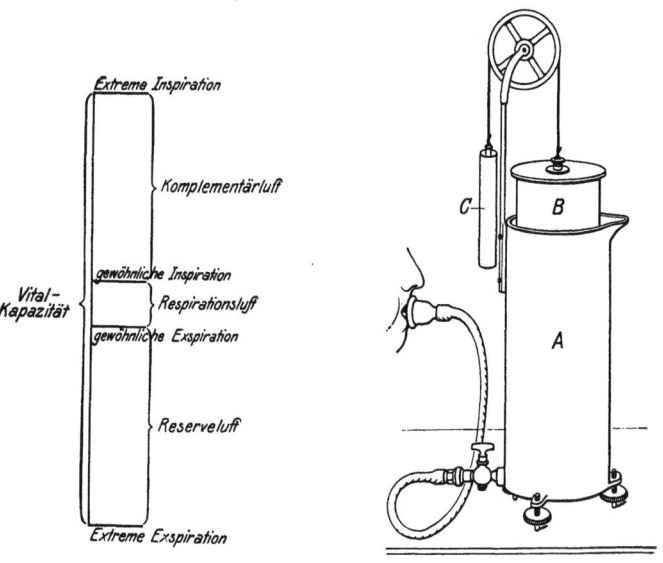

Abb. 24. Verteilung des Fassungsvermögens der Lunge.

Abb. 25. Spirometer nach HUTCHINSON. A mit Wasser gefüllter Zylinder, B Glocke, C Gegengewicht.

Die **Messung der einzelnen Komponenten** bzw. **der Vitalkapazität** erfolgt durch Ausatmen der betreffenden Luftvolumina in ein Spirometer oder durch eine Gasuhr. Das Spirometer nach HUTCHINSON besteht, wie Abb. 25 zeigt, aus einem stehenden Zylinder A. Er ist mit Wasser gefüllt, in das eine durch das Gewicht C equilibrierte Glocke B eintaucht. Am Boden des Zylinders A beginnt ein vertikal nach aufwärts führendes Rohr, das unmittelbar unter dem Deckel der Glocke B endigt. In dieses Rohr wird die Luft mit einem Schlauch hineingeblasen, wodurch die Glocke B in die Höhe steigt. Das eingeblasene Luftvolumen läßt sich aus der Steighöhe der Glocke berechnen, wenn die Bodenfläche bekannt ist. Der Zylinder A trägt einen in der Abbildung nicht sichtbaren Längsschlitz, die Glocke B an dieser Stelle eine Skala, so daß aus der Ablesung vor und nach dem Lufteinblasen und der Spirometerkonstanten das Volumen leicht bestimmt werden kann. Auch mit einem Gasometer bzw. mit einer Gasuhr kann das Luftvolumen gemessen werden. Die Differenz der Zeigerstellung vor und nach der Ausatmung durch die Gasuhr gibt unmittelbar das Gasvolumen an.

24. Nachweis der Kohlensäure in der Ausatmungsluft.

Erforderlich: Barytwasser (Lösung von Bariumhydroxyd), Flasche mit doppelt durchbohrtem Kork und zwei Glasröhren, Eprouvetten, rechtwinkelig gebogene Glasröhrchen.

Barytwasser ist ein empfindlicher Indicator auf Kohlensäure, da in ihm schon mit Spuren davon eine zarte bis dichte Trübung durch Bildung von Bariumcarbonat entsteht. Man füllt etwas Barytwasser in eine Flasche, durch deren Kork zwei Glasröhren führen. Die eine ist lang, geht fast bis auf den Boden des Gefäßes, taucht daher in die Flüssigkeit; die andere ist kurz und endigt im Innern unmittelbar unterhalb des Korkes. Außen sind beide Röhren rechtwinklig in die Horizontale umgebogen. Saugt man am kürzeren Rohr, so tritt Luft durch das längere in die Flasche ein und perlt durch die Flüssigkeit. Es entsteht dabei keine oder nur eine minimale Trübung, weil die gewöhnliche Luft nur wenig Kohlensäure enthält (0,03 %). Bläst man dagegen die Exspirationsluft durch das längere Rohr in die Flasche, so entsteht sehr rasch eine intensive Trübung, weil die Ausatmungsluft reichlich Kohlensäure enthält (im Mittel 3,8 %).

Der gleiche Versuch wird sodann noch so ausgeführt, daß man die Ausatmungsluft mit einem rechtwinklig gebogenen Glasröhrchen in eine halb mit Barytwasser gefüllte Eprouvette bläst. Wiederholt man den Versuch sodann mit einer zweiten, frisch gefüllten Eprouvette, nachdem man den Atem so lange als möglich angehalten hat, so ist die Trübung viel intensiver.

Das getrübte Barytwasser ist nicht mehr zu verwenden und wird daher weggegossen.

III. Physikalisch-chemische Versuche.

In der lebenden Zelle und an ihren Grenzflächen spielen sich nicht nur rein chemische, sondern auch physikalisch-chemische Vorgänge ab. Über diese Verhältnisse sollen einige einfache Versuche Aufschluß geben.

25. Ausflockung positiv und negativ geladener kolloidaler Lösungen.

Erforderlich: Eprouvetten, Eprouvettengestell, Eisenoxydhydrosol, Mastixsol, Salzsäure, Essigsäure, Ammoniak, Kali- oder Natronlauge.

Die **Teilchen der kolloidalen Lösungen** (Sole) tragen eine positive oder negative elektrische Ladung. Diese Ladung ist gleichzeitig die

Ursache der Stabilität, da die Abstoßung gleichgeladener Teilchen ihre Verklumpung und damit das Ausfallen hindert. Elektropositive Kolloide können durch negativ geladene Ionen entladen und damit ausgefällt werden, elektronegative Kolloide durch positive Ionen. Stark positiv sind die H-Ionen, die in den Säuren enthalten sind, elektronegativ wirken die OH-Ionen der Basen. Elektropositive Sole werden demnach durch Laugen, elektronegative durch Säuren gefällt.

In eine Reihe von Eprouvetten ist je 1—2 ccm Eisenoxydsol (käuflicher Liquor ferri oxydati dialysati) zu bringen und mit destilliertem Wasser auf das Zehnfache zu verdünnen. In eine dieser Eprouvetten kommt dann ein Tropfen Salzsäure, in die zweite ein Tropfen Essigsäure, in die dritte ein Tropfen Kalilauge, in die vierte ein Tropfen Ammoniak. Die gleiche Versuchsreihe wird mit dem Mastixsol angestellt. Aus der Fällung des Kolloides, die einmal durch die Säuren, einmal durch die Basen erfolgt, soll die Ladung des betreffenden Soles bestimmt werden.

26. Die optischen Eigenschaften von Kolloiden und Krystalloiden.

Erforderlich: Bogenlampe mit Linse und Irisblende oder Lochblende, Eprouvetten, verschiedene kolloide und krystalloide Lösungen: Seifenlösung, Kupfersulfat, Serum, Eisenhydroxydsol, Zuckerlösung, Mastixsol.

Während die Lichtstrahlen durch krystalloide Lösungen ungehindert hindurchgehen können, werden sie in einer kolloiden Lösung zum Teil durch die im Verhältnis zur Wellenlänge des Lichtes schon beträchtlich großen Teilchen aufgehalten und seitlich reflektiert. Während daher in reinem Wasser oder in einer krystalloiden Lösung der Gang eines Lichtstrahles von der Seite her nicht zu erkennen ist, erscheint der Lichtstrahl innerhalb der kolloiden Lösung als leuchtender Streifen **(Tyndallphänomen).** Zum Nachweis dieser Erscheinung ist eine kleine Handbogenlampe mit einer Linse aufgestellt; mit Hilfe einer Irisblende oder einer Lochblende wird ein dünner Lichtstrahl abgegrenzt. Hält man eine Eprouvette mit einer kolloidalen Lösung in den Lichtstrahl, so sieht man in ihr ein helles Lichtband, während eine krystalloide Lösung kein Aufleuchten zeigt. Das Auftreten des Tyndallphänomens kann daher zur Unterscheidung krystalloider und kolloidaler Lösungen benutzt werden. Um das Aufleuchten besonders gut zu sehen, führt man den Versuch vor einem dunklen Hintergrund aus. Es sind nun folgende Flüssigkeiten in Eprouvetten zu füllen, zu verdünnen und auf das Vorhandensein eines Tyndallphänomens zu prüfen, bzw. in Kolloide und Krystalloide einzuteilen: Leitungswasser, destilliertes Wasser, Seifenlösung, Kupfersulfat, stark verdünntes Serum, Eisenhydroxydsol, Zuckerlösung, Mastixsol. Von den als Kolloide erkannten Lösungen sind dann in den Proberöhren verschiedene Verdünnungen herzustellen und zu untersuchen, bei welcher Verdünnung der Tyndalleffekt nicht mehr zu beobachten ist.

Vergleich des capillaren Verhaltens von Kolloiden und Krystalloiden. 59

27. Dialyseversuche.

Erforderlich: Dialyseschlauch in destilliertem Wasser mit Blutserum gefüllt, Eprouvetten, Silbernitrat, Einrichtung zur Beobachtung des Tyndallphänomens.

Die im Verhältnis zu den Molekülen der Krystalloide groben Teilchen der Kolloide haben nicht die Fähigkeit, durch eine Membran mit Poren von bestimmter Größe hindurchzutreten, die für Krystalloide kein Hindernis bildet. Eine solche Membran erlaubt, Kolloide und Krystalloide zu trennen (**Dialyse** nach GRAHAM). Zur Dialyse verwendet man Pergamentpapier in Form von Schläuchen. Diese werden meist in V-Form in destilliertes Wasser gehängt und mit dem Gemisch von Kolloiden und Krystalloiden gefüllt. Nach mehreren Stunden ist ein großer Teil der Krystalloide in der Außenflüssigkeit nachzuweisen.

Da eine derartige Dialyse ziemlich lang dauert, wird die Versuchsanordnung mindestens 24 Stunden vorher aufgestellt. Dialysiert wird am einfachsten Serum, das Eiweißkörper als Kolloide und Salze (hauptsächlich Kochsalz) als Krystalloide enthält. Es ist der Außenflüssigkeit eine Probe zu entnehmen und mit Hilfe des Tyndallphänomens (siehe den vorhergehenden Versuch) zu untersuchen, ob Eiweiß durchgetreten ist oder nicht. Die gleiche Probe ist sodann durch Zusatz von Silbernitrat auf das Vorhandensein von Chloriden zu prüfen. Das Ergebnis beider Untersuchungen zeigt die bloß teilweise Durchlässigkeit der Pergamentmembran.

28. Vergleich des capillaren Verhaltens von Kolloiden und Krystalloiden.

Erforderlich: Methylenblaulösung, Kupfersulfatlösung, runde Schälchen, Filtrierpapierstreifen, Stativ mit Kreuzkopf, Retortenklemme, Holzleiste, Reißnägel.

Wird ein Filtrierpapierstreifen in Wasser eingetaucht, so steigt die Flüssigkeit im Streifen infolge der Capillarität weit über die Oberfläche des Wassers empor. Die Erscheinung erklärt sich dadurch, daß die Oberflächenspannung benetzender Flüssigkeiten in den capillaren Räumen — des kleinen Durchmessers wegen — sehr groß ist und daher einer auch über der Oberfläche der Flüssigkeit im Schälchen stehenden Flüssigkeitssäule das Gleichgewicht halten kann. Lösungen von Krystalloiden zeigen das gleiche Verhalten, ein abweichendes jedoch die kolloiden Sole.

Um den Unterschied zu erkennen, wird folgender Versuch ausgeführt: An einem Stativ wird mit Hilfe eines Kreuzkopfes ein vierkantiger Holzstab horizontal angebracht. Daran werden in 2 cm Abstand mit je einem Reißnagel zwei schmale Filtrierpapierstreifen befestigt, die nach unten hängen. Unter dem einen Streifen wird ein Schälchen mit verdünnter Methylenblaulösung, unter dem anderen ein solches mit Kupfersulfatlösung aufgestellt und der Holzstab so weit gesenkt, daß die beiden Streifen in die Flüssigkeit eintauchen. Infolge der Capillarität beginnt die Flüssigkeit in beiden Streifen sofort über den Flüssigkeitsspiegel hinauszusteigen; dabei sieht man bei der Methylenblaulösung eine Trennung zwischen Farbe und Wasser, derart, daß das Wasser gleich hoch wie die Kupfersulfatlösung steigt, der Farbstoff dagegen etwas zurückbleibt. Diese Erscheinung hängt zum Teil damit zusammen, daß die großen kolloiden Komplexe eine geringere Wanderungsgeschwindigkeit haben als die beweglicheren kleinen Wassermoleküle, zum Teil damit, daß die Poren des Filtrierpapiers eine Ladung tragen, welche das entgegengesetzt geladene Kolloidteilchen anzieht und festhält. Bei der Kupfersulfatlösung sieht man keine Trennung zwischen dem gefärbten Anteil, den Kupferionen, und dem Wasser, weil die Kupferionen klein und gut beweglich sind.

29. Reversible und irreversible Eiweißfällung.

Erforderlich: Blutserum, Ammoniumsulfat, Alkohol, Eprouvetten, Bunsenbrenner.

Die kolloide Lösung besteht aus dem Lösungsmittel (Dispersionsmittel) und der in feinste Teilchen aufgelösten kolloiden Substanz, der dispersen Phase. Wenn durch Entzug der elektrischen Ladung oder durch andere Eingriffe ein Zusammentreten der kolloiden Partikelchen zu größeren Komplexen stattfindet, so ist das Sol nicht mehr stabil und es kommt zu einer Ausflockung, zur Gelbildung. Je nachdem, ob die ausgeflockten Teilchen leicht in das Sol zurückverwandelt werden können oder nicht, spricht man von reversiblen und irreversiblen Gelen. Die Gele enthalten mehr oder weniger Dispersionsmittel — meist Wasser — eingeschlossen; vom Wassergehalt hängt der Quellungszustand ab. Die Bildung reversibler und irreversibler Gele läßt sich leicht am Serumeiweiß beobachten.

Reversible Eiweißgele entstehen durch Zusatz von Neutralsalzen. 1 ccm Serum wird in eine Eprouvette gebracht, mit destilliertem oder Leitungswasser doppelt bis dreifach verdünnt und etwa eine Messerspitze voll Ammoniumsulfat eingeworfen. Durch Schütteln geht das Salz in Lösung, gleichzeitig scheidet sich das Serumeiweiß — bei geringer Salzkonzentration zunächst das Globulin, dann auch das Albumin — als Niederschlag ab. Zufügen von destilliertem Wasser vermindert die Konzentration des Neutralsalzes und das Eiweißgel geht rasch wieder in Lösung.

Zusatz von einigen Tropfen Alkohol zu einem doppelt bis dreifach verdünnten Blutserum bewirkt gleichfalls eine Fällung, die durch Wasserzusatz nur ganz kurze Zeit nachher noch rückgängig gemacht werden kann. Das Eiweißgel ist also nur kurze Zeit reversibel, wird aber bald irreversibel (denaturiertes Eiweiß).

Erwärmen des zwei- bis dreifach verdünnten Serums auf 65—75⁰ bringt zuerst das Albumin, dann das Globulin zum Ausfallen. Verdünnen mit destilliertem Wasser ist wirkungslos, es handelt sich um ein irreversibles Gel.

30. Versuche über Quellung.

Erforderlich: Ein Stück einer dünnen Gummimembran (sog. Zahnplatte), trockene Gelatine, Benzol, destilliertes Wasser, Fibrin, 1%/₀₀ Salzsäure, Glasschälchen, Objektträger, Deckgläser, Mikroskop.

Es wurde im vorhergehenden Versuch gezeigt, wie aus dem Solzustand ein Gel entsteht; die sich aus wässerigen kolloiden Lösungen abscheidenden Gele enthalten meist noch Wasser im Quellungszustand, sie haben daher meist gallertartigen Charakter. Eine Gallerte kann aber auch aus dem trockenen kolloiden Körper durch Wasseraufnahme (Quellung) entstehen. Der gequollene Körper zeigt eine schwammartige Struktur und wird von einem feinen Kanälchensystem durchzogen, in welchem Quellungsflüssigkeit enthalten ist. In diesen Kanälchen können Krystalloide sich so wie in Wasser bewegen, infolge der großen inneren Oberfläche sich chemische Reaktionen leicht und in großem Ausmaß abspielen. Die Quellungserscheinungen sind für die Vorgänge in den Zellen von großer Bedeutung. Die Biokolloide nehmen nur Wasser auf; es gibt aber auch Körper, die in ganz anderen Flüssigkeiten quellen.

Rasch und deutlich vollzieht sich die Quellung am Kautschuk in Benzol, weshalb zuerst dieser Versuch angestellt werden soll. Ein schmaler Streifen einer dünnen Kautschukmembran wird bis auf eine schmale Verbindungsbrücke an dem einen Ende durch einen Längsschlitz in zwei Schenkel geteilt, wie dies Abb. 26 zeigt. Ein Schenkel wird in eine mit Benzol gefüllte Eprouvette gesteckt, der andere bleibt außen. Im Verlauf von wenigen Minuten ist der erste Schenkel durch Aufnahme von Benzol länger, breiter und dicker geworden.

Ein analoger Versuch wird mit Wasser und Gelatine angestellt. In ein Glasschälchen mit destilliertem Wasser sind mehrere etwa 1 cm breite Streifen getrockneter Gelatine derart einzulegen, daß die obere Hälfte aus der Flüssigkeit heraussteht. Nach 5, 10 und 15 Minuten ist je ein Streifen herauszunehmen und die Größenzunahme der eingetauchten unteren Hälfte mit der vor Beginn des Versuches aufgezeichneten ursprünglichen Größe des Streifens zu vergleichen.

Die **quellungsfördernde Wirkung der Säure** ist für die Verdauung von großer Bedeutung, da die Salzsäure des Magens eine raschere Quellung und Auflockerung der Eiweißkörper bewirkt, so daß das Pepsin — infolge der Oberflächenvergrößerung durch das Entstehen des früher besprochenen Kanälchensystems — besser eindringen und wirken kann. Dies läßt sich folgendermaßen zeigen: in zwei Eprouvetten kommt je eine Fibrinflocke, dazu in die eine Eprouvette destilliertes Wasser, in die andere $1^0/_{00}$ Salzsäure. Nach einiger Zeit ist das Fibrin in der Salzsäure glasartig, durchscheinend geworden, das Volumen hat zugenommen; die Fibrinflocke im destillierten Wasser hat sich nicht verändert, sie ist klein, weiß und undurchsichtig geblieben. Zusatz von Säure kann daher eine Quellung bewirken, wenn diese in reinem Wasser noch nicht erfolgt.

Erhöhung der Temperatur beschleunigt den Quellungsvorgang. Um dies zu zeigen, wird der beschriebene Versuch nochmals in doppelter Ausführung derart angestellt, daß je eine Eprouvette mit Wasser bzw. Salzsäure und einer Fibrinflocke im Eprouvettengestell bei Zimmertemperatur stehen bleibt, während je eine Eprouvette mit Wasser und Salzsäure und der Fibrinflocke in ein Wasserbad von 40^0 C gestellt wird. Es ist die Zeit zu bestimmen, nach welcher bei 40^0 C und bei Zimmertemperatur die Quellung bis ins Innere der Fibrinflocke fortgeschritten ist, was am vollständigen Glasigwerden, das ist an der vollständigen Aufhellung der Flocke, erkannt werden kann. In Wasser allein verändert sich die Flocke auch bei 40^0 C nicht wesentlich.

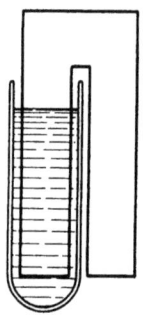

Abb. 26. Versuchsanordnung zum Nachweis der Quellung eines Gummistreifens in Benzol.

Die **Volumzunahme** durch **Aufnahme des Quellungsmittels** kann auch zu **Bewegungserscheinungen** führen; eine Theorie der Muskelkontraktion bezieht sich auf diese Erscheinung. Solche Bewegungen lassen sich z. B. beobachten, wenn man etwas Lecithin mit Wasser zusammenbringt. Auf einem Objektträger wird ein kleines Stückchen von Lecithin mit einem Tropfen Wasser und einem Deckglas bedeckt. Stellt man unter dem Mikroskop den Rand des Lecithins ein, so sieht man schlauchförmige Gebilde auswachsen, die sich oft drehen oder schlängeln. Sie kommen durch Quellung des Lecithins an der Berührungsstelle mit dem Wasser zustande; die dabei zum Teil verflüssigten Lecithinmengen runden sich unter dem Einfluß der Oberflächenspannung ab und bilden die Auswüchse und Schläuche. Da die Quellung nicht an allen Stellen gleich rasch erfolgt und damit auch die Oberflächenkräfte verschieden wirksam sind, kommt es zu den beobachteten Bewegungserscheinungen.

31. Versuche über Adsorption.

Erforderlich: Methylenblaulösung, Harn, Kohlepulver, 20 proz. Bleiacetatlösung, Eprouvetten, Eprouvettengestell, Trichter, Filter.

Fein verteilte feste Körper, so z. B. besonders stark Kohlepulver, haben die Fähigkeit, verschiedene Stoffe an ihrer Oberfläche anzureichern und festzuhalten (**Adsorption**). Methylenblaulösung oder

Harn entfärben sich, wenn sie mit Kohlepulver gemischt werden. Der Versuch wird so angestellt, daß etwa eine halbe Eprouvette voll *verdünnter* Methylenblaulösung oder auch eine halbe Eprouvette voll Harn zunächst filtriert wird, um zu zeigen, daß die in den genannten Flüssigkeiten enthaltenen Farbstoffe das Filter ohne weiteres passieren können. Zum Filtrat fügt man sodann zwei Messerspitzen voll Kohlepulver hinzu, schüttelt gut durch und filtriert neuerlich. Wenn nicht zu wenig Kohlepulver verwendet wurde, laufen beide Flüssigkeiten farblos durch das Filter, weil die Farbstoffe von der Kohle adsorbiert wurden und die Kohlenteilchen mit den Farbstoffen auf dem Filter liegen bleiben. In analoger Weise wirkt das Kohlepulver, das bei Darmvergiftungen verordnet wird, indem es die bakteriellen Toxine adsorbiert.

Die Adsorption des Harnfarbstoffes wird auch benützt, um den Harn für die quantitative Zuckerbestimmung mit dem Polarisationsapparat klar zu machen. Da das Kohlepulver jedoch auch etwas Zucker adsorbiert, benützt man Bleiacetat. Durch Zufügen einiger Kubikzentimeter einer 20proz. Bleiacetatlösung zum Harn entsteht ein weißer Niederschlag von unlöslichen Bleisalzen, die bloß die Harnfarbstoffe mitreißen, den Zuckergehalt aber nicht verändern.

32. Versuche an einer semipermeablen Membran.

Erforderlich: Halbmolare Kupfersulfatlösung, Krystalle von gelbem Blutlaugensalz, 0,1 proz. Lösung von Phenylurethan, Eprouvetten und Eprouvettengestell.

Die Zellgrenzflächen lassen die verschiedenen Stoffe nicht ohne weiteres ein- und austreten. Wasser kann die Zellwände meistens leicht passieren, weniger gut können dies die Salze. Solche halbdurchlässige, **semipermeable Membranen** lassen sich auch im folgenden Versuch künstlich herstellen: drei bis vier Eprouvetten werden etwa 2 cm hoch mit einer halbmolaren Kupfersulfatlösung gefüllt und die gleiche Menge Wasser hinzugesetzt. Hierauf wird in jede Eprouvette ein etwa erbsengroßer Krystall von gelbem Blutlaugensalz eingeworfen. Der Krystall löst sich an seiner Oberfläche etwas auf und durch Reaktion des Ferrocyankaliums und des Kupfersulfates entsteht eine den Krystall umschließende Niederschlagshaut aus Ferrocyankupfer *(Traubesche Membran).* Die Ferrocyankupfermembran ist wohl für Wasser, nicht aber für die Salze (Kupfersulfat bzw. Ferrocyankalium) durchgängig. Der Krystall, der gewissermaßen eine konzentrierte Lösung darstellt, saugt Wasser ein, ohne daß es zu einem Austritt von Ferrocyankalium kommt. Es steigt daher im Innern der TRAUBEschen Membran der Druck, wodurch die Membran zunächst gedehnt wird und schließlich am oberen Pol zerreißt. An der Rißstelle kommen die Membranbildner neuerlich miteinander in Berührung und bilden eine das Loch wieder verstopfende

Niederschlagshaut. So wächst aus dem Krystall ein schlauchförmiges Gebilde, die TRAUBEsche Zelle, hervor, deren Wachstum also nur durch die *Semipermeabilität* der Membran zustande kommt. Diese Semipermeabilität bleibt jedoch nur kurze Zeit bestehen, nach einigen Minuten wird die Membran auch für die Membranbildner durchgängig. Aber auch dann kommen Kupfersulfat und Ferrocyankalium wieder in Berührung miteinander und bilden eine neue Membran, die wieder dichtet. So wächst der Schlauch nicht nur in die Länge, sondern verdickt auch seine Wand, was an dem Übergang der durchscheinenden, hellbraunen Färbung in eine undurchsichtige, dunkelbraune erkannt werden kann.

Die Narkotica haben die Fähigkeit, die Zellgrenzflächen zu dichten und damit den Stoffaustausch und auch die Erregbarkeit — die durch eine Erhöhung der Durchlässigkeit charakterisiert ist — zu hemmen. Die dichtende Wirkung der Narkotica läßt sich im Modellversuch nach ANSELMINO gleichfalls nachweisen. Sechs Eprouvetten werden wieder etwa 2 cm hoch mit halbmolarer Kupfersulfatlösung gefüllt, drei von ihnen mit der gleichen Menge Wasser, die drei anderen mit der gleichen Menge einer 0,1 proz. Lösung von Phenylurethan, einem typischen Narkoticum, aufgefüllt. In jede der sechs Eprouvetten kommt ein Ferrocyankaliumkrystall. Während in der mit Wasser gefüllten Ferrocyankupferlösung die Zellen normal wachsen, bleiben sie in den mit Narkoticum versetzten Lösungen klein und auch hellbraun. Das Narkoticum hat die Durchlässigkeit der Membran herabgesetzt, die Membran gedichtet, so daß das Einströmen von Wasser in das Zellinnere erschwert ist. Infolgedessen ist das Wachstum der Zelle wesentlich verlangsamt. Dieser Modellversuch liefert so für die Wirkung der Narkotica an den Zellen ein anschauliches Bild. Das Ansetzen von mehreren Zellen unter den gleichen Bedingungen hat den Grund, kleine Unterschiede im Wachstum, die durch verschiedene Beschaffenheit des Ferrocyankupferkrystalls bedingt sind, erkennen und von der eigentlichen Wachstumshemmung durch das Narkoticum unterscheiden zu lassen.

IV. Versuche zur Physiologie der Verdauung und der Ausscheidung.

33. Mikroskopische Untersuchung der Kartoffelstärke.

Erforderlich: Kartoffel, Skalpell, Jod-Jodkaliumlösung, Streifen von Filtrierpapier, Objektträger, Deckgläser, Mikroskop.

Von einer frischen Kartoffel wird mit einem Skalpell ein Stück abgekappt und von der frischen Schnittfläche mit der Skalpellschneide ein wenig weißlicher Zellsaft, der reichlich Stärkekörner enthält, abgekratzt. Der weißliche Zellsaft wird von der Skalpellschneide auf

Nachweis der Kohlehydratverdauung durch den Speichel.

den Objektträger gebracht, evtl. mit einem Tröpfchen Leitungswasser verdünnt und mit einem Deckglas bedeckt. Die mikroskopische Betrachtung — bei *eng* zugezogener Irisblende, da es sich um ungefärbte Teilchen handelt — zeigt bei *starker* Vergrößerung rundliche bis ovale, oft einseitig zugespitzte, weiße Scheibchen, die meist im Innern eine konzentrische Schichtung erkennen lassen. Deutlicher sind die Stärkekörner und ihre Schichtung nach Anstellen der **Jodreaktion** zu erkennen. Es wird am Rand des Deckglases — ohne daß das Präparat vom Tisch des Mikroskops weggenommen werden soll — ein Tropfen Jod-Jodkaliumlösung (Lugolsche Jodlösung) zugefügt. Die Jodlösung diffundiert langsam in das Innere des Präparates und man kann, wenn das Präparat entsprechend verschoben wird, am Rand das Eintreten der Jodreaktion verfolgen. Die Stärkekörner färben sich allmählich blau bis violett. Rascher kann die Jodlösung in das Innere des Präparates gebracht werden, wenn man nach dem Zufügen der Jodlösung auf der einen Seite des Deckglases auf der gegenüberliegenden mit einem schmalen Streifen Filtrierpapier etwas Flüssigkeit heraussaugt. In analoger Weise läßt sich auch durch die Jodreaktion das Vorhandensein von Stärkekörnern im Kot nachweisen (s. S. 74).

34. Nachweis von Rhodankalium im Speichel.

Erforderlich: Speichel, Salzsäure, Eisenchloridlösung, Eprouvetten.

Man sammelt in einer Eprouvette etwa 1—2 ccm Speichel, gibt ein bis zwei Tropfen konzentrierte Salzsäure dazu und schließlich einige Tropfen einer verdünnten Eisenchloridlösung. Die gebräuchliche Eisenchloridlösung ist meist zu konzentriert und wird in einer zweiten Eprouvette zunächst im Verhältnis 1 : 2 oder 1 : 3 mit Wasser verdünnt. Bei Zusatz der Eisenchloridlösung zum Speichel entsteht eine dunkelgelbe bis blutrote Färbung, die auf der Bildung von Ferrirhodanat beruht.

35. Nachweis der Kohlehydratverdauung durch den Speichel.

Erforderlich: Stärkepulver, Speichel, Eprouvetten, Bunsenbrenner, Jod-Jodkaliumlösung, Kupfersulfat, Kalilauge, Wasserbad.

Es ist zunächst eine Stärkelösung herzustellen. Eine Federmesserspitze voll Stärkepulver wird in eine Eprouvette, die halb mit Wasser gefüllt ist, gebracht und durch Schütteln gut in der Flüssigkeit verteilt. Die milchig getrübte Flüssigkeit wird dann unter Drehen der Eprouvette in der Gasflamme so lange erwärmt, bis die Stärke ganz in Lösung gegangen ist, was sich durch Klarwerden anzeigt. Wird die Lösung beim Erwärmen *nicht* klar, so wurde zu viel Stärke verwendet und es ist am besten, eine neue Stärkelösung anzufertigen. Wurde die Stärke vor dem Erwärmen in der Flüssigkeit nicht gut verteilt, sondern blieb ein Rest des Pulvers am Boden der Eprouvette liegen, so besteht die Gefahr, daß sie zerspringt. Die heiße Lösung ist nun entweder stehenzulassen, bis sie kalt ist, oder durch Drehen der schräg gehaltenen Eprouvette unter dem dünnen Strahl der Wasserleitung zu kühlen. Dies ist notwendig, weil die zunächst auszuführende Jodreaktion nur in der Kälte auftritt und auch die Fermente des zugefügten Speichels bei zu hoher Temperatur zerstört werden (Thermolabilität der Fermente).

Daß in der entstandenen Kleisterlösung die Stärke noch chemisch unverändert enthalten ist, beweist man mit der Jodreaktion. Man bringt 1 ccm der Kleisterlösung in eine zweite Eprouvette und fügt einen Tropfen Jod-Jodkaliumlösung hinzu. Wie bei der mikroskopisch beobachteten Stärkereaktion (s. S. 65) färbt sich auch die Stärkelösung dunkel blauviolett. Die gleiche Reaktion soll dann nach vollzogener Verdauung nochmals ausgeführt werden.

Für den **Verdauungsversuch** sammelt man in einer Eprouvette etwa 1 ccm Speichel und gießt ihn dann in die mindestens auf Körpertemperatur abgekühlte Kleisterlösung hinein. Die Fermente des Speichels führen zu einer hydrolytischen Spaltung des großen Stärkemoleküls, wobei Glykose und Maltose als Endprodukte erscheinen; die Maltose wird schließlich durch die Maltase gleichfalls in Glykose zerlegt. Dieser Verdauungsvorgang spielt sich schon bei gewöhnlicher Zimmertemperatur ab, geht aber bei Körpertemperatur bedeutend rascher, in einigen Minuten, vor sich. Man stellt daher die Speichel- und Kleisterlösung enthaltende Eprouvette in ein Wasserbad von 35—40° C oder erwärmt sie durch mehrmaliges Durchziehen durch die Flamme des Bunsenbrenners auf die gleiche Temperatur, also nur so stark, daß das von der Hand umschlossene Proberöhrchen wohl als warm, nicht aber als heiß empfunden wird.

Der **Nachweis der vollzogenen Verdauung** kann in zweierlei Art geführt werden. Das Verschwinden der Stärke weist man durch den negativen Ausfall der Jodreaktion nach, wobei man wieder 1 ccm der Flüssigkeit in eine andere Eprouvette bringt und einige Tropfen Jod-Jodkaliumlösung zusetzt. Die Bildung des Zuckers aus der Stärke dagegen zeigt der positive Ausfall der TROMMERschen Reaktion an.

Die **TROMMERsche Probe** beruht auf der Eigenschaft des Zuckers, Kupferhydroxyd in alkalischer Lösung zu Kupferoxydul zu reduzieren. Man versetzt zunächst die zu untersuchende Flüssigkeit mit $1/5$—$1/4$ Volumen Kalilauge und fügt vorsichtig unter wiederholtem Schütteln so lange *verdünntes* Kupfersulfat tropfenweise zu, bis der blaue Niederschlag sich nicht mehr auflöst und die blaue Flüssigkeit dauernd getrübt erscheint. Die bereitgestellte Kupfersulfatlösung ist in einer Eprouvette für diese Probe 2—3mal zu verdünnen. Die Flüssigkeit wird hierauf bei kleiner Gasflamme langsam erwärmt, wobei noch vor dem Kochen unter vorübergehender Grünfärbung ein gelber bis ziegelroter Niederschlag von Kupferoxydul entsteht, wenn Zucker in der Probe vorhanden war. Ist kein Zucker vorhanden, so bleibt die Flüssigkeit blau.

Der beim Zufügen des Kupfersulfates entstehende blaue Niederschlag ist Kupferhydroxyd, das sich nach der Gleichung bildet:

$$2KOH + CuSO_4 = Cu(OH)_2 + K_2SO_4.$$

Das Verschwinden des blauen, in Wasser, Kalilauge und Kupfersulfat *unlöslichen* Niederschlages beruht auf der Bildung einer wasserlöslichen Verbindung des *Zuckers* mit dem Kupferhydroxyd. In der Wärme zerfällt diese Doppelverbindung, wobei gelbes Kupferhydroxydul $Cu_2(OH)_2$ entsteht. Das Kupferhydroxydul, das zur vorübergehenden Grünfärbung der Flüssigkeit führt, zerfällt jedoch unter Wasserabgabe in dunkelgelbes bis ziegelrotes Kupferoxydul nach der Gleichung:

$$Cu_2(OH)_2 = Cu_2O + H_2O.$$

Daß die richtige **Menge von Kupfersulfat** — die zur Bindung des gesamten in der Flüssigkeit enthaltenen Zuckers notwendig ist — zugefügt wurde, erkennt man, wie schon erwähnt, am Auftreten der Trübung. Wird jetzt nicht mit dem Zutropfen von Kupfersulfat aufgehört, so bildet sich aus dem überschüssigen Hydrat beim Erwärmen ein wasserärmeres, schwarzbraunes Hydrat, das die Probe stört. Wurde zu wenig Kupfersulfat zugefügt, so wird die Flüssigkeit beim Erwärmen mißfarbig-braun. In beiden Fällen wird durch die Probe vorhandener Zucker *nicht* nachgewiesen; daraus erhellt, wie wichtig es ist, den Moment richtig zu erfassen, wo das Kupfersulfat sich nicht mehr löst. Da eine ursprünglich trübe Flüssigkeit diesen Moment nicht erkennen lassen würde, muß diese unbedingt vorher filtriert werden. Da eine zuckerreiche Lösung mehr Kupfersulfat verbraucht als eine mit wenig Zucker, so kann man schon aus der Menge des verbrauchten Kupfersulfates einen Schluß auf die vorhandene Zuckermenge ziehen.

Es empfiehlt sich, die TROMMERsche Probe zunächst mit einer verdünnten Zuckerlösung einzuüben und dann erst den Zuckernachweis in der verdauten Stärkelösung zu versuchen. Die bereitgestellte Zuckerlösung soll 3—4fach verdünnt werden.

36. Eiweißverdauung durch Pepsin-Salzsäure.

Erforderlich: Fibrinflocken, Pepsinlösung, $1^0/_{00}$—$5^0/_{00}$ Salzsäure, Kalilauge, Kupfersulfatlösung, Eprouvetten, Bunsenbrenner, Wasserbad.

Das Pepsin zerlegt das große Eiweißmolekül in die nächst kleineren Bausteine, Albumosen und Polypeptide. Diese Verdauungsvorgänge spielen sich jedoch nur bei saurer Reaktion ab, die durch die im normalen Magensaft enthaltene Salzsäure zustande kommt. Die

Salzsäure hat aber auch noch die Aufgabe, die Eiweißkörper zur Quellung zu bringen und das Eindringen des Pepsins und den Zerfall zu beschleunigen, was ein früher beschriebener Versuch (S. 61) schon gezeigt hat. Zum Nachweis der verdauenden Wirkung des Pepsins benutzt man Blutfibrin, das durch Schlagen des frischen Blutes gewonnen wird und in verdünntem Alkohol lange Zeit unzersetzt aufbewahrt werden kann. Die Fibrinflocken sind weiß und in Wasser unlöslich. Da die Albumosen und Peptone in Wasser löslich sind, so ist die vollzogene Verdauung am Verschwinden der Flocken zu erkennen.

Um die Bedeutung der Salzsäure und des Pepsins für den **Verdauungsvorgang** zu ersehen, soll der Versuch so angestellt werden, daß in drei Eprouvetten je eine kleine Fibrinflocke gebracht wird; zur ersten fügt man etwa 2 ccm Pepsinlösung, zur zweiten ebensoviel Salzsäure hinzu, zur dritten endlich je 2 ccm Pepsinlösung *und* ebensoviel Salzsäure. Da die Verdauung rascher bei Körpertemperatur als bei gewöhnlicher Zimmertemperatur vor sich geht, stellt man die drei Eprouvetten, deren Inhalt zweckmäßigerweise auf einem angehängten Papierstreifen notiert wird, in ein Wasserbad von 35 bis 40° C oder man erwärmt sie in der Gasflamme auf Körpertemperatur, aber ja nicht höher, da die Fermente durch höhere Temperaturen zerstört werden. Die Proberöhrchen sind daher wiederholt durch Anfassen mit der Hand auf ihre Temperatur zu prüfen, die durch wiederholtes kurzes Erwärmen nur so hoch gehalten werden darf, daß die Röhrchen gerade als warm empfunden werden.

Die Verdauung ist gewöhnlich in 10—15 Minuten beendet; die Fibrinflocke im Salzsäure-Pepsin-Gemisch ist verschwunden. In der Eprouvette, die Salzsäure allein enthält, ist bloß eine Quellung, aber keine Verdauung eingetreten, in der neutralen Pepsinlösung hat sich die Flocke überhaupt nicht verändert.

Die in Lösung gegangenen Eiweißabbauprodukte können mit der **Biuretreaktion** nachgewiesen werden: man fügt zu einer Probe $^1/_4$ Volumen Kalilauge hinzu und 1—2 Tropfen (nicht mehr! Gegensatz zur TROMMERschen Probe) einer *sehr verdünnten* Kupfersulfatlösung. Es bildet sich zunächst ein blauer Niederschlag von Kupferhydroxyd, der sich bei Gegenwart von gelösten Eiweißkörpern bzw. Eiweißabbauprodukten mit rosa bis violetter Farbe auflöst. Diese Farbe ist auf eine Verbindung des dem Harnstoff verwandten Biurets mit dem Kupfer zurückzuführen. Sind keine Eiweißabbauprodukte vorhanden, so bleibt der Kupferhydroxydniederschlag beim Schütteln unverändert erhalten und die Probe zeigt nur eine blaue Trübung. Da nur sehr wenig Kupfer in die Lösung gebracht werden darf, müssen die gebräuchlichen Kupfersulfatlösungen zunächst in einer Proberöhre stark verdünnt werden und erst von dieser ist ein Tropfen der Probe zuzusetzen. Die Biuretreaktion ist mit allen drei Proben

Quantitative Salzsäurebestimmung im Magensaft durch Titration. 69

anzustellen, doch zeigt sich ein positiver Ausfall nur in der Probe, welche Pepsin-Salzsäure enthält. Dies beweist, daß eine Verdauung nur bei Gegenwart beider Substanzen erfolgen kann.

37. Untersuchung der Reaktion des Magensaftes.

Erforderlich: Magensaft, Kongopapier, blaues Lackmuspapier.

Die im normalen Magensaft enthaltene Salzsäure bedingt eine saure Reaktion, die z. B. mit blauem Lackmuspapier nachgewiesen werden kann. Das Lackmuspapier reagiert allerdings auch auf schwache organische Säuren, z. B. Milchsäure, die sich bei abnormen Gärungsvorgängen im Magensaft vorfindet. Kongopapier reagiert jedoch nur auf die starken Mineralsäuren durch dunkelblaue Färbung. Saure Reaktion des Magensaftes deutet daher nur dann auf Salzsäure, wenn Kongopapier sich blau färbt. Bleibt das Kongopapier rot, während blaues Lackmuspapier sich rötet, so ist die saure Reaktion des Magensaftes auf schwache organische Säuren, vor allem Milchsäure, zurückzuführen.

38. Quantitative Salzsäurebestimmung im Magensaft durch Titration
(nach TOEPFER).

Erforderlich: Magensaft, n/10 Natronlauge, Dimethylamidoazobenzol, Phenolphthalein, Bürette mit Teilung, Titrierkölbchen, Pipetten für 10 ccm.

Die Salzsäure des Magensaftes ist nicht nur als freie anorganische Salzsäure vorhanden, sondern zum Teil auch an die stets im Magen sich vorfindenden Eiweißabbauprodukte gebunden (Säurealbuminate). Bei der quantitativen Untersuchung werden die freie Salzsäure und die gebundene Säure getrennt mit besonderen Indicatoren bestimmt. Da das Eiweiß nur eine schwache Base ist, so zerfallen diese Säurealbuminate bei Gegenwart von Lauge sofort in neutral reagierendes Eiweiß und Salzsäure, die sich mit der Lauge verbindet. Falls im Magensaft organische Säuren, wie Milchsäure, vorhanden sind, werden sie zugleich mit der gebundenen Salzsäure erfaßt und nicht besonders berechnet.

In ein kleines, bauchiges sog. Titrierkölbchen wird mit einer Pipette 10 ccm Magensaft gebracht und 1—2 Tropfen Dimethylamidoazobenzol als Indicator auf die freie Säure hinzugefügt. Um das Volumen der Flüssigkeit etwas zu vergrößern, wodurch der Farbenumschlag des Indicators besser sichtbar wird, kann man eine an sich gleichgültige, etwa gleich große Menge Leitungswasser hinzufügen. In die durch den Indicator rosa gefärbte Flüssigkeit wird nun aus einer mit einer Teilung versehenen Bürette n/10 Natronlauge unter ständigem Schütteln so lange zugefügt, bis die Indicatorfarbe in

Strohgelb umschlägt. Die Salzsäure und die Natronlauge bilden das neutrale Kochsalz nach der Gleichung:

$$HCl + NaOH = NaCl + H_2O,$$

und die vollzogene Neutralisation der gesamten freien Säure wird durch den Farbenumschlag angezeigt. Der Stand der Natronlauge in der Bürette wird vor Beginn und nach Beendigung der Titration abgelesen und die Differenz gibt die Anzahl der zur Neutralisation notwendig gewesenen Kubikzentimeter der n/10 Natronlauge an. Man bringt hierauf 1—2 Tropfen Phenolphthaleinlösung in das Kölbchen und titriert weiter, bis die zunächst unverändert gelbe Färbung der Lösung in Rosa umschlägt und auch nach Schütteln des Kölbchens und kurzem Stehenlassen erhalten bleibt. Durch den zweiten Farbenumschlag ist die Titration der gebundenen Säure und damit die ganze Bestimmung beendigt und die im zweiten Fall verbrauchte Anzahl von Kubikzentimetern Natronlauge dient zur Berechnung der gebundenen Säuremenge.

Die **Rolle der Indicatoren** bei der Titration ist folgende: die beiden benutzten Indicatoren sind schwache Säuren, welche in nicht ionisiertem Zustand eine andere Farbe haben als im ionisierten, nach Bildung des Natriumsalzes. Das undissoziierte Molekül des Dimethylamidoazobenzols ist rosa gefärbt, das Ion nach der Salzbildung strohgelb; beim Phenolphthalein ist das undissoziierte Molekül farblos, das des ionisierten Natriumsalzes ist rosa gefärbt. Im Magensaft sind daher nach Zusatz der Indicatoren vier Säuren enthalten, die, nach ihrer Stärke aufgezählt, sich folgendermaßen reihen: freie Salzsäure, Dimethylamidoazobenzol, gebundene Salzsäure und Phenolphthalein. Da nun die Alkalibindung beim Zufügen der Natronlauge in der Reihe der Stärke der Säuren vor sich geht, so wird zunächst die freie Salzsäure neutralisiert und unmittelbar anschließend das Natriumsalz des Dimethylamidoazobenzols entstehen. Das Salz dissoziiert und zeigt durch Ionenbildung die strohgelbe Farbe. Da zur Bildung des Indicatorsalzes ein Tropfen Lauge genügt, so schließt sich bei weiterem Zutropfen der Natronlauge unmittelbar die Zerlegung des Säurealbuminats und die Neutralisierung der nun frei gewordenen, gebundenen Salzsäure an, deren Beendigung durch die Bildung des dissoziierten, rosa gefärbten Phenophthaleinsalzes angezeigt wird.

Zur **Berechnung** der tatsächlichen **Salzsäuremenge** aus den verbrauchten Kubikzentimetern der Lauge für die freie und gebundene Salzsäure dient folgende Überlegung: eine Normallauge bzw. eine normale Säure enthält das Äquivalentgewicht in Grammen im Liter. Das Äquivalentgewicht entspricht dem Quotienten $\frac{\text{Molekulargewicht}}{\text{Wertigkeit}}$, wobei die Wertigkeit der Laugen durch die Anzahl der OH-Gruppen, die Wertigkeit der Säuren durch die Anzahl der vertretbaren Wasserstoffe angegeben wird. Da das Molekulargewicht von HCl 36,5 ist

(1 + 35,5), die Wertigkeit 1, so enthält 1 l Normalsalzsäure 36,5 g, eine n/10 Säure 3,6 g HCl. Da das Molekulargewicht von Natronlauge 40 (23 + 16 + 1) und die Wertigkeit gleichfalls 1 ist, so enthält 1 l normale Natronlauge 40 g NaOH, 1 l n/10 Natronlauge 4 g. Da gleiche Mengen von normalen oder zehntelnormalen Laugen und Säuren einander neutralisieren, so entsprechen 1000 ccm n/10 NaOH auch 1000 ccm n/10 HCl oder 3,6 g Säure. Da zur Titration nicht 1000 ccm n/10 NaOH, sondern nur einige Kubikzentimeter, z. B. 4,8 ccm, für die freie Säure verbraucht wurden, so muß die entsprechende Salzsäuremenge durch Aufstellen einer Proportion berechnet werden:

$$1000 : 3,6 = 4,8 : x$$
$$x = \frac{3,6 \cdot 4,8}{1000} = 0,017.$$

Wurde für die *gebundene* Säure 3,8 ccm verbraucht, so ergibt sich:

$$1000 : 3,6 = 3,8 : x$$
$$x = 0,014.$$

In 10 ccm Magensaft waren also 0,017 g freie Salzsäure und 0,014 g gebundene Säure enthalten. Die **Gesamtacidität** entspricht der Summe beider, also 0,031 g. Den **Prozentgehalt** findet man durch Multiplikation dieser Zahlen mit 10, da zur Bestimmung 10 ccm Magensaft benutzt wurden und die Prozente ja Gramme Salzsäure pro 100 ccm Magensaft bedeuten. Die freie Säure war demnach 0,17 %, die gebundene 0,14 %, die Gesamtacidität 0,31 %.

Für klinische Zwecke wird meist die Anzahl der Kubikzentimeter Natronlauge direkt zur Charakterisierung des Magensaftes benutzt, wobei man sich jedoch nicht auf 10, sondern auf 100 ccm Magensaft bezieht. Es wird hierzu die abgelesene Zahl von Kubikzentimetern Natronlauge mit 10 multipliziert. Für 100 ccm eines normalen Magensaftes werden sowohl für die freie wie für die gebundene Säure je 20—40 ccm n/10 Natronlauge verbraucht.

39. Nachweis von Milchsäure im Magensaft.

Erforderlich: Milchsäurehaltiger Magensaft, 1 proz. Carbollösung, Eisenchloridlösung, Eprouvetten.

Milchsäure findet sich niemals im normalen Magensaft, sondern nur, wenn infolge minimaler oder fehlender Salzsäurebildung die Entwicklung von Milchsäurebacillen möglich ist. Die Milchsäure entsteht aus Kohlehydraten durch Gärungsvorgänge.

Zum **Milchsäurenachweis** benutzt man das UFFELMANNsche Reagens, das aus zwei Bestandteilen zusammengegossen wird. Zu einer halben Eprouvette 1 proz. Carbollösung fügt man einen Tropfen Eisenchloridlösung hinzu, wodurch eine amethystblaue Färbung ent-

72 Versuche zur Physiologie der Verdauung und der Ausscheidung.

steht. Dieses Reagens wird nun mit einigen Kubikzentimetern Magensaft versetzt und bei Vorhandensein von Milchsäure schlägt die Farbe in Gelbgrün (Zeisiggelb) um. Die Salzsäure des Magensaftes kann gleichfalls das Reagens entfärben, doch tritt dabei niemals die charakteristische Gelbgrünfärbung auf. Die gleiche Reaktion zeigen auch andere Oxysäuren, doch kommt im Magensaft nur Milchsäure in Frage.

40. Emulgierung der Fette durch Alkalien.

Erforderlich: Lebertran, 5proz. Natriumcarbonatlösung, Eprouvetten, Bunsenbrenner, Mikroskop, Objektträger, Deckgläser.

Die alkalische Reaktion des Darmsaftes ist nicht nur deshalb wichtig, weil im Gegensatz zum Pepsin die Darmfermente nur im alkalischen Milieu verdauen können, sondern weil sie auch die rasche Lösung der Fette bewirkt. Die Zerlegung der Fette in Glycerin und Fettsäuren wird durch Lipasen bewirkt; diese Spaltung erfolgt im Darm wegen der feinen Verteilung (Emulgierung) der Fette durch die Alkalien besonders rasch. Die emulgierende Wirkung der Alkalien zeigt folgender Versuch:

In eine Eprouvette werden 3—4 ccm einer 5proz. Natriumcarbonatlösung gefüllt, in eine zweite Eprouvette ebensoviel gewöhnliches Wasser. Beide Eprouvetten werden über der Gasflamme auf etwa 40° C angewärmt und es wird dann in jede ein Tropfen eines Öles, z. B. Lebertran, gebracht. Beide Eprouvetten werden kurz geschüttelt. In der warmen Carbonatlösung verteilt sich der Öltropfen sofort in feinste, die ganze Flüssigkeit milchig trübende Tröpfchen, es entsteht eine beständige Emulsion; im warmen Wasser zerreißt wohl der Tropfen in einige Teilchen, die sich aber wieder rasch an der Oberfläche ansammeln und zu einem großen Tropfen verschmelzen. Die Erscheinung, daß im alkalischen Milieu das Fett sofort emulgiert wird, findet ihre Erklärung in der Veränderung der Oberflächenspannung. Jeder Flüssigkeitstropfen hat an seiner Oberfläche eine Oberflächenspannung, die das Tropfeninnere wie eine elastische Haut in Kugelform zusammenzupressen trachtet. An der Oberfläche befinden sich aber stets einige der im Öl enthaltenen Fettsäuremoleküle, die mit dem Alkali ein fettsaures Salz (eine Seife) bilden. Da die Oberflächenspannung der Seifen geringer ist als jene des Öles, so entstehen an der Oberfläche Punkte geringeren Widerstandes, an denen das Innere des Tropfens herausgepreßt wird. Der große Öltropfen zerreißt in kleinere Partikelchen, die wieder das gleiche Schicksal erleiden, so daß eine Emulsion feinster Tröpfchen entsteht. Die dadurch enorm vergrößerte Oberfläche erleichtert das Angreifen der Lipase.

Wie sehr der ursprüngliche Öltropfen in kleinste Partikelchen zerrissen ist, geht am deutlichsten aus der mikroskopischen Beobachtung

Untersuchung eines ungefärbten Kotpräparates. 73

hervor, wenn ein Tröpfchen der Emulsion auf einen Objektträger gebracht, mit einem Deckglas bedeckt und zunächst mit schwacher, dann mit starker Vergrößerung untersucht wird.

41. Untersuchung eines ungefärbten Kotpräparates.

Erforderlich: Kot, kleines Glas- oder Porzellanschälchen, Glasstäbchen, 1proz. Kochsalzlösung, Objektträger, Deckgläser, Mikroskop.

Der Kot besteht zum größten Teil aus Schleim, abgestorbenen Epithelien, lebenden und toten Bakterien, Resten der verschiedenen

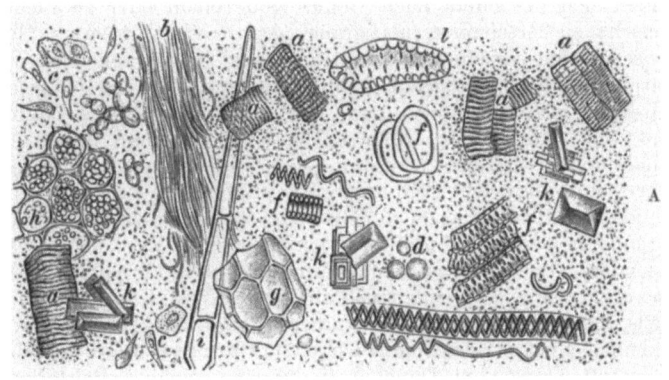

Abb. 27. A Gesamtbild der Faeces nach v. JAKSCH.
a Muskelfasern, *b* Bindegewebe, *c* Epithelien, *d* weiße Blutkörperchen, *e* Spiralzelle, *f—i* verschiedene Pflanzenzellen, *k* Tripelphosphatkrystalle, *l* Steinzelle; dazwischen verschiedene Mikroorganismen.
B Fettsäurekrystalle und Fetttröpfchen im Kot.

Darmsekrete, zum kleineren Teil aus nicht verwertbaren Bestandteilen der Nahrung, vor allem Resten von Cellulose, aber auch aus geringen Mengen noch ausnutzbarer, aber doch nicht verwendeter Nahrung: Fetttröpfchen, Reste von Muskelfasern usw. Die Menge der ausnutzbaren Bestandteile schwankt unter den verschiedensten Umständen beim gesunden und kranken Menschen.

Zur Untersuchung des Kotes wird ein kleines Stück in einem Porzellan- oder Glasschälchen mit einigen Tropfen 1proz. Kochsalzlösung mit einem Glasstäbchen zu einem dünnen Brei verrührt. Von diesem

74 Versuche zur Physiologie der Verdauung und der Ausscheidung.

Brei wird ein Tropfen auf einen Objektträger gebracht, mit dem Deckglas bedeckt und bei starker Vergrößerung im Mikroskop betrachtet. Da es sich meist um ungefärbte Objekte handelt, soll man mit eng zugezogener Irisblende arbeiten. Abb. 27 A zeigt eine schematische Darstellung der wichtigsten, im Präparat erkennbaren Bestandteile. Zunächst fallen kleine quadratische oder rechteckige, gelblich gefärbte Stückchen mit abgerundeten Ecken auf, die oft eine feine fibrilläre Struktur (ganz enge Blende!), mitunter auch eine Querstreifung erkennen lassen: Reste von hämoglobinhaltigen Muskelfasern, die immer im Kot vorhanden sind und nur bei ausschließlicher Pflanzenkost fehlen (*a* in Abb. 27A). Bindegewebsfasern (*b*) finden sich besonders nach Genuß von rohem oder geräuchertem Fleisch; sie erscheinen als graue, grobstreifige, faserige Bündel. Zwischen den einzelnen Bestandteilen sind häufig verschiedenartige Darmepithelien (*c*) verstreut, auch Leukocyten (*d*) finden sich gelegentlich in Form runder Zellen, ohne Pseudopodien. Besonders zahlreich sind die Reste aus der pflanzlichen Nahrung: man findet Spiralgefäße und Spiralzellen (*e*) sowie die verschiedensten langgestreckten oder mehr rundlichen Cellulosewände pflanzlicher Zellen (*f—i*). Besonders auffallend sind dicke Zellwände, die stellenweise von Kanälen durchbohrt werden (Tüpfel), die sog. Steinzellen (*l*). Auch Krystalle, besonders von Ammoniummagnesiumphosphat (Tripelphosphat, *k*) sind oft zu sehen; es handelt sich um kleine Krystalle mit rechteckiger Basis, deren Form durch den Namen „Sargdeckelkrystalle" treffend gekennzeichnet ist. Sie kommen auch im Harn nach ammoniakalischer Harnstoffgärung vor. Daneben findet man reichlich Bakterien und andere Mikroorganismen, z. B. Flagellaten. Manchmal findet man im normalen Stuhl auch einzelne Fetttröpfchen und Fettsäurekrystalle, wie sie in Abb. 27B gezeigt werden.

42. Stärkenachweis im Kot mit Jod-Jodkaliumlösung.

Erforderlich: Ungefärbtes Kotpräparat nach Versuch 41, Jod-Jodkaliumlösung, Filtrierpapierstreifen, Mikroskop.

Isolierte Stärkekörner, wie sie in Versuch 33 z. B. als Kartoffelstärkekörner beobachtet worden sind, kommen im normalen Stuhl nicht vor, weil sie restlos verdaut werden. Sie finden sich aber mitunter in den Resten von Pflanzenzellen eingeschlossen, wo sie durch die Cellulose geschützt waren. Sie werden am besten durch die Jodreaktion sichtbar gemacht. Man bringt an den Rand des Deckglases einen Tropfen Jod-Jodkaliumlösung und saugt auf der entgegengesetzten Seite des Präparates ein wenig Flüssigkeit mit einem Filtrierpapierstreifen ab. Die Stärkekörner erscheinen als blaue bis violette, rundliche Körnchen. Nicht selten findet man in den Flagellaten Stärke eingeschlossen.

43. Fettnachweis im Kot.

Erforderlich: Mit Kochsalzlösung hergestellter Kotbrei nach Versuch 41, Sudan III, Objektträger, Deckgläser, Mikroskop, Bunsenbrenner.

Die geringen Fettspuren im normalen Kot entziehen sich meist der Beobachtung, auch schon deshalb, weil die farblosen Fetttröpfchen nicht sehr auffallend sind. Durch Färbung der Fetttropfen mit einem Fettfarbstoff, z. B. Sudan III, lassen sie sich jedoch leicht auffinden. Zum Fettnachweis werden 1—2 Tropfen des Kotbreies auf einen Objektträger gebracht, dazu ebenso viele Tropfen alkoholischer Lösung von Sudan III. Nach Auflegen eines Deckgläschens wird das Präparat über der kleingestellten Flamme des Bunsenbrenners (Luftzufuhr drosseln, sonst schlägt der Brenner ein!) erwärmt. Schon bei schwacher Vergrößerung erscheint das Fett in Form leuchtend roter Tropfen.

44. Herstellung eines gefärbten Kotpräparates.

Erforderlich: Mit Kochsalzlösung hergestellter Kotbrei nach Versuch 41, Glasstäbchen, Methylalkohol, Giemsalösung, Objektträger, Deckgläschen, Färbeschälchen, Canadabalsam oder Dammarharz, Mikroskop.

Die große Zahl der im Kot vorhandenen Bakterien ist im ungefärbten Präparat infolge des Vorhandenseins zerfallener Zellen, Schleim u. dgl. nicht so ohne weiteres sichtbar, auch ist die verschiedene Form der Bakterienzellen im ungefärbten Präparat wenig deutlich. Mit Giemsalösung läßt sich jedoch wie bei der Herstellung eines Blutpräparates eine sehr gute Darstellung der Bakterien erzielen.

Zur **Färbung der Bakterien** wird auf einem oder mehreren Deckgläsern mit Hilfe eines Glasstäbchens ein sehr dünner Ausstrich eines Kotbreies hergestellt und die Schicht an der Luft gut trocknen gelassen. Die Deckgläschen werden sodann, wie auf S. 7 für das Blutpräparat beschrieben, mit Methylalkohol fixiert, mit der verdünnten Giemsalösung gefärbt, getrocknet und mit Canadabalsam oder Dammarharz auf einen Objektträger aufgekittet. Das Mikroskop zeigt bei schwacher Vergrößerung die große Zahl der Bakterien, bei starker Vergrößerung kann man sehr gut auch die verschiedene Form der Zellen und die verschiedenen Zelleinschlüsse erkennen.

45. Blutnachweis im Kot.

Erforderlich: Bluthaltiger Kot, Porzellan- oder Glasschälchen, Glasstab, Eprouvetten, Wasserstoffsuperoxyd, Guajac-Harz, Benzidin, Eisessig.

Große Blutmengen, besonders wenn sie aus den untersten Abschnitten des Darmtraktes stammen, sind an der Rotfärbung des Kotes leicht zu erkennen, nicht aber Blutspuren, besonders aus den höheren Darmabschnitten. Der Nachweis solcher ist aber ganz besonders wichtig. Da aber, wie Versuch 41 gezeigt hat, im normalen Kot stets hämoglobinhaltige Reste von Muskelfasern enthalten sind, darf mindestens 24 Stunden vor der Untersuchung des Kotes auf Blut kein Fleisch gegessen worden sein.

Zum **Blutnachweis** wird ein Stückchen Kot mit gewöhnlichem Wasser im Schälchen zu einem dünnen Brei angerührt und davon etwas in eine Eprouvette mit Guajac-Harz und Wasserstoffsuperoxyd oder Benzidin (in Eisessig gelöst) und Wasserstoffsuperoxyd — wie in Versuch 12 auf S. 32 beschrieben — gebracht. Vorhandensein von Blut wird durch die Blaufärbung angezeigt.

46. Physikalische Untersuchung des Harnes.

Erforderlich: Proben von normalen und pathologischen Harnen, Lackmuspapier (rot und blau), Essigsäure, Bunsenbrenner, Urometer, hoher Glaszylinder, Eprouvetten.

Die physikalische Untersuchung des Harnes erstreckt sich auf die Messung der Harnmenge, Beobachtung der Farbe, der Klarheit oder Trübung, des Geruches und der Reaktion des Harnes; seine Konzentration ist schließlich durch Messung des spezifischen Gewichtes zu bestimmen.

Die 24 stündige **Harnmenge** kann in weiten Grenzen zwischen 500 und 3000 ccm, ja noch mehr, schwanken, die normalen Mittelwerte liegen aber bei 1500 ccm. Mit der Harnmenge hängt die **Farbe** und das spezifische Gewicht innig zusammen. Der Harn wird durch das Urochrom gelblich gefärbt; da die Ausscheidung der festen Substanzen, also auch des Farbstoffes, im großen und ganzen stets im gleichen Ausmaß erfolgt, so ist bei großer Harnmenge die Färbung blaßgelb bis fast wasserhell, bei mittlerer Harnmenge strohgelb, bei sehr geringer Harnmenge kann sie ziegelrot werden. In pathologischen Fällen färbt z. B. Gallenfarbstoff den Harn dunkelbraun mit gelbem Schaum, größere Blutbeimengungen sind durch hellere oder dunklere rote Färbung zu erkennen. Der frisch entleerte Harn ist klar, trübt sich aber bald leicht durch Abscheidung von Blasenschleim in feinsten Flocken (Nubecula). Wurde im Harn wenig Flüssigkeit abgeschieden, d. h. ist der Harn sehr konzentriert, so kann bei Abkühlung eine Abscheidung von Uraten und von Harnsäure erfolgen, weil das Lösungsvermögen des Wassers ganz allgemein bei Temperaturabnahme sinkt. Die so entstandene **Trübung** läßt sich durch Erwärmen des Harnes wieder zum Verschwinden bringen. Die ausfallenden Substanzen senken sich zu Boden und bilden ein durch Uroerythrin rötlich gefärbtes Sediment (Sedimentum lateritium). Wenn der Harn lange Zeit steht, so wird der Harnstoff durch das Ferment Urease des Micrococcus ureae in Ammoniak und Kohlensäure gespalten:

$$CO(NH_2)_2 + H_2O = 2NH_3 + CO_2.$$

Da der Harn durch das Ammoniak alkalisch geworden ist, kommt durch Ausfallen von Erdphosphaten und Carbonaten eine Trübung zustande, die durch Ansäuern mit Essigsäure zum Verschwinden gebracht wird. In pathologischen Fällen kann eine Trübung durch Bakterien bedingt sein. Auch der **Geruch des Harnes** kann wichtige Aufschlüsse geben. Gallenfarbstoff hat einen eigenartigen Geruch, bei Vorhandensein von Acetonkörpern (Aceton, Acetessigsäure) riecht der Harn obstartig, aromatisch. Die **Reaktion des Harnes** ist bei gemischter Kost sauer, bei ausgesprochener Pflanzenkost alkalisch, ebenso auch bei Zersetzung des Harnstoffes durch Bakterien. Zur Prüfung der Reaktion benutzt man Lackmuspapier. Das **spezifische Gewicht** des Harnes ist klein, wenn große Mengen eines verdünnten Harnes abgesondert werden; es ist groß, wenn nur wenig Flüssigkeit ausgeschieden wird, der Harn konzentriert ist. Das spezifische Gewicht wird mit einem Aräometer bestimmt, das in einen hohen, schmalen, mit der Harnprobe gefüllten Zylinder eingesenkt wird. Schaumbildung ist beim Eingießen des Harnes zu vermeiden. Das spezifische Gewicht des normalen Harnes kann zwischen 1,002 und 1,030 schwanken, bei normaler Ernährung liegt es meist zwischen 1,015 und 1,025. Ein in diesem Bereich verwendbares Aräometer wird als Urometer bezeichnet. Bei der Ablesung ist der parallaktische Fehler zu vermeiden; auch muß der Harn bereits auf Zimmertemperatur abgekühlt sein. Enthält der Harn pathologische Bestandteile, besonders Eiweiß oder Zucker, so ist gleichfalls das spezifische Gewicht erhöht. Da die Harnfarbe einen Schluß auf die Konzentration der normalen Harnbestandteile zuläßt, so ist ein heller Harn mit hohem spezifischen Gewicht auf Vorhandensein von Eiweiß oder Zucker verdächtig, während ein dunkler Harn mit hohem spezifischen Gewicht keine pathologischen Bestandteile enthalten muß.

47. Mikroskopische Untersuchung der Harnsedimente.

Erforderlich: Saurer und alkalischer Harn mit Sedimenten, Spitzgläser, fein ausgezogene Pipetten mit Gummihütchen, Objektträger, Deckgläser, Mikroskop.

Unter Sedimenten versteht man feste Substanzen, die sich bei längerem Stehen oder beim Zentrifugieren aus dem Harn absetzen. Am einfachsten ist es, den Harn in einem Spitzglas einige Stunden stehen zu lassen; von dem gebildeten Bodensatz ist dann mit einer fein ausgezogenen Pipette eine Probe zu entnehmen und unter dem Mikroskop bei starker Vergrößerung zu untersuchen. Von den **„organisierten" Sedimenten** findet man im normalen Harn nur einzelne Epithelzellen aus den Harnwegen und gelegentlich rundliche Leukocyten; in pathologischen Fällen können reichlich Epithelzellen, rote und weiße Blutkörperchen, Bakterien und Ausgüsse der Nierenkanälchen (sog. Zylinder) usw. vorhanden sein. Unter **„unorgani-**

78 Versuche zur Physiologie der Verdauung und der Ausscheidung.

sierten" **Sedimenten** versteht man Substanzen, die sich bei Veränderung der Löslichkeitsbedingungen aus dem Harn in Form von Krystallen oder amorphen Körnchen abscheiden; sie können auch im normalen Harn in reichlicher Menge auftreten.

Aus stark mit Salzsäure versetztem, **saurem Harn** scheiden sich reichlich Harnsäurekrystalle in Form rhombischer Tafeln oder „wetzsteinförmiger" Krystalle ab; zwei Krystalle können auch in Kreuzform miteinander verwachsen sein oder es können durch Aneinanderlagerung mehrerer Krystalle spießige Drusen entstehen oder tonnen- und hantelförmige Gebilde. Solche Formen sind in Abb. 28 zu sehen. Im **Sediment** des **sauren,** und besonders des **konzentrierten Harns** findet man *harnsaure Salze* (saures harnsaures Natrium) in Form feinster amorpher Körnchen. Durch mitgerissenes Uroerythrin sind diese Niederschläge oft braungelb bis rötlich gefärbt, weshalb sie als „Ziegelmehlniederschlag" **(Sedimentum lateritium)** bezeichnet werden. Ferner findet man im Sediment des sauren Harnes, insbesondere in pathologischen Fällen, oft Krystalle von Calciumoxalat. Es handelt sich um tetragonale Oktaeder, die im Mikroskop als ein Rechteck mit Diagonalen, ähnlich einem kleinen Briefkuvert, erscheinen.

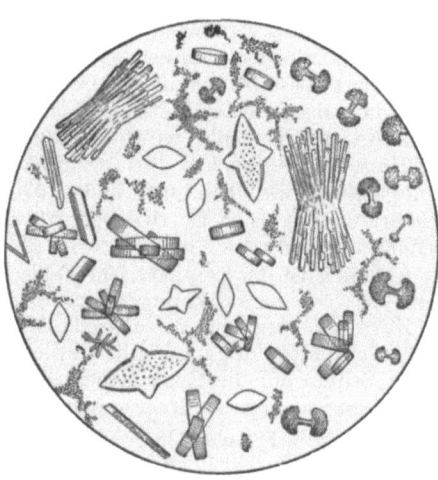

Abb. 28. Verschiedene Formen der Harnsäurekrystalle.

Ist der **Harn** von vornherein oder infolge der bakteriellen Harnstoffzersetzung **alkalisch,** so fällt phosphorsaures Ammonium-Magnesium (Tripelphosphat) in Sargdeckelkrystallen aus, die schon bei Besprechung der mikroskopischen Untersuchung des Kotes erwähnt wurden und in Abb. 27 A *(k)* zu sehen sind. Saures, harnsaures Ammonium fällt in Form morgensternartiger Kugeln aus, ferner finden sich Niederschläge von tertiärem Calciumphosphat und Calciumcarbonat in Form feinster, amorpher Körnchen. Bei der Phosphaturie ist der Harn gleich nach der Entleerung durch ausfallende Phosphate getrübt, diese lösen sich beim Ansäuern mit Essigsäure.

Die Sedimente des sauren Harnes gehen also durch Erwärmung, die Sedimente des alkalischen Harnes durch Ansäuern mit Essigsäure wieder in Lösung.

48. Nachweis von Eiweiß im Harn.

Erforderlich: Eiweißharn, Essigsäure, Ferrocyankaliumlösung, Salpetersäure, Sulfosalicylsäure, Eprouvetten, Bunsenbrenner, Glastrichter, Filtrierpapier, ESBACHsches Reagens, Albuminometer nach ESBACH, Bimssteinpulver.

Das hauptsächlich bei Nierenerkrankungen im Harn auftretende Eiweiß kann durch qualitative Proben nachgewiesen, durch quantitative der Menge nach bestimmt werden. Die Zahl der Eiweißproben ist sehr groß, man unterscheidet Fällungs- und Farbreaktionen. Die im folgenden beschriebenen geläufigsten Eiweißproben beruhen alle auf der Fällung des Eiweißes; um die dadurch auftretende Trübung gut zu sehen, muß der Harn klar sein. Trüber Harn ist daher vor Anstellen der Proben zu filtrieren. Man benutzt zu den folgenden Reaktionen je 2—3 ccm Harn, soll aber in einer zweiten Eprouvette stets die gleiche Menge filtrierten Harn als Kontrolle bereithalten, die dann nach Ausführung der Reaktion mit der anderen Probe zum Vergleich dient. Große Eiweißmengen geben eine starke, geringe nur eine zarte Trübung, die nur durch Vergleich mit dem unveränderten Harn erkannt werden kann.

Bei der **Kochprobe** wird etwas Harn in der Eprouvette zum Kochen erhitzt. Tritt eine Trübung auf, so ist diese nur dann für das Vorhandensein von Eiweiß beweisend, wenn sie auch nach Zusatz einiger Tropfen verdünnter Essigsäure bestehen bleibt. Verschwindet die Trübung, so war sie nur durch ausgefallene Erdphosphate bedingt. Diese Eiweißfällung ist eine Hitzekoagulation.

Bei der **Essigsäure-Ferrocyankali-Probe** wird der Harn zunächst mit Essigsäure angesäuert und 1—2 Tropfen einer 10proz. Ferrocyankalilösung zugesetzt. Zuviel Ferrocyankalium bringt den Niederschlag, der aus einer unlöslichen Verbindung von Ferrocyanwasserstoffsäure mit dem Eiweiß besteht, wieder zum Verschwinden; es ist daher Vorsicht beim Zutropfen nötig.

Bei der HELLERschen **Probe** werden zunächst in die Eprouvette 1—2 ccm konzentrierte Salpetersäure gebracht und bei Schräghalten des Proberöhrchens durch vorsichtiges Einfließenlassen (aus einer anderen Eprouvette oder noch besser aus einer Pipette) die Salpetersäure mit dem Harn *über*schichtet. Bei Gegenwart von Eiweiß bildet sich an der Trennungsfläche ein weißer Ring aus koaguliertem Eiweiß. Bei sehr konzentriertem Harn kann ein ähnlich aussehender Ring von salpetersaurem Harnstoff eine positive Reaktion vortäuschen; Harn von hohem spezifischen Gewicht und dunkler Farbe soll daher mit Wasser verdünnt werden. Die Probe ist ganz besonders empfindlich und zeigt noch $0.2\,^0/_{00}$ Eiweiß an.

80　Versuche zur Physiologie der Verdauung und der Ausscheidung.

Die **Probe mit Sulfosalicylsäure** wird so ausgeführt, daß zu dem mit Essigsäure angesäuerten Harn 1—2 Tropfen einer 20—25 proz. Sulfosalicylsäurelösung zugesetzt werden. Je nach der Eiweißmenge tritt leichte Opalescenz bis intensive weiße Trübung auf. Eiweißabbauprodukte, Albumosen, geben gleichfalls eine leichte Opalescenz oder geringe Trübung, die aber beim Erhitzen verschwindet, während ein Eiweißniederschlag bestehen bleibt. Auch diese Probe ist außerordentlich empfindlich.

Eine Farbenreaktion ist z. B. die früher (S. 68) besprochene Biuretreaktion, die Xanthoproteinprobe (Gelbfärbung durch rauchende Salpetersäure) und die Probe mit MILLONschem Reagens. Die Farbreaktionen können auch mit unfiltriertem Harn angestellt werden. Sie ermöglichen auch das Erkennen bestimmter Eiweißarten.

Zur **quantitativen Eiweißbestimmung** benutzt man das **Albuminometer nach ESBACH**. Es besteht aus einem mit Marken versehenen Proberöhrchen, in welches bis zur Marke U der filtrierte — bei alkalischer Reaktion mit Essigsäure angesäuerte — Harn eingefüllt wird. Bis zur Marke R wird hierauf ESBACHsches Reagens (Pikrinsäure und Citronensäure in Wasser gelöst) aufgefüllt. Nach Verschließen des Röhrchens mit einem Kork wird zehnmal *langsam* gewendet, um die Flüssigkeiten gut zu mischen. Da der entstehende Eiweißniederschlag durch Umschütteln mechanisch zerkleinert und dadurch das Volumen des sich absetzenden Niederschlages verändert wird, ist auf langsames, zehnmaliges Umwenden zu sehen, um eine bestimmte Teilchengröße zu erzielen, auf die der Apparat geeicht wurde. Nach 24 Stunden ist der abgesetzte Eiweißniederschlag genügend zusammengebacken, um eine sichere Ablesung nach der Höhe des Niederschlages an der am Röhrchen angebrachten Skala zu erlauben. Bei Eiweißmengen über $4^0/_{00}$ ist die Ablesung schon sehr ungenau, es soll daher bei großem Eiweißgehalt (hohem spezifischen Gewicht, starker Trübung bei der qualitativen Eiweißprobe) der Harn vor dem Einfüllen in das Albuminometer auf das Doppelte oder Dreifache mit Wasser verdünnt werden. Selbstverständlich sind dann die abgelesenen Eiweißwerte mit 2 bzw. 3 zu multiplizieren.

Bei der **Schnellmethode nach ESBACH-LENK** kann die Ablesung des Eiweißgehaltes schon nach 10—20 Minuten erfolgen. Das Albuminometer wird in der gleichen Weise mit Harn und Reagens gefüllt, doch wird noch eine Messerspitze Bimssteinpulver vor dem Umwenden hinzugefügt. Diese Methode ist aber ungenauer als die zuerst beschriebene; die Werte fallen zu hoch aus.

Eine quantitative Eiweißbestimmung kann auch durch Verdünnen des Harnes und Bestimmung des Verdünnungsgrades, bei dem eben noch deutlich der weiße Ring bei Überschichtung von Salpetersäure auftritt, ausgeführt werden. Die Grenzkonzentration ist $0.2\,^0/_{00}$.

49. Nachweis von Zucker im Harn.

Erforderlich: Zuckerhaltiger Harn, Kalilauge, Kupfersulfatlösung, FEHLINGsches Reagens (Fehling I und Fehling II), NYLANDERsches Reagens, Bunsenbrenner, Eprouvetten, Glastrichter, Filtrierpapier; für den quantitativen Nachweis: Bleiacetatlösung, geeichtes Kölbchen, Polarimeter (Saccharimeter), Gärungsröhrchen, Hefe, Weinsäure, Zuckerlösung.

Zucker (Traubenzucker) kann im Harn eines Gesunden gelegentlich nach Genuß großer Zuckermengen auftreten (alimentäre Glykosurie), kommt aber sonst im wesentlichen nur bei der Zuckerkrankheit vor. Die qualitativen Proben auf Zucker beruhen auf seinem Reduktionsvermögen. Bei großem Zuckergehalt (hohem spezifischen Gewicht) ist der Harn für die Proben 2—3mal zu verdünnen.

Die TROMMERsche Probe wird mit filtriertem Harn in der gleichen Weise angestellt, wie dies früher bei Versuch (S. 66) für den Zuckernachweis nach der Stärkeverdauung beschrieben wurde: Zufügen von $^1/_4$ Volumen Kalilauge zur Harnprobe und tropfenweises Zufügen von Kupfersulfatlösung, bis der blaue Niederschlag von Kupferhydroxyd sich eben nicht mehr löst. Beim Erwärmen tritt bei Gegenwart von Zucker der gelbrote bis ziegelrote Niederschlag von Kupferoxydul auf. Grünfärbung oder schmutziggelbe Färbung beweist nichts, ist aber für Zucker verdächtig. Der Harn darf nur eben bis zum Sieden erhitzt, nicht aber gekocht werden.

Wenn der Harn sehr zuckerreich ist, gelingt die Probe leicht, doch tritt die Farbänderung nicht immer sofort, sondern erst innerhalb von 1—2 Minuten ruhigen Stehens ein. Ist wenig oder kein Zucker vorhanden, so können die stets im Harn vorkommenden reduzierenden Substanzen (Harnsäure, Kreatinin u. a.), besonders wenn sie in etwas vermehrter Menge abgeschieden werden, zu Fehlern Veranlassung geben. Wird die Probe *richtig* ausgeführt, so kommt es *ohne* Zuckergegenwart allerdings nicht zur Abscheidung von Kupferoxydul; wird aber zu stark oder andauernd zum Kochen erhitzt oder das normale Verhältnis von Kalilauge und Kupfersulfat nicht eingehalten, so kann die Flüssigkeit beim Erwärmen eigentümlich gelbrot werden. Kreatinin und das durch Harnstoffzersetzung entstandene Ammoniak oder allzu große Mengen von Alkali können andererseits das Kupferoxydul in Lösung halten, so daß bei nur wenig Zucker kein roter Niederschlag beim Erwärmen ausfällt. Bei Zufügung von zu viel Kupfersulfat deckt seine blaue Farbe eine geringe entstandene Rotfärbung, so daß der Zuckergehalt leicht übersehen werden kann.

Die FEHLINGsche Probe beruht gleichfalls auf der Reduktion von Kupferhydroxyd zu Kupferoxydul, doch wird das Kupferhydroxyd nicht durch den Zucker, sondern durch das im FEHLINGschen Reagens vorhandene Seignettesalz (weinsaures Kalium-Natrium) in Lösung gehalten. Das FEHLINGsche Reagens ist gemischt nicht lange haltbar, daher wird es unmittelbar vor Anstellen der Reaktion durch Zusammengießen von 1 Teil Fehling I (Kupfersulfatlösung) und 2 Teilen Fehling II (Kalilauge und Seignettesalz) hergestellt. In eine zweite Eprouvette kommen etwa 2—3 ccm Harn und die beiden Eprouvetten werden gleichzeitig in der Gasflamme bis fast zum Kochen erhitzt. Man gießt hierauf *sofort*, aber doch vorsichtig, das heiße Reagens tropfenweise in den heißen Harn und schüttelt. Ist viel Zucker vorhanden, so tritt sofort die Reduktion zu Kupferoxydul ein, kenntlich an der Bildung eines gelblich-roten Niederschlages; andernfalls erfolgt der Farbenumschlag nach einer bis mehreren Minuten. Man stellt also nach Zufügen des Reagens die Probe in das Eprouvettengestell und wartet. Nachträgliches Zufügen von FEHLINGscher Lösung, nochmaliges Erwärmen oder Kochen der Probe ist unzulässig. Gießt man in wenig zuckerhaltigen Harn zu viel Reagens, so verdeckt die blaue Farbe die Reaktion und man kann den positiven Ausfall der Probe übersehen. Dasselbe geschieht, wenn das Reagens nicht mit dem kochend-heißen Harn zusammengegossen wird. Konzentrierter Harn ist vor Anstellen der Probe mit gleichem Volumen Wasser zu verdünnen.

Ist nur sehr wenig Zucker im Harn vorhanden, so versagt die FEHLINGsche Probe. Die Grenzkonzentration liegt bei etwa 0,1 %. Diese Tatsache kann zu einer rohen Zuckerbestimmung ausgenutzt werden, indem man den Harn zweimal, dreimal usw. mit Wasser verdünnt und immer wieder mit der FEHLINGschen Reaktion untersucht. Versagt schließlich die Probe, so ist die Grenzkonzentration erreicht oder überschritten, und der Zuckergehalt entspricht dann dem Produkt aus der Verdünnungszahl für die letzte positive Probe und dem Faktor 0,1. Bestimme in dieser Weise den Prozentgehalt des zuckerhaltigen Harnes und vergleiche ihn mit dem Ergebnis der später zu besprechenden anderen quantitativen Methoden!

Für die **NYLANDERsche Probe** werden 2—3 ccm Harn mit etwa $^1/_5$ Volumen NYLANDERschem Reagens (Wismutnitrat, Kalilauge und Seignettesalz) versetzt. Im Gegensatz zu den vorerwähnten Proben *muß* gekocht werden, und zwar bei Anwesenheit von wenig Zucker bis zu zwei Minuten. Es wird zuerst der obere Teil der Flüssigkeit in der schräg gehaltenen Eprouvette bei kleingestellter Flamme erwärmt, dann durch langsames Heben auch der untere, weil sonst die Flüssigkeit stößt. Die Probe wird dunkelgelb, braun und schließlich schwarz, wenn Zucker vorhanden ist, weil dann durch Reduktion schwarzes metallisches Wismut entsteht; doch ist die Schwarzfärbung nur dann für Zucker beweisend, wenn der Harn eiweißfrei ist, da Eiweiß wegen seines Schwefelgehaltes (z. B. in der Aminosäure Cystin) mit Wismutsalzen gleichfalls einen schwarzen Niederschlag von Wismutsulfid bildet. Sehr hochkonzentrierter, daher urochromreicher Harn gibt bei sehr langem Kochen gleichfalls eine Reduktion des NYLANDERschen Reagens. Durch Verdünnen des Harns bis zur normalen hellgelben Farbe kann diese Wirkung des Urochroms praktisch ausgeschaltet werden. Es stören bei der NYLANDERschen Probe auch Harnsäure, Kreatinin und ähnliches viel weniger als bei den anderen Proben. Ist wenig Zucker vorhanden, so erkennt man die positive Reaktion daran, daß der nach einiger Zeit sich absetzende Niederschlag grau oder braun ist. Das NYLANDERsche Reagens ist nicht länger als einen Monat verläßlich haltbar.

Die **quantitative Bestimmung des Zuckers** kann mit Hilfe des Polarimeters erfolgen, wobei die optische Aktivität der Dextrose (Drehung der Polarisationsebene nach rechts) zur Konzentrationsbestimmung benutzt wird. Diese Methode ist sehr genau und läßt sich in kurzer Zeit ausführen. Weniger genau und langwieriger ist die Bestimmung des Zuckergehaltes mit der Gärungsprobe, wobei der Zucker durch die Hefe in Alkohol und Kohlensäure zerlegt und das Volumen der Kohlensäure als Maß für den Zuckergehalt benützt wird. Die Einrichtung für die Gärungsprobe ist aber wesentlich einfacher und billiger.

Zuckerbestimmung mit dem Polarimeter: Das Tageslicht enthält Strahlen mit allen möglichen Schwingungsebenen, nach Durchgang durch ein **NICOLsches Prisma** nur Strahlen mit *zueinander parallelen* Schwingungsebenen. Dieses *polarisierte* Licht kann ein zweites NICOLsches Prisma *(Analysator)* nur dann ungeschwächt durchsetzen, wenn dieses parallel zum ersten, polarisierenden Prisma *(Polarisator)* steht. Ist der Analysator gegen den Polarisator um 90° verdreht, so können keine Lichtstrahlen durchtreten. Beim Drehen des Analysators aus der Parallelstellung in die dazu senkrechte (gekreuzte Nicols) sieht daher ein in der Richtung der Lichtstrahlen durch das System blickendes Auge alle Helligkeitsübergänge vom maximalen Licht bis zur völligen Dunkelheit. Bringt man jetzt zwischen die Prismen einen optisch aktiven Körper, z. B. eine Traubenzuckerlösung oder einen zuckerhaltigen Harn, so wird die Schwingungsebene des polarisierten Lichtes etwas gedreht und es erfolgt dadurch trotz gekreuzter Nicols eine Aufhellung des Gesichtsfeldes. Dreht man den Analysator ein wenig nach rechts, so verschwindet schließlich die Aufhellung wieder. Aus der Drehung des Analysators kann die vorhandene Traubenzuckermenge bestimmt werden. Man weiß, wie stark eine 1proz. Lösung des Traubenzuckers, die in ein Rohr von ganz bestimmter Länge gefüllt ist, die Polarisationsebene dreht (spezifische Drehung). Da die Drehung proportional der Konzentration und der Länge des Rohres erfolgt, so läßt sich aus dem Drehungswinkel der Zuckergehalt unter Berücksichtigung dieser Faktoren rechnen.

Apparate zur Bestimmung des Drehungsvermögens optisch aktiver Körper heißen **Polarimeter,** wenn sie zur unmittelbaren Ablesung des Zuckergehaltes eingerichtet sind, **Saccharimeter.** Um die Genauigkeit der Ablesung zu erhöhen, wird in den Apparat ein dritter kleiner Nicol eingebaut, der die linke und rechte Hälfte des kreisförmigen Gesichtsfeldes ungleich hell macht, wenn die Prismen nicht völlig senkrecht zueinander stehen (Halbschattenapparat). Derartige Saccharimeter bestehen aus einem horizontal auf einem Fuß befestigten Rohr, dessen mittlerer Teil zum Einlegen einer Glasröhre mit dem zuckerhaltigen Harn aufklappbar ist. An dem der Lichtquelle zugekehrten Ende ist der Polarisator fix eingebaut, auf der dem Beobachter zugekehrten Seite ist drehbar der Analysator befestigt und befindet sich auch die Gradeinteilung zum Ablesen. Da die Drehung der Schwingungsebene bei verschiedenen Wellenlängen verschieden stark erfolgt, arbeitet man mit monochromatischem gelben Licht, das durch Einbringen eines Platinringes mit Kochsalzpulver in die Flamme eines Bunsenbrenners erzeugt wird. Das Saccharimeter wird zuerst in die Richtung zur Flamme, aber nicht näher als 15 cm an diese herangebracht. Zuerst stellt man auf gute Beleuchtung des Gesichtsfeldes ein, dann wird durch vorsichtiges Herausziehen oder Hineinschieben des vor dem Analysator angebrachten Fernrohres der Gesichtsfeldrand scharf eingestellt. Darauf stellt man auch die Ableselupe über der Skala so ein, daß man die Gradeinteilung gut ablesen kann. An dieser Einstellung darf dann nichts mehr geändert werden. Der Gradbogen ist fix, der mit dem Analysator verbundene Nonius dreht sich mit. Steht der Nullstrich des Nonius unter dem Nullstrich des Gradbogens und ist das Rohr mit dem zuckerhaltigen Harn noch nicht in den Apparat eingelegt, so erscheinen die rechte und linke Gesichtsfeldhälfte gleichmäßig hellgelb, nur durch einen kaum sichtbaren, feinen, vertikalen Strich getrennt. Abb. 29 I zeigt dieses Bild im Fernrohr und die Stellung des Nonius an der darüber befindlichen Skala. Nach Einlegen des Rohres mit dem zuckerhaltigen Harn erscheint sofort die eine Gesichtsfeldhälfte dunkler, wie Abb. 29 II zeigt, es ist jedoch neuerlich eine Einstellung des Fernrohres auf scharfes Bild (Trennungslinie!) erforderlich. Um wieder gleiche Helligkeit im Gesichtsfeld zu erzielen, muß der Analysator ein klein wenig nach rechts gedreht werden. Sind beide Gesichtsfeldhälften gleich, wie in Abb. 29 III, so läßt sich mit Hilfe des Nonius die Drehung in ganzen und Zehntelgraden genau ablesen. Die zwischen dem Nullstrich der Teilung und dem Nullstrich der Noniusskala ablesbaren Grade geben die ganzen, jener Teilstrich des Nonius, der gerade mit einem Teilstrich des Gradbogens zusammenfällt, die Zehntel an. Bei den gebräuchlichen Saccharimetern ist die Länge des den Harn enthaltenden Röhrchens so bemessen (189,4 mm), daß jeder Grad einem Prozent Zucker entspricht. Die in Abb. 29 III gezeichnete Stellung des Nonius würde daher 1,8 % Zucker angeben.

Vorbereitung des Harnes: in ein mit zwei Marken versehenes Kölbchen wird bis zum Teilstrich 50 der zu untersuchende Harn,

Nachweis von Zucker im Harn.

sodann bis zur Marke 55 eine 20proz. Lösung von Bleiacetat eingefüllt und einmal umgeschwenkt, aber *nicht* geschüttelt. Es bildet sich ein weißer Niederschlag aus unlöslichen Bleisalzen, der die Harnfarbstoffe und die Trübungen mitreißt, die die Helligkeit des Gesichtsfeldes im Polarimeter herabsetzen würden. Man gießt nun auf ein Filter und filtriert in eine Eprouvette. Geht bei der ersten Filtration die Lösung nicht vollkommen klar durch, so filtriert man noch einmal über das *gleiche* Filter, da der Niederschlag die Poren etwas gedichtet, verkleinert hat und man so einen viel wasserklareren Harn erhält. Das Polarimeterröhrchen wird am breiteren Ende durch Abschrauben der Metallkappe geöffnet, das runde Glasplättchen entfernt und so viel Flüssigkeit eingegossen, daß sie mit einer Kuppe über der Öffnung des Röhrchens steht. Durch vorsichtiges Aufschieben des runden Glasplättchens von der Seite her über den geschliffenen Rand wird sodann das Röhrchen verschlossen und zur Befestigung des Plättchens die Metallkappe fest aufgeschraubt. Die Füllung darf nirgends durch eine Luftblase unterbrochen und die planparallelen Glasplättchen an den Enden des Röhrchens dürfen nicht verschmutzt sein, weil sonst das Gesichtsfeld zu dunkel ist.

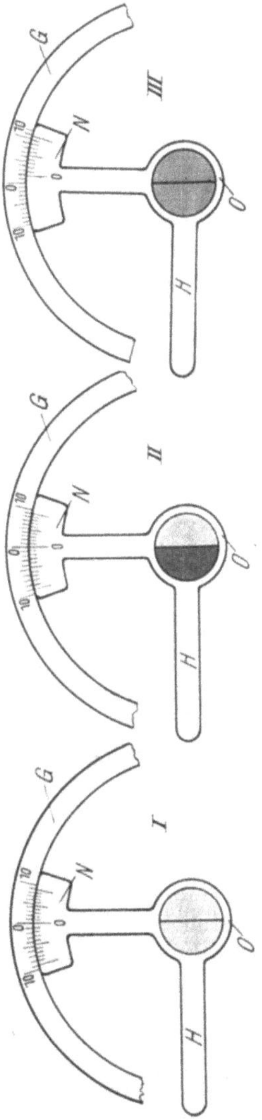

Zur Bestimmung der Zuckermenge mittels der **Gärungsprobe** werden 10 ccm Harn in ein mit einer entsprechenden Marke versehenes Proberöhrchen gebracht, mit etwas Weinsäure angesäuert, sodann ein Stückchen frischer Hefe zugesetzt, geschüttelt und in die Kugel des Gärungssaccharimeters eingefüllt. Durch vorsichtiges Neigen wird die Luft im vertikalen, mit einer

Abb. 29. Die Stellung des Nonius *N* zum Gradbogen *G* und das Aussehen des Gesichtsfeldes im Okular *O* vor Einbringen des zuckerhaltigen Harnes (I), nach Einbringen des Harnes (II) und nach Drehen am Analysator mittels des Hebels *H* (III).

Teilung versehenen Rohr des Saccharimeters durch den eingefüllten Harn ersetzt. Nach Entweichen aller Luft aus dem Rohr wird der Apparat in ein Wasserbad oder in einen Brutschrank von 30⁰ C gebracht. Nach 20—24 Stunden ist die Gärung vollendet, die Menge der im vertikalen Rohr angesammelten Kohlensäure wird nach Abkühlen auf Zimmertemperatur an der Teilung des Röhrchens abgelesen, wobei die Teilung so gewählt ist, daß sie sofort den Zuckergehalt in Prozenten angibt. Stark zuckerhaltiger Harn ist vor dem Anstellen der Probe auf das Doppelte oder Dreifache zu verdünnen und der gefundene Zuckerwert mit 2 oder 3 zu multiplizieren.

Da ein Nichteintreten der Gärung auch durch mangelnde Gärkraft der Hefe verursacht sein kann, so müßte eigentlich ein Parallelversuch mit einem zweiten Gärungssaccharimeter und einer Zuckerlösung angestellt werden, der die Gärfähigkeit der Hefe zeigt. Ferner sollte geprüft werden, ob die Hefe aus dem Substrat, in dem sie gezüchtet wurde, nicht allenfalls selbst Zucker mitbringt, indem man einen weiteren Kontrollversuch mit Hefe und Wasser allein anstellt. Für Übungszwecke genügt es, bloß den einen Versuch mit zuckerhaltigem Harn anzusetzen.

50. Nachweis der Gallenfarbstoffe.

Erforderlich: Harn mit Gallenfarbstoffen, Jodtinktur, Salpetersäure, Schwefelsäure, Eprouvetten.

Gelangen Gallenfarbstoffe ins Blut, so werden sie durch die Nieren ausgeschieden. Die Gallenfarbstoffe färben den Harn braun mit gelbem Schaum und verursachen einen eigenartigen Geruch. Zum Nachweis benutzt man die Eigenschaft des Bilirubins, durch Oxydation in das grün gefärbte Biliverdin überzugehen. Als Oxydationsmittel benutzt man Jodtinktur oder rauchende Salpetersäure.

Bei der **Jodprobe** werden einige Kubikzentimeter Harn bei schräg gehaltener Eprouvette vorsichtig mit Jodtinktur überschichtet; es bilden sich an der Berührungsfläche der beiden Flüssigkeiten Farbenringe, darunter ein charakteristischer *grüner Ring*. Für diese Probe wird eine bereits gebrauchsfertig aufgestellte 2proz. Jodtinktur — nicht die offizinelle 10proz. — verwendet. Diese Probe ist nicht sehr empfindlich.

Bei der **GMELINschen Probe mit Salpetersäure** werden 1—2 ccm rauchende Salpetersäure in schief gehaltener Eprouvette vorsichtig mit Harn überschichtet. Auch hier bilden sich an der Grenze zwischen Harn und Säure farbige Ringe, darunter der charakteristische grüne Biliverdinring. Steht rauchende Salpetersäure (Salpetersäure, die salpetrige Säure gelöst enthält) nicht zur Verfügung, so füllt man in die Eprouvette 2 ccm konzentrierte Schwefelsäure, mischt in einer zweiten Eprouvette den zu prüfenden Harn mit etwas gewöhnlicher

Salpetersäure und überschichtet damit vorsichtig die Schwefelsäure. An der Grenzfläche beider Flüssigkeiten wird die Salpetersäure durch die Schwefelsäure zersetzt, es wird salpetrige Säure frei und die Oxydation des Bilirubins tritt dort ein.

51. Nachweis von Aceton und Acetessigsäure.

Erforderlich: Harn mit Aceton und Acetessigsäure, wässerige Lösung von Nitroprussidnatrium, Kalilauge, Essigsäure, Eisenchloridlösung, Filtrierpapier, Trichter, Eprouvetten.

Die sog. Acetonkörper, Aceton, Acetessigsäure und β-Oxybuttersäure treten bei gestörtem Kohlehydratstoffwechsel im Harn auf. Sie verleihen ihm einen eigenartig aromatischen, obstartigen Geruch. Man untersucht gewöhnlich nur auf das Vorhandensein der ersten beiden Bestandteile.

Zum **Nachweis von Aceton** fügt man zu einigen Kubikzentimetern Harn einige Tropfen einer Lösung von Nitroprussidnatrium und 1 oder 2 Tropfen Kalilauge hinzu. Es tritt eine Rotfärbung ein, die sowohl durch das immer im Harn vorhandene Kreatinin als auch durch Aceton zustande kommen kann. Die Unterscheidung ermöglicht Zusatz von Essigsäure. Verschwindet die Rotfärbung, so war sie durch Kreatinin bedingt, schlägt sie dagegen in Kirschrot um, so ist Aceton vorhanden. Die Lösung von Nitroprussidnatrium ist durch Auflösen eines Kryställchens in ein wenig Wasser selbst herzustellen oder man benutzt eine gebrauchsfertig bereitgestellte Lösung, die aber in lichtdichten Fläschchen aufbewahrt werden muß.

Zum **Nachweis der Acetessigsäure** gibt man zunächst zum Harn einige Tropfen Eisenchlorid. Es entsteht ein hellbrauner Niederschlag von Eisenphosphat, der durch Filtrieren zu entfernen ist. Zum klaren Filtrat gibt man neuerlich einige Tropfen Eisenchlorid. Bei Anwesenheit von Acetessigsäure entsteht eine weinrote Färbung. Der zum Nachweis der Acetessigsäure bestimmte Harn darf nicht gekocht worden sein, da Acetessigsäure in der Wärme in Aceton und Kohlensäure zerfällt.

52. Nachweis von Urobilin.

Erforderlich: Urobilinhaltiger Harn, Ammoniak, 10proz. Lösung von Zinkacetat oder Zinkchlorid, Eprouvetten, Trichter, Filter, Bogenlampe mit Linse und Irisblende.

Der in gewissen pathologischen Fällen (z. B. Lebererkrankungen) vermehrte Urobilingehalt des Harnes wird so nachgewiesen, daß man den Harn zunächst mit einigen Tropfen Ammoniak versetzt, den entstandenen Niederschlag abfiltriert, einige Tropfen einer 10proz. Zinkacetatlösung hinzufügt und nochmals filtriert. Das letzte Filtrat zeigt eine grüne Fluorescenz, die besonders deutlich ist, wenn man einen dünnen Lichtstrahl — am besten mit einer kleinen Bogenlampe und einer Linse, vgl. S. 58 — hindurchschickt.

53. Nachweis von Harnindican.

Erforderlich: Indicanhaltiger Harn, 20proz. Bleiacetatlösung, 5 proz. alkoh. Thymollösung, OBERMEYERsches Reagens, Chloroform, Eprouvetten, Trichter, Filter.

Bei der Eiweißfäulnis im Dickdarm spaltet sich aus dem Tryptophan Indol ab. Es wird resorbiert, in der Leber zu Indoxyl oxydiert, mit Schwefelsäure gepaart und als indoxylschwefelsaures Kalium (Harnindican) ausgeschieden. Im normalen Harn ist es nur spurenweise vorhanden, kann aber bei vermehrter Eiweißfäulnis in größerer Menge ausgeschieden werden. Sein Nachweis beruht auf der Oxydierbarkeit, wobei Indigo entsteht. Sehr empfindlich ist die **Probe nach Jolles:** etwa 10 ccm Harn werden mit 2 ccm Bleiacetat versetzt und der weiße Niederschlag abfiltriert. Zum Filtrat gibt man 2 ccm einer 5proz. alkoholischen Lösung von Thymol und 10 ccm OBERMEYERsches Reagens (Eisenchlorid und rauchende Salzsäure), worauf die Oxydation eintritt. Man läßt die Probe 10—15 Minuten stehen und schüttelt das gebildete Indigo mit einigen zugefügten Tropfen Chloroform aus, das sich am Boden ansammelt. Violettfärbung des Chloroforms beweist das Vorhandensein von Indican.

54. Nachweis von Blut im Harn.

Erforderlich: Bluthaltiger Harn, Guajac-Harz, Benzidin, Eisessig, Wasserstoffsuperoxyd, Eprouvetten.

Der Blutnachweis im Harn wird so, wie schon bei Versuch 12 und 45 (S. 32 und 75) beschrieben, ausgeführt. Zu einem Gemisch von Guajacharz und Wasserstoffsuperoxyd oder Benzidin-Eisessig-Lösung und Wasserstoffsuperoxyd wird die zu untersuchende Harnprobe gegossen. Blaufärbung, die bei Spuren erst nach einigen Minuten eintreten kann, zeigt das Vorhandensein von Blut an.

V. Schaltungsübungen.

Die im nächstfolgenden Abschnitt beschriebenen Versuche über die Reizung von ausgeschnittenen Froschmuskeln, menschlichen Muskeln in situ sowie die Versuche über die Ableitung bioelektrischer Ströme erfordern das Verständnis für eine Reihe von elektrischen Schaltaufgaben; aus diesem Grund und da der Arzt auch in seiner Praxis mit elektrischen Apparaten häufig zu tun hat, sollen in diesem Abschnitt verschiedene Schaltungen besprochen werden.

Je nach ihrer Fähigkeit, den Strom zu leiten, werden alle Körper in **Leiter** und **Nichtleiter** (Isolatoren, z. B. Luft, Glimmer, Hartgummi, Glas, Porzellan, Gummi, Seide, Wachs, Paraffin usw.) eingeteilt. Unter *Leitern erster Klasse* versteht man die Metalle und gewisse Nichtmetalle, wie Kohlenstoff, Selen u. a., die sich beim Stromdurchgang nur physikalisch verändern (Erwärmung, Verlängerung usw.), unter *Leitern zweiter Klasse* solche, die sich chemisch verändern. Zu den letzteren gehören hauptsächlich die wässerigen Lösungen der Säuren, Basen und Salze. Bei den Leitern erster Klasse wird der Transport der elektrischen Ladung durch die negativ geladenen Elektronen besorgt, die sich stets gegen den Ort höheren Potentiales verschieben. Dieser wird in einem Stromkreis als positiver Pol (Anode), der Ort niedrigeren Potentiales als negativer Pol (Kathode) bezeichnet. Im Sinn der konventionellen Bezeichnung fließt der Strom von der Anode gegen die Kathode, er ist also der wirklichen Elektronenströmung entgegengesetzt. In einem Leiter zweiter Klasse findet der Elektrizitätstransport durch die Ionen statt, wobei die Teilchen negativer Ladung zur Anode (Anionen), die Teilchen positiver Ladung zur Kathode (Kationen) wandern; die Abscheidung der entladenen Teilchen an den Elektroden führt daher zur chemischen Zersetzung (Elektrolyse), woraus sich die oben gegebene Definition dieser Gruppe von Leitern erklärt.

Man unterscheidet **Gleich- und Wechselströme.** Gleichströme behalten immer ihre Richtung bei, die Klemmen der Stromquelle haben immer dasselbe Vorzeichen. Je nach dem Verhalten der Stromstärke kann der Gleichstrom *konstant* oder *inkonstant* sein. Wechselströme ändern wiederholt spontan ihre Richtung, das Vorzeichen an den Klemmen wechselt dauernd. Als Beispiel sei an den technischen Lichtwechselstrom erinnert, der in der Sekunde meist 96 mal seine Richtung ändert; der Stromstoß in einer Richtung wird als *Wechsel*, zwei Wechsel zusammen (Wellenberg und Wellental) als eine *Periode* bezeichnet. Der gebräuchliche Lichtwechselstrom hat demnach 48 Perioden. Neuerdings wird die Periodenzahl in der Sekunde auch in *Hertz* angegeben (1 Hertz ist gleich *eine* Periode in der Sekunde). Der Lichtwechselstrom hat daher 48 Hertz, ein Hochfrequenzstrom z. B. 1 Million Hertz.

Das Verhalten eines Stromes geht am besten aus **Stromkurven** hervor. Auf der Abszissenachse wird die Zeit (in fallweise verschiedenen Einheiten) aufgetragen, auf der Ordinatenachse die Stromstärke. Abb. 30 stellt bei I die Stromkurve eines bei *E* eingeschalteten, bei *A* ausgeschalteten *konstanten* Gleichstromes dar, bei II die Stromkurve eines bei *E* eingeschalteten, bei *A* ausgeschalteten *inkonstanten* Gleichstromes (und zwar mit fallender Stromstärke), bei III die Kurve eines sinusförmig verlaufenden Wechselstromes. Das Gleichbleiben der Stromrichtung in den Kurven I und II geht daraus hervor, daß — im Gegensatz zum Wechselstrom — die Stromstärkewerte immer auf der gleichen Seite der Abszissenachse aufgetragen sind.

Man unterscheidet physikalische und chemische **Stromquellen,** je nach der Energieart, die als Ausgang dient. Als dritte Gruppe fügen sich noch die biologischen Stromquellen an, bei denen wohl auch physikalisch-chemische Energien zur Stromerzeugung dienen, aber das lebende Objekt die Ströme erzeugt. Über die hierher gehörigen Ruhe-, Verletzungs- und Aktionsströme wird später gesprochen. Zur ersten Gruppe gehört die Reibungselektrizität, die durch Reiben von Stäben oder Platten (Elektrophor, Elektrisiermaschinen) aus Glas, Hartgummi usw. entsteht; sie hat heute elektromedizinisch nur mehr eine geringe Bedeutung. Ferner gehört hierher der thermoelektrische Strom, der in einem System aus zwei an den Enden miteinander verlöteten, verschiedenen Metallstreifen (z. B. Eisen und Konstantan oder Kupfer und Nickel) entsteht, wenn an den Lötstellen eine Temperaturdifferenz auftritt. Da der Strom der Temperaturdifferenz proportional ist, benutzt man heute die Thermoelektrizität auch zur elektrischen Temperaturmessung (elektrische Fieberthermometer). Die praktisch wichtigsten physikalischen Stromquellen sind alle jene Apparate und Maschinen, bei denen elektrische Ströme durch die Induktionswirkung magnetischer Kraftlinien auf (meist in Spulenform ausgeführte) Leiter entstehen. Eine Stromerzeugung durch Induktion findet nur dann statt, wenn eine *Verschiebung* eines Leiters im Feld der Kraftlinien zustande kommt oder das Feld sich verändert. Bei den Dynamomaschinen erfolgt die Bewegung durch die Rotation des Ankers (Rotor) gegen den Feldmagneten (Stator); bei den Transformatoren sind wohl die Primär- und die Sekundärspule fest miteinander verbunden, doch leitet man durch die eine Spule entweder einen Wechselstrom, der ein wechselndes, schwankendes Magnetfeld liefert, oder bei Benutzung von Gleichstrom unterbricht man diesen in rascher Folge, wobei die Veränderung im Kraftfeld durch das Entstehen und Verschwinden der Kraftlinien gegeben ist (medizinisches Induktorium).

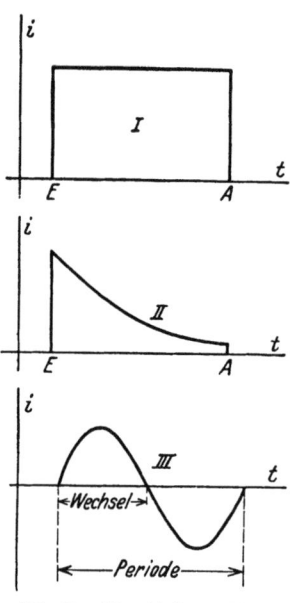

Abb. 30. Verschiedene Stromkurven.

I Kurve eines konstanten Gleichstromes, II Kurve eines inkonstanten Gleichstromes mit fallender Stromstärke, III Kurve eines sinusförmig verlaufenden Wechselstromes.

E Einschaltung des Stromes, A Ausschaltung.

In der Abszissenachse sind die Zeitwerte, in der Ordinatenachse die Stromstärkewerte aufgetragen.

Die wichtigsten chemischen Stromquellen sind die galvanischen Elemente. Am VOLTAschen Element soll zunächst der Vorgang der

Stromentstehung besprochen werden; dieses besteht aus einer Kupfer- und einer Zinkplatte in verdünnter Schwefelsäure. Beide Metalle haben das Bestreben, Ionen in die Flüssigkeit zu treiben (Lösungstension), doch gelingt dies hier nur dem Zink, da seine Lösungstension größer ist. Durch das Austreten der positiven Zinkionen wird die Zinkplatte negativ geladen; die Zn-Ionen bilden mit der Schwefelsäure Zinksulfat unter Freiwerden von positiv geladenem Wasserstoff. Dieser wandert an die Kupferplatte und gibt seine Ladung an diese ab, die positiv wird, während der Wasserstoff sich als neutrales Molekül abscheidet. Die Verbindung der beiden äußeren Pole führt daher zu einem außen vom Kupfer zum Zink gerichteten elektrischen Strom. Der Wasserstoff bleibt nun zum Teil am Kupfer haften und sammelt sich dort während der Stromerzeugung in immer größerer Menge an; da er eine größere Lösungstension als das Zink besitzt, sendet auch er wieder positive Wasserstoffionen in die Lösung, wodurch die positive Kupferplatte eine allmählich ansteigende negative Ladung bekommt. Diese „negative" Ladung besteht nicht in Wirklichkeit auf der Kupferplatte, sondern wirkt sich bloß in einer Abnahme der positiven Ladung aus, wodurch der Eigenstrom des Elementes immer geringer wird. Es scheint so, als ob ein dem Eigenstrom des Elementes entgegengerichteter *Polarisationsstrom* fließen würde. Die Stromkurve eines derartigen *inkonstanten* Elementes entspricht ungefähr dem Schema II in Abb. 30.

Da die Ursache des Polarisationsstromes die Abscheidung von Wasserstoff ist, so wird dieser bei den **konstanten Elementen** auf irgendeine Weise, meist chemisch, entfernt. Bei den meisten konstanten Elementen ist die Kupferplatte durch eine Kohlenplatte ersetzt. Das LECLANCHÉ-Element enthält als negativen Pol einen Zinkstab, als Elektrolytflüssigkeit Salmiaksalz (Ammoniumchlorid) und als positive Elektrode eine Kohlenplatte, die sich in einem porösen Tonzylinder befindet und von Braunsteinpulver (Mangansuperoxyd) umgeben ist. Bei einer anderen Ausführung ist das Zink zylinderförmig, die Kohle in Stabform, an Stelle des Tondiaphragmas tritt ein Leinwandbeutel (**Beutelelement**[1]). Der Braunstein oxydiert den Wasserstoff zu Wasser, wodurch die Polarisation weitgehend vermieden wird:

$$2 MnO_2 + H_2 = H_2O + Mn_2O_3.$$

Das **Chromsäure-Tauchelement** enthält zwei Kohlenplatten und eine Zinkplatte in einer mit Schwefelsäure versetzten Lösung von Kaliumbichromat. In diesem Elektrolyt ist die Chromsäure CrO_3 wirksam, indem sie gleichfalls den Wasserstoff oxydiert:

$$2 CrO_3 + 3 H_2 = Cr_2O_3 + 3 H_2O.$$

---

[1] Die Trockenbatterien für die Taschenlampen enthalten solche Beutelelemente.

Da das Zink auch ohne Stromentnahme von der Chromsäure angegriffen wird, füllt man die Flüssigkeit nur bis zur halben Höhe und zieht bei Nichtgebrauch das Zink hoch (Tauchelement). Die besprochenen Elemente sind allerdings nur bei Entnahme nicht zu starker Ströme und nur für einige Minuten bis zu einer halben Stunde als konstant zu betrachten. Wenn der Elektrolyt zersetzt, der Braunstein bzw. die Chromsäure verbraucht oder das Zink aufgelöst ist, kann die Stromerzeugung nur wieder mit neuen Bestandteilen erfolgen; alle besprochenen Elemente heißen daher *irreversible* Elemente. Zu den *reversiblen* Elementen gehört das **DANIELLsche Element.** Es enthält Zink in verdünnter Schwefelsäure und Kupfer in einem porösen Tondiaphragma in Kupfersulfatlösung. Der Zinkzylinder wird unter Abstoßung der Zinkionen negativ, die Ionen bilden mit der Schwefelsäure Zinksulfat, die dadurch frei werdenden Wasserstoffionen durchdringen das Diaphragma und erzeugen aus der Kupfersulfatlösung zum Teil Schwefelsäure; die frei gewordenen Kupferionen wandern als Träger der positiven Ladung zur Kupferplatte, können aber naturgemäß dort keine Polarisation bedingen, da das Kupfer der Platte und das sich auf dieser abscheidende ja chemisch identisch sind. Die Stromerzeugung kommt nur zum Stillstand, wenn die Schwefelsäure ganz in Zinksulfat und das Kupfersulfat in Schwefelsäure umgewandelt ist. Beim Durchleiten eines entgegengesetzt gerichteten Stromes (Ladung) bilden sich diese Veränderungen wieder zurück (reversibles Element). Das DANIELLsche Element ist sehr konstant.

Ein auf der Polarisation beruhendes, reversibles Element besonderer Art ist der **Bleiakkumulator.** Er besteht aus zwei oder mehreren Bleiplatten bzw. Bleigittern, in deren Maschen ein Brei von Bleisulfat enthalten ist; diese Platten tauchen in verdünnte Schwefelsäure. Bei der *Ladung* sammeln sich an der Anode die Anionen des Elektrolyten, das ist SO_4, an, an der Kathode die Kationen $2H$*, wodurch eine Oxydation bzw. Reduktion des Bleisulfates zustande kommt:

$$PbSO_4 + SO_4 + 2H_2O = 2H_2SO_4 + PbO_2 \text{ (positive Platte)}$$
$$PbSO_4 + 2H = H_2SO_4 + Pb \text{ (negative Platte)}.$$

Die positive Platte ist daher nach der Ladung mit braunem Bleisuperoxyd (PbO_2), die negative Platte mit grauem Blei überzogen, so daß die Platten auch an der Farbe erkannt werden können. Bei der *Entladung* ist die Polarität im Innern umgekehrt, weil außen von der positiven Elektrode zur negativen fließende Strom im Innern von der negativen zur positiven verlaufen muß. Daher erfolgt die Abscheidung von SO_4 und $2H$ genau umgekehrt wie

---

* Die Schreibweise $2H$ statt H_2 soll andeuten, daß es sich hier um Ionen und nicht um ein Molekül handelt.

früher, wodurch an der positiven Platte unter Reduktion, an der negativen unter Oxydation wieder Bleisulfat entsteht:

$PbO_2 + 2H + H_2SO_4 = 2H_2O + PbSO_4$ (positive Platte)
$Pb + SO_4 = PbSO_4$ (negative Platte).

Zur Ladung wird der Akkumulator mit den gleichnamigen Polen einer anderen Batterie verbunden oder auch unter Verwendung eines Vorschaltwiderstandes an ein Gleichstromnetz angeschlossen. Mit Wechselstrom kann natürlich nur unter Benutzung eines Gleichrichters (elektrolytischer, mechanischer, Trocken- oder Glühkathodengleichrichter usw.) geladen werden.

Ein elektrischer Stromkreis ist durch *drei* Angaben charakterisiert: durch die *Spannung*, die *Stromstärke* und den *Widerstand*. Die Einheit der **Spannung,** der elektromotorischen Kraft, ist das *Volt* (V); es genügt, sich zu merken, daß 1 Volt ungefähr die Spannung eines DANIELLschen Elementes ist (genau 1,09 V). Die Spannungen der anderen besprochenen Elemente sind: LECLANCHÉ-Element und Beutelelement 1,5 V (nach längerem Betrieb 1,3—1,2), Chromsäure-Tauchelement 1,7 V (nach einigen Minuten 1,5—1,3 V), Bleiakkumulator 2 V (langsam bis 1,8 V absinkend, worauf er wieder neu geladen werden muß). Die **Stromstärke** ist gegeben durch die in der Zeiteinheit durch den Querschnitt des Leiters fließende Elektrizitätsmenge. Die Einheit ist das *Ampere* (A). Da Salzlösungen durch den Strom zersetzt werden, wobei das Metall an der Kathode proportional der durchfließenden Elektrizitätsmenge zur Abscheidung kommt, so kann man aus der Gewichtszunahme der negativen Elektrode in gemessener Zeit einen Schluß auf die Stromstärke ziehen. Ein Strom von 1 A fließt dann, wenn er aus einer Silbernitratlösung auf einer Silberplatte in der Sekunde 1,118 mg oder in der Stunde rund 4 g Silber abscheidet. Eine derartige zur elektrochemischen Stromstärkebestimmung geeignete Einrichtung (Voltameter) kann zur Eichung von Meßinstrumenten benützt werden. Die Einheit des Widerstandes ist das Ohm (Ω), der **Widerstand** einer Quecksilbersäule von rund 100 cm Länge (genau 106,3 cm) und 1 qmm Querschnitt bei 0°. Der Widerstand eines Körpers ist direkt proportional seiner Länge, umgekehrt proportional dem Querschnitt und direkt proportional einer für jedes Material charakteristischen Konstanten, dem spezifischen Widerstand. Mit Ausnahme der Kohle steigt der Widerstand der festen Körper mit der Temperatur, bei den Elektrolyten sinkt er. Unter **Leitfähigkeit** versteht man den reziproken Wert des Widerstandes. Je nach der Leitfähigkeit teilt man die Metalle in *gute* Leiter (Silber, Kupfer) und *schlechte* Leiter (Eisen, Quecksilber sowie insbesondere Legierungen von Kupfer und Nickel) ein. Gute Leiter dienen als Material für Leitungen, schlechte zur Herstellung von Widerständen. In einem Stromkreis unterscheidet man einen äußeren Widerstand (Widerstand im Stromverbraucherkreis) und einen inneren Widerstand (Widerstand der Stromquelle); letzterer ist nur bei den galvanischen Elementen von wesentlicher Größe, beim Akkumulator und bei elektrischen Maschinen kann er im allgemeinen vernachlässigt werden.

Das **OHMsche Gesetz** kennzeichnet die Beziehungen zwischen der Spannung, der Stromstärke und dem Widerstand. In einem bestimmten Stromkreis ist durch die Angabe von zwei Größen die dritte bestimmt: die Stromstärke ist direkt proportional der elektromotorischen Kraft, jedoch umgekehrt proportional dem Widerstand. Als Formel geschrieben lautet das Gesetz:

$$I = \frac{E}{W},$$

wobei I die Intensität (Stromstärke), E die elektromotorische Kraft und W den Widerstand bedeutet. Die einzelnen Größen sind in Ampere, Volt und Ohm einzusetzen, so daß die Formel auch geschrieben werden kann:

$$A = \frac{V}{\Omega}$$

(die Amperezahl in einem Stromkreis ist der Voltzahl direkt, der Ohmzahl umgekehrt proportional). Wird z. B. an einen Bleiakkumulator ein Draht mit dem Widerstand von 3,4 Ω angeschlossen, so ist die Stromstärke 2 : 3,4 = 0,59 A. Der innere Widerstand des Akkumulators kann vernachlässigt werden. Wurde dagegen bei Benutzung eines LECLANCHÉ-Elementes als Stromquelle eine Stromstärke von 1,1 A gemessen, so ist $1,1 = \frac{1,5}{W}$, der Widerstand W demnach $1,5 : 1,1 = 1,36$. Dieser Wert entspricht der *Summe* aus innerem und äußerem Widerstand; ist der innere Widerstand des Elementes z. B. gerade 1 Ω, so war der äußere Widerstand 0,36 Ω. War dagegen die Stromstärke 1,1 A, der Gesamtwiderstand 1,36 Ω, so läßt sich die Spannung rechnen: $1,1 = \frac{E}{1,36}$; $E = 1,36 \cdot 1,1 = 1,5$ V.

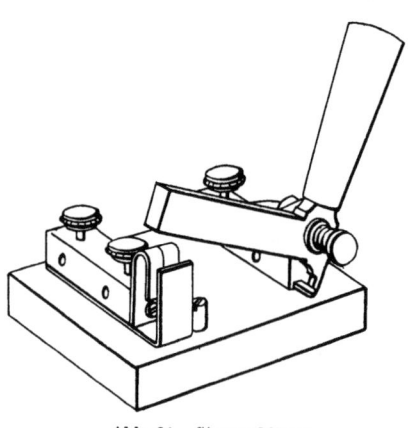

Abb. 31. Stromschlüssel.

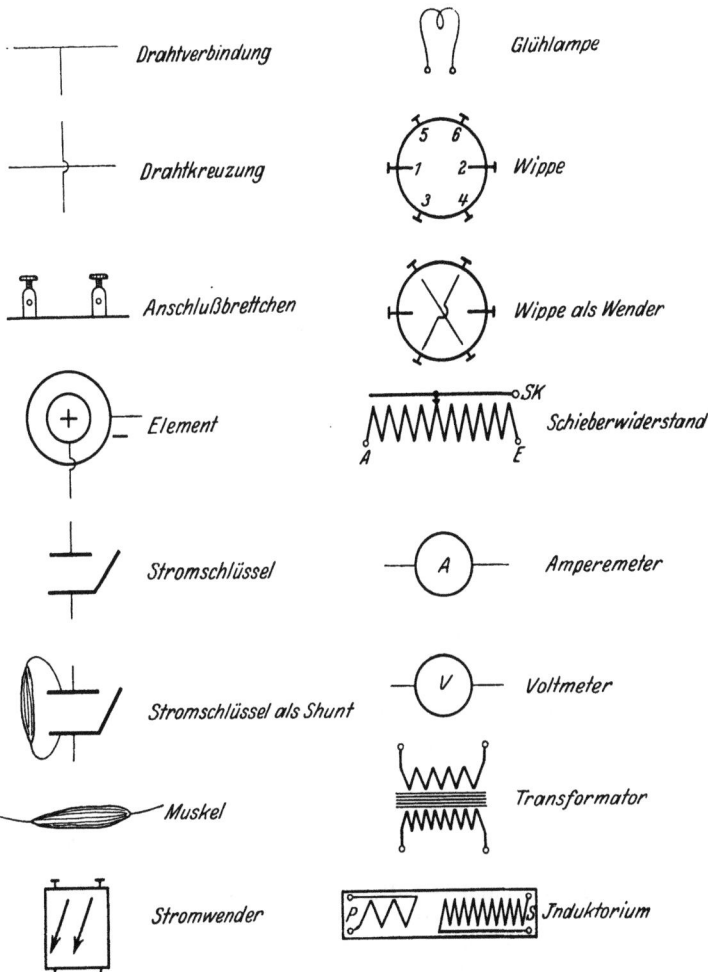

Abb. 32. Zeichen für die verschiedenen Schaltelemente.

Bei den im folgenden zu besprechenden Schaltungen wird immer ein **Stromschlüssel** mit verwendet, der zur Ausschaltung dient, wenn kein Strom gebraucht wird; auf ihn darf *niemals* verzichtet werden. Abb. 31 zeigt einen solchen Stromschlüssel, der aus zwei Metallstücken besteht, die durch einen umlegbaren Hebel mit einem Handgriff miteinander metallisch verbunden werden können. Der dem einen Metallstück (durch einen Draht) zugeleitete Strom kann durch den Hebel zum anderen gelangen, wird aber unterbrochen, wenn durch Umlegen des Hebels die metallische Verbindung gelöst wird. Seine Anwendung ergibt sich aus den folgenden Zeichnungen.

Alle Schaltaufgaben sollen, bevor sie zur Ausführung kommen, *gezeichnet* werden; die einzelnen Apparate werden dabei in vereinfachter Form durch Zeichen dargestellt, die übersichtlich in Abb. 32 zusammengestellt sind. Bei sich kreuzenden, aber gegeneinander *isoliert* bleibenden Drähten muß in der Zeichnung der eine den anderen mit einem Bogen überbrücken (vgl. Abb. 32).

Als **Stromquellen bei den Schaltungen** werden galvanische Elemente und Akkumulatoren in Hintereinanderschaltung oder Parallelschaltung benutzt sowie Anschlüsse an die Wechselstrom- und Gleichstromleitungen niederer und höherer Spannung mit Hilfe eigener Schaltbrettchen, die zur Begrenzung der Stromstärke mit einem Lämpchen versehen sind, um Kurzschlüsse zu vermeiden. Von einem **Kurzschluß** spricht man, wenn der *äußere* Widerstand *sehr klein* ist, so daß die Stromstärke für die Leitung oder die Stromquelle bereits eine schädliche Größe erreicht. Würde z. B. ein Akkumulator von 2 V über einen Draht von bloß 0,1 Ω Widerstand geschlossen, so würde die Stromstärke $\frac{2}{0,1} = 20$ A sein. Dieser Strom von 20 A würde jedoch den Akkumulator sofort zerstören.

Durch solche starke Kurzschlußströme können aber auch die Leitungen erhitzt und zerstört werden, was zu einem Brand Veranlassung geben kann. Man schaltet daher in alle elektrischen Netze kurze Stückchen von Bleidraht ein, die sofort durchschmelzen und den Stromkreis unterbrechen, wenn die Stromstärke für die Leitungen gefährliche Werte erreicht („*Sicherungen*").

55. Schaltung von Elementen.

Erforderlich: Verschiedene Elemente, auf einem Brettchen montierte Niedervoltlämpchen, Glühdraht, Stromschlüssel, Schaltdraht.

Bei der **Hintereinanderschaltung von Elementen** verbindet man, wie Abb. 33 zeigt, den negativen Pol des ersten mit dem positiven des zweiten, den negativen des zweiten mit dem positiven des dritten usf., somit also die *ungleichen* Pole miteinander. Der positive Pol des ersten und der negative des letzten stellen die *Klemmen* des Systems, der Batterie, vor. Bei dieser Schaltung *addieren* sich die Spannungen der einzelnen Elemente, es steigt allerdings auch der innere Widerstand der Stromquelle (bei n-Elementen auf das $n$fache), weil jetzt der Weg länger geworden ist. Man benutzt diese Schaltung, wenn eine *höhere Spannung erforderlich* ist oder der *Widerstand im Verbraucherkreis groß ist*. Soll z. B. ein für 4,5 V bestimmtes Lämpchen zum Leuchten gebracht werden, so benutzt man drei LECLANCHÉ-Elemente in Hintereinanderschaltung und schließt — wie

Abb. 33 zeigt — den Stromkreis außen über einen Stromschlüssel S und das Lämpchen L. Bei geschlossenem Schlüssel geht der Strom vom + Pol der Batterie durch den Schlüssel und das Lämpchen zum negativen Pol und von dort durch das Innere der Batterie zurück.

Bei der **Parallelschaltung** werden alle gleichnamigen Pole (sowohl alle positiven wie negativen) untereinander verbunden, wie sich aus Abb. 34 ergibt. Einer der positiven Pole und einer der negativen — welcher ist wegen der Verbindung untereinander gleichgültig — stellen die Klemmen der Batterie vor. Im Gegensatz zur Hintereinanderschaltung dürfen hier nur *gleichartige* Elemente benutzt werden; die Spannung ist *gleich der eines einzelnen* Elementes, doch sinkt infolge der Vergrößerung des Querschnittes der *innere* Wider-

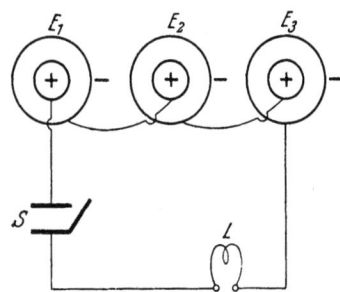 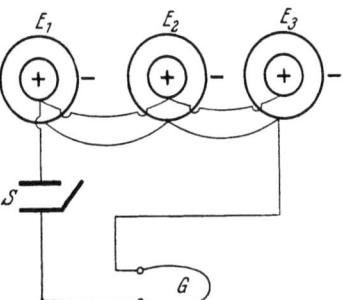

Abb. 33. Hintereinanderschaltung von drei Elementen zur Speisung einer Niedervoltglühbirne.
E_1, E_2, E_3 Elemente, L Glühlämpchen, S Stromschlüssel.

Abb. 34. Parallelschaltung von drei Chromsäureelementen zur Speisung eines Glühdrahtes.
E_1, E_2, E_3 Elemente, G Glühdraht, S Stromschlüssel.

stand der Batterie auf $1/n$, wenn n die Zahl der parallel geschalteten Elemente bedeutet. Dies ist von Vorteil, wenn der äußere Widerstand sehr klein ist, so, wenn z. B. wie in Abb. 34 mit Chromsäureelementen ein Glühdraht betrieben werden soll.

Schaltaufgaben.

1. Führe die in Abb. 33 und 34 dargestellten Schaltungen aus.
2. Durch Hintereinanderschalten von Elementen sind 3,2 V zu erzeugen.
3. Rechne nach dem OHMschen Gesetz die Stromstärke für folgende Schaltungen unter Benützung von LECLANCHÉ-Elementen und unter Berücksichtigung eines inneren Widerstandes von 2 Ω pro Element aus:

 a) 3 Elemente in Serie, äußerer Widerstand 12 Ω,
 b) 3 Elemente parallel, äußerer Widerstand 12 Ω,

c) 3 Elemente in Serie, äußerer Widerstand 0,5 Ω.
d) 3 Elemente parallel, äußerer Widerstand 0,5 Ω.
Welches ist die günstigere Schaltung (mit größerer Stromstärke) bei einem großen, bzw. einem kleinen äußeren Widerstand?

56. Gebrauch des Stromwenders.

Erforderlich: Elemente, Stromschlüssel, Stromwender, Schaltdraht.

Da die physiologischen Wirkungen der Anode und Kathode verschieden sind, ist bei Versuchen mit Gleichstrom oft ein Vertauschen der z. B. an einen Muskel oder Nerven angelegten Pole notwendig. Die Polarität an den Klemmen der Stromquelle kann natürlich nicht geändert werden; zur Vertauschung der Pole am Muskel bzw. zur Umkehr der Stromrichtung dienen *Kommutatoren* oder *Stromwender*. Ein solcher ist in Abb. 35 dargestellt. Auf einem Brettchen sind die Klemmschrauben Sr_1—Sr_4 befestigt. Sr_1 und Sr_2 werden unter Zwischenschaltung eines Stromschlüssels S mit den Klemmen der Batterie B verbunden; unter dem Brettchen führen von ihnen Drähte zu den zwei beweglichen Hebeln, die stets parallel zueinander entweder in die Stellung I (vollgezeichnet) oder II (gestrichelt) gebracht werden können. Die Hebel schleifen zum Teil auf den seitlichen Metallbacken MB, die mit der Klemmschraube Sr_3 in Verbindung sind, zum Teil auf dem Mittelkontakt M, der mit Sr_4 verbunden ist. Wie sich beim Verfolgen des Stromverlaufes ergibt, ist bei der Stellung I Sr_3 +, Sr_4 —; bei der Stellung II ist dies umgekehrt. Der an die Klemmen Sr_3 und Sr_4 angeschaltete Muskel Mu wird daher einmal von links nach rechts, das andere Mal von rechts nach links vom Strom durchflossen.

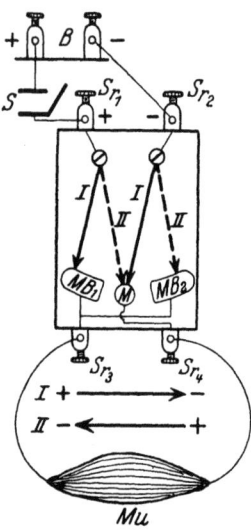

Abb. 35. Schematische Darstellung der Wirkung des Stromwenders.

B Batterieklemmen, MB_1, MB_2 seitliche Metallbacken, M Mittelkontakt, Mu Muskel, S Stromschlüssel, Sr_1, Sr_2, Sr_3, Sr_4 Klemmschrauben des Stromwenders, I und II die beiden Stellungen des Doppelhebels.

Aufgabe. Schalte 3 Elemente in Serie, einen Stromschlüssel, einen Stromwender und einen „Muskel" ein. Für die Zwecke von Schaltungsübungen wird der Muskel durch ein Stück Schaltdraht markiert, der zur Unterscheidung gegen gewöhnliche Leitungsdrähte mit einer Schlinge versehen wird. Zeichne die Schaltung (das Symbol für den Stromwender entnimm der Abb. 32)!

57. Methoden zur Polbestimmung.

Erforderlich: Anschlußbrettchen für Gleich- und Wechselstrom, Stromschlüssel, Stromwender, Schaltdraht, Schälchen mit Wasser, Kochsalzlösung, Glasplatte, blaues Lackmuspapier, Jodkalium-Stärkepapier.

Bei Benutzung von galvanischen Elementen sind der Plus- und Minuspol einer Batterie ohne weiteres ersichtlich, nicht aber bei Benutzung eines unbezeichneten Netzes. Bei der Hintereinanderschaltung mehrerer Apparate oder bei Verwendung von verdrillten Leitungen (Litzen) ist gleichfalls sehr oft die Bestimmung der Pole notwendig. Bei der **Polbestimmung mit Wasser** werden die zu prüfenden Drähte mit blanken Enden in ein Schälchen mit Wasser getaucht. Bei Leitungen mit *niederen* Spannungen (wenige Volt) ist es zweckmäßig, die Leitfähigkeit des Wassers durch Zusatz eines Elektrolyten, z. B. einiger Tropfen einer Kochsalzlösung, zu erhöhen, bei Spannungen von 110 oder 220 V genügt gewöhnliches, reines Leitungswasser. Zur Verhinderung eines Kurzschlusses im Falle der Berührung der Drähte soll in der Leitung stets eine Lampe eingeschaltet sein. Der durch das Wasser fließende Strom führt zu elektrolytischer Zersetzung mit Wasserstoffabscheidung an der Kathode, Sauerstoffabscheidung an der Anode. Da das Verhältnis der beiden Gase 2 : 1 (H_2 : O) ist, so tritt an der Kathode die stärkere Gasentwicklung auf, die auch dadurch besonders auffällig ist, daß der Sauerstoff infolge der Oxydation des Kupferdrahtes sich meist nur sehr spärlich abscheidet. Die Probe erlaubt auch die Unterscheidung von Gleich- und Wechselstrom: bei Gleichstrom ist die Gasentwicklung ungleich, bei Wechselstrom — da jeder Draht abwechselnd kurzzeitig Anode und Kathode ist — gleichmäßig. Bei der **Polbestimmung mit blauem Lackmuspapier** wird ein mit Wasser befeuchteter Streifen des Reagenspapieres auf eine Glasplatte gelegt und die beiden Drahtenden in einigen Millimetern Abstand für kurze Zeit aufgesetzt. Die elektrolytische Zersetzung der stets im Lackmuspapier enthaltenen Salze führt zur Ansammlung der Säurereste am positiven Pol, der Alkaliionen am negativen Pol. Das Lackmuspapier färbt sich daher unter dem anodischen Draht rot. Die **Probe mit Jodkaliumstärkepapier** beruht auf der Blaufärbung von Stärke durch Jod. Das Reagenspapier wird mit Wasser befeuchtet auf eine Glasplatte gelegt und darauf, wie früher, die beiden Drahtenden gesetzt. Das an der Anode sich abscheidende Jod verursacht einen schwarzblauen Punkt auf dem weißen Papier.

Die Elektrotechniker benützen zur Polbestimmung ein besonderes **„Polreagenspapier"**, das Kochsalz und Phenolphthalein enthält. Da Phenolphthalein sich mit Alkalien rosa färbt, entsteht unter dem *negativen* Pol beim Aufsetzen der Drähte auf ein befeuchtetes Polreagenspapier ein roter Punkt.

Aufgaben.

1. Schalte an die Schwachstromleitung einen Stromschlüssel und einen Stromwender an und bestimme mit den beiden an die Klemmen Sr_3 und Sr_4 (Abb. 35) angeschalteten Drähten die Pole für beide Stellungen des Stromwenders. Kontrolliere, ob beim benützten Stromwender die Schaltung nach Abb. 35 vorliegt (sie könnte auch so sein, daß die beiden seitlichen Metallbacken mit Sr_4, das Mittelstück dagegen mit Sr_3 in Verbindung steht!).

2. Untersuche den Ausfall der Reaktionen zur Polbestimmung bei Anschluß der Drähte an das Wechselstromnetz.

58. Schaltungen mit der Wippe.

Erforderlich: Elemente, Anschlußbrettchen, Stromschlüssel, Wippen, Schaltdraht.

Wie Abb. 36 rechts zeigt, besteht die Wippe aus einer runden Holz- oder Hartgummischeibe mit kreisförmig angeordneten, lochartigen Vertiefungen (Näpfe), die mit *1—6* bezeichnet sind. An der Seite sind sechs Klemmschrauben so befestigt, daß ihre Stifte in das Innere der Näpfe führen. In den Löchern *1* und *2* liegen die Gelenke eines Doppelhebels, der jedoch in der Richtung *1—2* durch Einschaltung eines Isolationsstückes, das auch den Handgriff trägt, keinen Strom durchläßt. Die halbrunden Bügel des Doppelhebels tauchen nun je nach seiner Lage in die Näpfe *3* und *4* oder *5* und *6*. Der Kontakt mit den Klemmschrauben wird durch in die Näpfe gefülltes Quecksilber hergestellt. Wegen des Isolierstückes kann daher bei der in Abb. 36 rechts gezeichneten Stellung der Strom nur von der zum Napf *1* gehörigen Klemme nach *3*, von der zum Napf *2* gehörigen Klemme nur nach *4* fließen; beim Umlegen des Hebels könnte er nur von *1* nach *5* und von *2* nach *6* gehen. Die Klemmen *1* und *2* heißen auch *Achsenklemmen* der Wippe, die anderen *Seitenklemmen*; *der Strom kann demnach nur von der Achsenklemme zu einer benachbarten Seitenklemme fließen*. In einer besonderen Schaltung als Stromwender werden die Näpfe *3* und *6* bzw. *4* und *5* — so wie Abb. 36 links zeigt — durch zwei Drahtbügel verbunden, von denen der eine zur Vermeidung der Berührung den anderen mit einem Bogen überbrückt (*Wippenkreuz*).

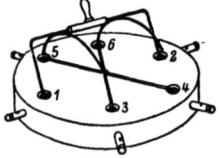
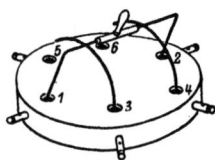

Abb. 36. Wippe mit Kreuz (links) und ohne Kreuz (rechts).
1, 2 Näpfe der Wippenachse, *3—6* Näpfe der beiden Seiten.

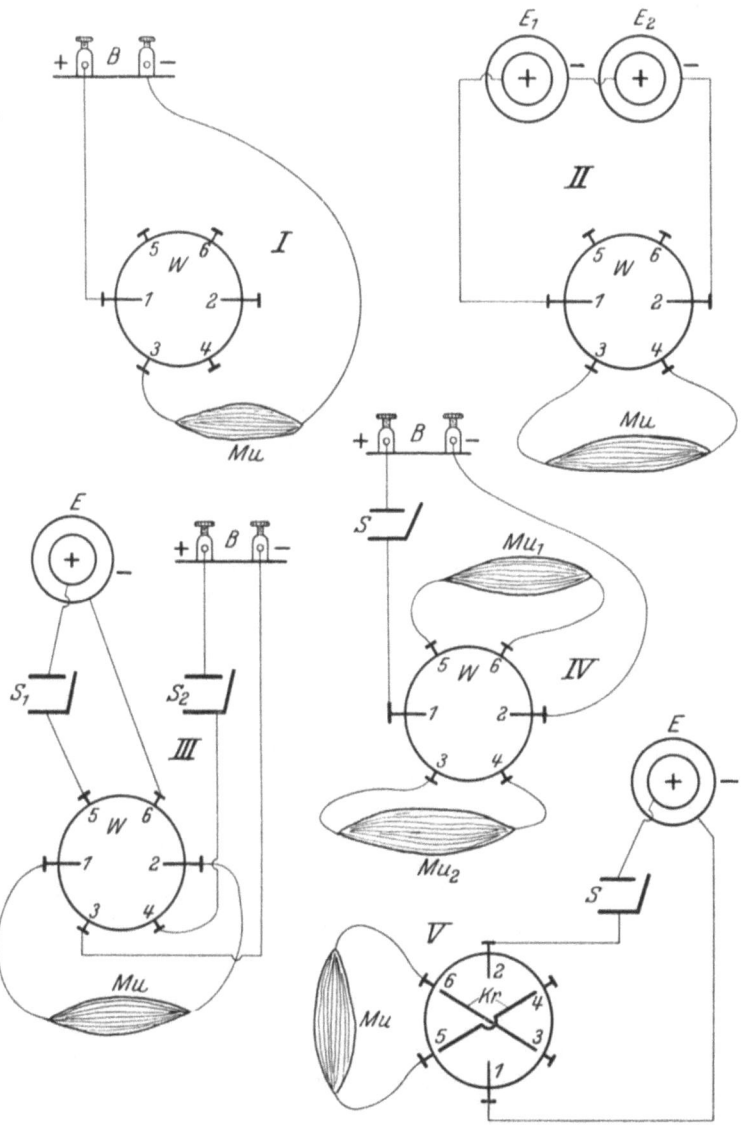

Abb. 37. Schaltungen mit der Wippe.
I Wippe als einpoliger Unterbrecher, *II* Wippe als zweipoliger Unterbrecher, *III* Wippe als Stromwähler, *IV* Wippe als Stromverteiler, *V* Wippe als Wender.
B Batterieanschluß, *E* Element, *Mu* Muskel, *S* Stromschlüssel.

Die Wippe ermöglicht eine Reihe von Schaltungen, die übersichtlich in Abb. 37 zusammengestellt sind. I. **Wippe als Stromschlüssel** (einpoliger Unterbrecher). Der positive Pol der Batterie B wird mit einer Achsenklemme (*1*) verbunden, eine benachbarte Seitenklemme (*3*) führt zum Muskel, von diesem die Rückleitung direkt zum negativen Pol. Liegt der Wippenhebel so, daß die angeschaltete Achsenklemme und die an den Muskel geschaltete Seitenklemme miteinander verbunden werden, so kann der Strom fließen, beim Umlegen des Hebels wird er unterbrochen. Da in letzterem Falle aber die Leitung vom Muskel zum negativen Pol *intakt* ist, nennt man diese Schaltung — ebenso wie bei Verwendung eines gewöhnlichen Stromschlüssels — *einpolige* Unterbrechung. II. **Wippe als zweipoliger Unterbrecher.** Die Batterie — z. B. aus zwei hintereinandergeschalteten Elementen — wird mit beiden Achsenklemmen, der Muskel mit den beiden Klemmen der gleichen Seite verbunden. Liegt der Wippenhebel auf dieser Seite, so geht der Strom vom positven Pol über *1* und *3* zum Muskel, von diesem über *4* und *2* zurück; nach Umlegen ist der Muskel von beiden Batteriepolen abgeschaltet, da weder Napf *3* noch Napf *4* mit der Stromquelle in Verbindung steht. III. **Wippe als Stromwähler.** Mit jeder Seite der Wippe wird eine Stromquelle verbunden, z. B. ein Element und eine beliebig zusammengesetzte Batterie; jeder Stromkreis ist durch einen Schlüssel (S_1 und S_2) zu unterbrechen. An die Achsenklemmen wird der Muskel geschaltet. Liegt der Hebel nach *5* und *6*, so geht der Elementstrom zum Muskel, liegt er nach *3* und *4*, der Strom der Batterie. Diese Schaltung erlaubt also, den gleichen Muskel mit verschiedenartigen Strömen abwechselnd zu reizen. IV. **Wippe als Stromverteiler,** die gegen III gerade umgekehrte Schaltung. Die Stromquelle wird mit den Achsenklemmen verbunden, während an jede Seite je ein Muskel geschaltet wird. Ist der Wippenhebel bei der Anordnung nach Abb. 37 nach oben umgelegt, so fließt der Strom vom positiven Pol über *1* und *5* zum Muskel Mu_1 und über *6* und *2* zurück, bei der zweiten Lage des Hebels über *1* und *3* zum Muskel Mu_2 und über *4* und *2* zurück. Der gleiche Strom kann so abwechselnd zwei verschiedenen Muskeln (z. B. einem langsam zuckenden Krötenmuskel und einem rasch reagierenden Froschmuskel) zugeleitet werden. V. **Wippe als Stromwender.** Bei dieser Schaltung ist in die Wippe das Kreuz einzulegen; bei allen anderen Schaltungen darf man nicht vergessen, es *herauszunehmen*. Die Batterie kommt — unter Zwischenschaltung des Stromschlüssels — an die Achse, das Präparat an eine Seite. Wird im Sinn der Zeichnung der Wippenhebel nach links gelegt, so ist Napf *6* über Napf *2* positiv, Napf *5* über Napf *1* negativ; das Kreuz ist in diesem Fall wirkungslos. Bei nach rechts umgelegtem Wippenhebel würde *ohne* Kreuz kein Strom zum Muskel kommen und die Wippe nur als zweipoliger

Unterbrecher wirken. Durch das Kreuz wird aber der Stromfluß ermöglicht; die Achsenklemme *1* ist zunächst mit *3* verbunden, von dort aus wird Napf *6* über das Kreuz negativ, in analoger Weise Napf *5* über *2* und *4* positiv. Durch einfaches Umlegen wird hier (so wie beim Stromwender durch Verlagern des Doppelhebels) die Stromrichtung im Präparat umgekehrt.

Aufgaben.

1. Schalte die in Abb. 37 gezeichneten Aufgaben unter Markierung des Muskels durch eine Drahtschlinge.

2. Vereinfache die Schaltung nach Abb. 37 III derart, daß nur *ein* Stromschlüssel verwendet wird, trotzdem aber beide Stromkreise (von *E* und *B*) unterbrochen werden können; zeichne die sich ergebende Schaltung.

3. Ein Strom ist mit einer Wippe einpolig zu unterbrechen, mit dem Kommutator zu wenden und auf zwei Präparate zu verteilen.

59. Widerstände in Hauptschlußschaltung.

Erforderlich: Elemente oder Anschlußbrettchen, Stromschlüssel, Wippen, Schieberwiderstände, Schaltdraht, Niedervoltglühbirnen.

Der Arzt steht häufig vor der Aufgabe, zum Betrieb eines kleinen Endoskopielämpchens oder eines Glühdrahtes bei gegebener Spannung eine bestimmte Stromstärke durch Schaltung eines bestimmten Widerstandes herzustellen. Wenn z. B. ein Glühlämpchen von 14 Ω Widerstand und einer maximal zulässigen Stromstärke von 0,25 A an ein Netz von 10 V angeschlossen werden soll, so ergibt sich aus dem OHMschen Gesetz, daß dies nicht ohne weiteres durchführbar ist; $0{,}25 = \frac{10}{x}$, $x = 40\,\Omega$. *Nur* bei Einschaltung von 40 Ω würde die zulässige Stromstärke nicht überschritten werden, bei z. B. bloß 14 Ω würde das Lämpchen zerstört. Es ist daher zum Lämpchen noch ein *Zusatzwiderstand (Vorschaltwiderstand)* von 26 Ω einzuschalten. Solche Widerstände bestehen meist aus einem viele Meter langen Widerstandsdraht (meist Kupfer-Nickel), der auf einem Rohr schraubenförmig aufgewickelt ist. Anfang und Ende sind mit je einer Klemmschraube verbunden; über den Drahtwindungen befindet sich meist eine Stange mit einem Schleifkontakt *(Schieber)*, der mit einer dritten Klemmschraube verbunden ist. Während bei Durchleiten des Stromes durch den ganzen Widerstand (Benutzung der Anfangs- und Endklemme) der Widerstandswert *unveränderlich* ist, besteht bei Benutzung der Anfangsklemme und der Schieberklemme die Möglichkeit, beliebige Stücke des Widerstandes, somit verschiedene Widerstandswerte, einzuschalten. Abb. 38 zeigt die Lösung der gestellten Aufgabe; vom positiven Pol wird der Strom über den Schlüssel *S* zur Anfangsklemme *A* des Widerstandes *R* und über den Schieber *Sch* zur Schieberklemme *SK* und von dort durch das Lämpchen L zum negativen Pol zurückgeführt. Da der ganze Strom durch den eingeschalteten Teil des Widerstandes fließt, spricht man von *Hauptschlußschaltung* im Gegensatz zum später zu besprechenden Nebenschluß. Der Schieber *Sch* ist so einzustellen, daß der zwischen der Klemme A und dem Kontaktpunkt des Schiebers eingeschaltete Teil des Widerstandes gerade $26\,\Omega$ beträgt, was leicht abgeschätzt werden kann, wenn der Gesamtwiderstand bekannt ist. Stünde der Schieber direkt über E, so ist der Widerstand Null, stünde er über A, so wäre der ganze Widerstand eingeschaltet. Außer der Ohmzahl ist auf jedem Widerstand noch die maximale Belastbarkeit in Ampere angegeben. Jeder Widerstand erwärmt sich beim Stromdurchgang; diese Wärme muß durch die Oberfläche der Drahtwindungen zum Teil wieder abgestrahlt werden, so daß der Widerstand keine zu hohe Temperatur annimmt. Je dünner der Widerstandsdraht, um so mehr würde er bei gleicher Stromstärke erhitzt und um so schwerer kühlt er sich ab. Es muß die zulässige maximale Stromstärke, die „Belastbarkeit", um so geringer sein, je dünner der Widerstandsdraht ist. Überlastung eines Widerstandes kann in kurzer Zeit zum Durchbrennen führen. In unserem Beispiel dürfte daher ein Widerstand mit einer maximalen Belastbarkeit von z. B. 0,1 A nicht verwendet werden, wohl aber ein solcher mit einer Belastbarkeit von 0,25 A und darüber. Das gleiche wie für Widerstände gilt auch für alle Wicklungen von Apparaten, die für eine bestimmte Stromstärke gebaut sind.

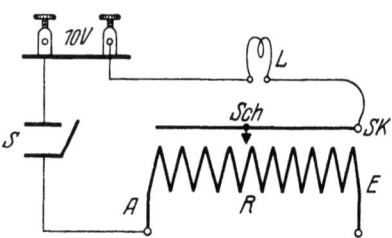

Abb. 38. Einschaltung eines Niedervoltlämpchens unter Benutzung eines Vorschaltwiderstandes.

L Lämpchen, R Widerstand mit der Anfangsklemme A, Endklemme E, Schieberklemme SK und dem Schieber *Sch*.

Für elektrische Stromkreise gilt das **Gesetz von der stationären Strömung**, d. h. die Stromstärke ist in *allen* Querschnitten des Stromkreises gleich. Es ist demnach vollkommen gleichgültig, *wo* sich sich der Widerstand im Stromkreis befindet, vor oder hinter dem Glühlämpchen (vom Pluspol aus gerechnet); stets ist nur der im Stromkreis überhaupt eingeschaltete Widerstand für die Stromstärke maßgebend.

Aufgaben.

1. Schalte die Aufgabe nach Abb. 38.
2. Es ist ein Induktorium mit einer 10-V-Leitung zu betreiben, wobei die Stromstärke 0,5 betragen soll. Der Widerstand des Induktoriums ist $1,5\,\Omega$, in die Leitung ist außerdem noch eine Schutz-

lampe gegen Kurzschluß von 10 Ω eingeschaltet. Der Strom soll unterbrochen und mit einem Kommutator gewendet werden können. Rechne den notwendigen Zusatzwiderstand, zeichne die Schaltung und führe sie aus[1].

60. Verwendung von Meßinstrumenten.

Erforderlich: Stromanschlüsse, Stromschlüssel, Wender, Wippen, Widerstände, Amperemeter, Voltmeter, Schaltdraht.

Je nach dem Bau unterscheidet man Bussolen oder Nadelgalvanometer, Drehspuleninstrumente, Dynamometer, Weicheiseninstrumente, Hitzdrahtinstrumente usf. (vgl. hierzu das Lehrbuch der Physik). Am gebräuchlichsten sind **Drehspulen- und Weicheiseninstrumente.** Bei den ersteren ist in einem kräftigen Feld eines Dauermagneten eine leichte, drehbare Spule möglichst reibungslos befestigt, durch die der zu messende Strom geleitet wird; die Spule wird im Sinn der Ampereschen Regel abgelenkt, wobei die Bewegung auf einen Zeiger übertragen wird. Nach Unterbrechen des Stromes kehrt der Zeiger wieder in die Ruhelage zurück, weil beim Ausschlag eine Spiralfeder gespannt oder bei hochempfindlichen Instrumenten ein feiner Aufhängefaden torquiert wurde. Bei den Weicheiseninstrumenten fließt der Strom durch eine Spule und zieht durch das dort entstehende Magnetfeld ein Stück weiches Eisen in das Spuleninnere hinein. Auch diese Bewegung wird auf einen Zeiger übertragen und dabei eine Spiralfeder gespannt, welche nach Aufhören des Stromes den Zeiger bzw. das Eisenstück wieder in die Ruhelage zurückführt. Infolge der Verwendung eines Magneten können mit den Drehspuleninstrumenten nur Gleichströme gemessen werden, mit den Weicheiseninstrumenten auch Wechselströme, weil das weiche Eisen von beiden magnetischen Polen angezogen wird.

Man unterscheidet **Strom- und Spannungsmesser** bzw. Amperemeter und Voltmeter; da für physiologische Zwecke vielfach nur ganz schwache Ströme benutzt werden, kommen auch Milliamperemeter in Verwendung. Amperemeter bzw. Milliamperemeter haben stets einen sehr kleinen Eigenwiderstand; sie werden immer direkt in die Leitung eingeschaltet, wobei es nach dem Gesetz von der stationären Strömung gleichgültig ist, wo. Bei den meisten Drehspuleninstrumenten darf allerdings der Strom nur in einer Richtung durchgehen, weshalb die Klemmen mit + und — bezeichnet sind und bei der Einschaltung auf die richtige Polung geachtet werden muß. Voltmeter haben einen hohen Eigenwiderstand; ihre beiden Klemmen werden stets mit den Punkten verbunden, deren Spannungsdifferenz

---
[1] Das Induktorium wird später besprochen werden; für die vorliegende Schaltung genügt zu wissen, daß der Batteriestrom bei einer Klemme der Primärspule eingeleitet, bei der zweiten wieder herausgeführt wird (vgl. hierzu Abb. 48 auf S. 120 und Abb. 50 auf S. 122).

gemessen werden soll. Bei Voltmetern nach dem Drehspulensystem ist auch auf die richtige Polung zu achten. Abb. 39 zeigt eine Schaltung, bei der ein von drei Elementen (E_1—E_3) in Serienschaltung gelieferter Strom unterbrochen, gewendet und in seiner Stromstärke (Amperemeter A) gemessen werden kann, wobei die Stromstärke durch einen Widerstand R einstellbar ist. Gleichzeitig wird auch mit dem Voltmeter V die Klemmenspannung der Batterie festgestellt.

Bei jedem Meßinstrument hat man die **Empfindlichkeit** und das **Meßbereich** zu unterscheiden. Die Empfindlichkeit wird durch den Wert *eines* Teilstriches angegeben, das Meßbereich durch den *größten* Ausschlag bis zum Ende der Skala. Vor der Einschaltung eines Meßinstrumentes ist zu überlegen, ob seine Empfindlichkeit groß genug ist, den zu messenden Strom bzw. die Spannung anzuzeigen und andererseits, ob sein Meßbereich so groß ist, daß der Ausschlag nicht über die obere Grenze der Skala hinausgeht. Überlastung der Instrumente schädigt oder zerstört sie. Bei Amperemetern bzw. Milliamperemetern kann die Empfindlichkeit durch Nebenschlußwiderstände verkleinert, das Meßbereich vergrößert werden (siehe das folgende Kapitel über den Nebenschluß), bei Voltmetern kann dasselbe durch Einschalten eines Vorwiderstandes (siehe Abschnitt über die Spannungsteilung) geschehen.

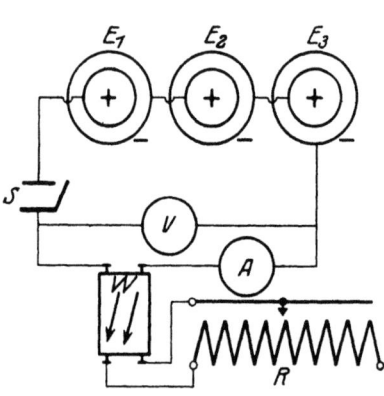

Abb. 39. Schaltung unter Verwendung von Amperemeter und Voltmeter.

A Amperemeter, E_1, E_2, E_3 Elemente in Serienschaltung, R Widerstand, S Stromschlüssel, V Voltmeter, W Stromwender.

Aufgaben.

1. Es sind drei Elemente parallel zu schalten, der Strom ist in ein Induktorium zu leiten und durch Einschaltung eines Widerstandes und eines Amperemeters auf 0,5 A einzustellen. Zeichne die Schaltung!

2. Ein Strom vom 10-V-Schaltbrett ist mit einer Wippe einpolig zu unterbrechen, zu wenden und mit einer Wippe abwechselnd in ein Voltmeter oder in einen Muskel zu leiten. Zeichne zuerst die Schaltung!

3. Ein Lämpchen mit einer maximal zulässigen Stromstärke von 0,25 A ist an die 10-V-Leitung so anzuschalten, daß die Stromstärke mit Hilfe eines Widerstandes und eines Amperemeters ohne vorherige Rechnung eingestellt wird. Es ist zuerst der Schieber so

Schaltungen mit Glühlampen. 107

zu stellen, daß der Widerstand am größten ist und nach Einschaltung des Stromes mit dem Schlüssel wird allmählich der Widerstand so verringert, bis die richtige Schieberstellung gefunden ist.

61. Schaltungen mit Glühlampen.

Erforderlich: Lampenschaltbrett, Niedervoltlämpchen, dünner Nickelindraht mit Einspannvorrichtung, Amperemeter, Widerstände, Schaltdraht.

Eine Glühlampe verbraucht pro Sekunde, je nachdem, ob es sich um eine Kohlenfadenlampe, eine Metallfadenlampe oder eine Halbwattlampe (gasgefüllte Lampe) handelt, für jede Kerze verschieden viel elektrische Energie. Diese „Sekundenstromenergie" oder Stromleistung wird in **Watt** gemessen und ist gleich dem Produkt aus Stromstärke und Spannung, bezogen auf die Zeit; der Stromverbrauch wird dementsprechend in Hektowattstunden (100 W/Stunde) und Kilowattstunden (1000 W/Stunde) angegeben. Eine Kohlenfadenlampe braucht etwa 3,5 Watt je Kerze, eine Metallfadenlampe 1 Watt, eine gasgefüllte Halbwattlampe etwa 0,5 Watt. Um welche Lampensorte es sich handelt, geht aus dem Bau hervor: bei der Kohlenfadenlampe ist der Faden eine einfache Schlinge, der Glasballon birnenförmig; bei der Metallfadenlampe ist der Faden W-förmig ausgespannt, der Glasballon eine Art Kegelstumpf; bei der Halbwattlampe (gasgefüllte Lampe) ist der zu einer feinen Spirale gedrehte Glühfaden in Form eines Kreises ausgespannt, der Glasballon meist kugelförmig. Ist die Art der Lampe, die Spannung, für die sie bestimmt ist, und die Kerzenzahl bekannt, so läßt sich ihr Widerstand leicht annähernd rechnen. Die Spannung und Kerzenzahl ist entweder am Lampensockel aufgedruckt oder am Glasballon eingeätzt; die erste Zahl entspricht der Spannung, die zweite der Kerzenzahl. Die **Berechnung des Lampenwiderstandes** geht von der von der Lampe verbrauchten Wattzahl aus. Es sei z. B. der Widerstand einer Kohlenfadenlampe für 110 V von 16 Kerzen (K) zu berechnen. Da je Kerze 3,5 Watt verbraucht werden, ergeben sich für 16 K $3{,}5 \cdot 16 = 56$ Watt. Da Watt gleich Volt mal Ampere ist, folgt $56 = 110 \cdot A$. Die Stromstärke A ist demnach $\frac{56}{110}$. Aus der Stromstärke A und der Spannung läßt sich aber nach dem Ohmschen Gesetz der Widerstand rechnen: $A = \frac{110}{W}$; nach Einsetzen des Wertes für A ergibt sich: $\frac{56}{110} = \frac{110}{W}$. W ist daraus $\frac{110^2}{56} = 216\,\Omega$ oder ungefähr $220\,\Omega$.

Aufgaben.

1. Rechne den Widerstand von Kohlenfadenlampen für 110 V und 32 K bzw. 50 K.

2. Rechne den Widerstand einer Kohlenfadenlampe für 10 V und 3 K.

Je nach der in einem Stromkreis eingeschalteten Lampe ist der Widerstand verschieden groß. Ist der Widerstand *einer* Lampe *nicht* passend, so kann durch Hintereinanderschalten (Serienschaltung) oder Parallelschalten (Nebeneinanderschaltung) mehrerer Lampen die gewünschte Ohmzahl erzielt werden. Bei der **Hintereinanderschaltung** wird, wie Abb. 40 zeigt, der eine Draht von den Anschlußklemmen zu einer Klemme der ersten Lampenfassung geführt, von der zweiten Klemme der ersten Lampe zur ersten Klemme der zweiten Lampe usf., bis schließlich von der zweiten Klemme der *letzten* Lampe die Rückleitung erfolgt. Bei der Hintereinanderschaltung addieren sich die einzelnen Lampenwiderstände[1]; bei drei Lampen zu 16 K für 110 V würde der Gesamtwiderstand $3 \cdot 220 = 660\, \Omega$ sein, die Strom-

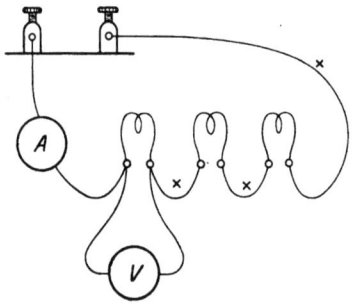

Abb. 40. Hintereinanderschaltung von Lampen.
A Amperemeter, das auch an den mit ⨯ bezeichneten Stellen eingeschaltet werden könnte, *V* Voltmeter.

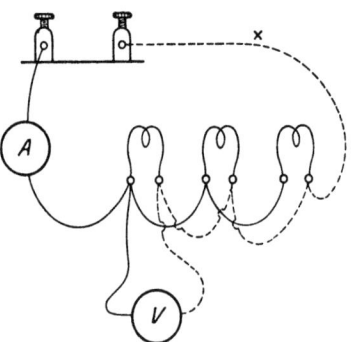

Abb. 41. Parallelschaltung von Lampen.
A Amperemeter, das auch bei ⨯ eingeschaltet werden könnte, *V* Voltmeter.

stärke wäre $\frac{110}{660}$ A. Wie groß wäre der Widerstand und die Stromstärke bei einer Spannung von 110 V und Serienschaltung von drei Lampen mit je 32 K, von drei Lampen mit je 50 K sowie Serienschaltung einer Lampe zu 16 K mit einer zu 32 K und einer zu 50 K?

Bei der **Parallelschaltung** — bei der wegen der leichteren Berechnung stets nur Lampen *gleichen* Widerstandes verwendet werden sollen — werden Drähte von der ersten Anschlußklemme, wie in Abb. 41 gezeigt wird, zu allen ersten Klemmen der Lampen geführt (der Strom „verteilt"), sodann von den zweiten Klemmen wieder Drähte zum Stromanschluß zurückgeführt (der Strom „gesammelt").

---

[1] Die berechneten Lampenwiderstände gelten allerdings nur für normale Leuchtstärke; wird durch Hintereinanderschalten von Lampen der Strom schwächer, so ist die Erwärmung geringer. Da der Widerstand eines Körpers sich mit der Temperatur ändert, so stimmen die gerechneten Werte bei kälterem, nur dunkelgelb oder rot leuchtendem Faden nicht mehr genau. Dieser Fehler wird aber der Einfachheit wegen bei den folgenden Aufgaben vernachlässigt.

Schaltungen mit Glühlampen.

Während bei der Hintereinanderschaltung der Strom die einzelnen Lampen der Reihe nach zu durchlaufen hat, kann er hier *gleichzeitig* durch alle Lampen fließen. Der Widerstand bei der Parallelschaltung ist L/n, wenn L den Widerstand einer Lampe und n die Zahl der parallelen Glieder bedeutet. Bei Parallelschaltung von drei Lampen zu 16 K ist der Gesamtwiderstand $\frac{220}{3} = 73\,\Omega$, das Amperemeter würde $\frac{110}{73}$ A anzeigen. Wie groß wäre der Widerstand bei drei parallelen Kohlenfadenlampen für 110 V mit 32 K; wie groß bei Lampen von 50 K?

Die Abb. 40 und 41 zeigen auch, wie ein Amperemeter eingeschaltet werden kann; bei der Hintereinanderschaltung ist dies überall möglich, bei der Parallelschaltung nur in der Hin- und Rückleitung, weil nur dort der ganze Strom durch einen Draht fließt. Wird, wie gleichfalls die Abbildungen zeigen, ein Voltmeter an eine *einzelne* Lampe geschaltet, so findet man bei der Hintereinanderschaltung, daß die Spannung dort nur einen *Bruchteil* der Klemmenspannung der Stromquelle ausmacht. Bei Hintereinanderschaltung von drei gleichen Lampen findet man an jeder die Spannung von 36,6 V bei einer Klemmenspannung von 110, also genau ein Drittel, weil die Spannung sich im Kreis proportional dem Widerstand aufteilt. Man kann die Hintereinanderschaltung somit zur Erzeugung kleiner Spannungen benutzen (Spannungsteilerschaltung, siehe später). Bei der Parallelschaltung findet man an jeder Lampe die volle Klemmenspannung, weil ja jede Lampe direkt mit den Batterieklemmen in Verbindung steht. Es leuchten auch aus diesem Grund die Lampen einer Parallelschaltung normal, während sie bei der Hintereinanderschaltung stets dunkler glühen.

Unter Umständen kann auch die Kombination einer Serien- und Parallelschaltung erforderlich sein. Soll z. B. ein Strom von 0,33 A erzielt werden, so errechnet sich ein Widerstand von $\frac{110}{0,33} = 330\,\Omega$. Man kann nun z. B. eine Lampe von 16 K (110 V) mit 220 Ω und eine von 32 K mit 110 Ω hintereinander schalten; wenn aber nur Lampen zu 16 K vorhanden sind, so können die 110 Ω auch durch Parallelschaltung von zwei Lampen zu 16 K erzielt werden, da $\frac{220}{2} = 110\,\Omega$ ist. Abb. 42 zeigt diese Schaltung.

Das **Lampenschaltbrett** enthält eine Reihe von Lampen zu 50, 32 und 16 K, die Anschlußdose für das Kabel, eine Sicherung und einen Ausschalter. Hat man einen bestimmten Widerstand zu schalten, so versucht man zunächst durch Rechnung zu erfahren, wieviele Lampen in Hintereinanderschaltung und gegebenenfalls für den Rest in Parallelschaltung anzuwenden sind. Nicht immer wird sich ein bestimmter Widerstandswert ganz glatt schalten lassen; man wählt aus den verschiedenen Möglichkeiten die dem zu schaltenden Wert am nächsten kommende oder man ergänzt die Lampenschaltung durch einen Drahtwiderstand (Schieberrheostat). Die letztere Möglichkeit ist besonders zu benutzen, wenn eine bestimmte Stromstärke mit dem Amperemeter *möglichst genau* eingestellt werden soll, weil die durch Lampen zusammengestellten Widerstände niemals ganz genau stimmen können. Bei den Schaltungen an Lichtnetzen ist *allergrößte Vorsicht* geboten; es dürfen blanke Metallteile oder die abisolierten Enden der Drähte *niemals* angegriffen werden, so lange die Schaltung mit dem Netz in Verbindung steht. Vor Schließen des Stromes ist auch stets die Schaltung nochmals auf richtige Drahtführung zu überprüfen.

Aufgaben.

1. Schalte 400 Ω mit Lampen für eine Spannung von 110 V. Rechne die Stromstärke, kontrolliere die tatsächliche Stromstärke mit dem Amperemeter, zeichne die Schaltung.

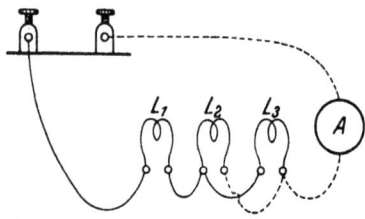

Abb. 42. Kombination einer Serien- und Parallelschaltung von Lampen.
L_1 und L_3 Gruppe aus 2 parallelgeschalteten Lampen, L_1 und die Gruppe (L_2, L_3) sind in Serie, A Amperemeter.

2. Schalte auf verschiedene Weise eine Stromstärke von 0,3 A bei einer Spannung von 110 V ein, wobei auch Drahtwiderstände benutzt werden sollen.

3. Es ist bei 110 V ein Niedervoltlämpchen mit einer Stromstärke von 0,25 A zu betreiben. Berechne den notwendigen Vorschaltwiderstand, wobei der Eigenwiderstand des Lämpchens vernachlässigt werden kann; führe die Schaltung aus, kontrolliere die Stromstärke mit dem Amperemeter und schalte erst dann das Lämpchen in den Kreis ein. Mache das gleiche für ein Lämpchen mit 1 A Stromverbrauch.

4. Prüfe, bei welcher Stromstärke ein dünner Nickelindraht zur Rotglut kommt, bzw. bei welcher Stromstärke er durchbrennt. Schalte zunächst eine Stromstärke von 0,5 A, dann 1,0 A, dann 1,5 A usf., wobei in den Kreis ein Schieberwiderstand aufzunehmen ist, mit dem die Stromstärke kontinuierlich verändert werden kann. Der Draht wird in einen bereitgestellten Halter eingespannt und wie ein Lämpchen mit einem Amperemeter zusammen in den Kreis eingeschaltet.

62. Verwendung von Transformatoren.

Erforderlich: Klingeltransformator, Anschlußkabel, Stromschlüssel, Widerstand, Glühlämpchen, Schaltdraht.

Ein **Transformator** besteht aus zwei voneinander getrennten, auf einem gemeinsamen Eisenkern aufgewickelten Spulen. Wird in

Verwendung von Transformatoren. 111

die eine Spule ein durch Unterbrechung zerhackter Gleichstrom oder, wie gewöhnlich, ein Wechselstrom eingeleitet, so entsteht ein schwankendes magnetisches Feld, das auch in der zweiten Spule Ströme induziert, deren Spannung vom Verhältnis der Windungszahlen beider Spulen abhängt. Haben beide Spulen die gleiche Windungszahl, so ist die induzierte Spannung der Netzspannung gleich, der Transformator bietet in diesem Fall nur den Vorteil, daß der eine Stromkreis keine direkte Verbindung mit dem Netz hat (Freiheit von Erdschluß). Ist die Windungszahl der am Netz liegenden Spule größer, so wird *herunter*transformiert, die Spannung im Verbraucherkreis ist kleiner; ist die Windungszahl auf der Verbraucherseite größer, so wird *hinauf*transformiert, es kann eine höhere Spannung als die Netzspannung erzielt werden. Zum Betrieb von Induktionsapparaten und kleinen Lämpchen eignen sich die sog. Klingeltransformatoren gut, die meist Spannungen zwischen 3 und 8 V liefern. Die Spule auf der Seite des Verbraucherkreises hat meist eine unsymmetrisch gelegene Mittelanzapfung, so daß drei Spannungen (z. B. 3 V, 5 V und 8 V) entnommen werden können.

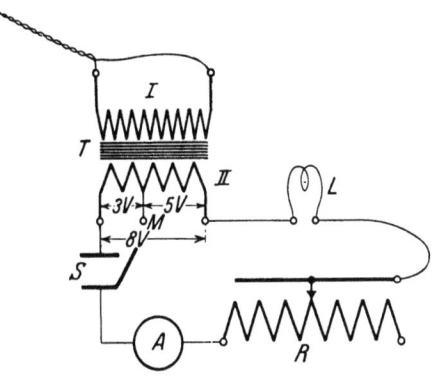

Abb. 43. Betrieb eines kleinen Niedervoltlämpchens L mit einem Klingeltransformator und Regulierung der Stromstärke mit einem Widerstand R. Messung der Stromstärke durch das Amperemeter A.
I am Netz liegende Transformatorspule, II Niederspannungsseite des Transformators für Abnahme von 3 V, 5 V und 8 V.

Der Wattverbrauch ist auf beiden Seiten des Transformators fast gleich; wird z. B. einem solchen Transformator bei 8 V ein Strom von 1 A entnommen, das ist 8 Watt, so besteht die Beziehung $8 \cdot 1 = 110 \cdot x$ und die Stromstärke x ist auf der Netzseite $\frac{8}{110}$ A. Abb. 43 zeigt, wie z. B. an einen solchen Transformator ein kleines Lämpchen mit Hilfe eines Vorschaltwiderstandes und eines Amperemeters angeschaltet werden kann.

Aufgaben.

1. Es ist nach Abb. 43 ein Niedervoltlämpchen mit 0,25 A Stromverbrauch an den Transformator anzuschalten, und zwar unter Benutzung einer Spannung von 5 V, sodann einer Spannung von 8 V.

2. Schalte mit Hilfe eines Amperemeters und eines Widerstandes an den Transformator ein Induktorium so an, daß die Stromstärke in der Primärspule 0,5 A beträgt. Zeichne die Schaltung!

63. Verwendung von Stromschlüssel und Wippe als Shunt.

Erforderlich: Stromschlüssel, Wippe, Stromwender, Elemente, Schaltdraht.

Teilt sich an einer Stelle, wie in Abb. 44, die Leitung, so kommt es zu einer Stromverzweigung. Die Summe der beiden Zweigströme i_1 und i_2 ist gleich J; nach dem KIRCHHOFFschen Verzweigungsgesetz verhalten sich $i_1 : i_2$ so wie $w_2 : w_1$, also umgekehrt wie die Widerstände in den beiden Zweigleitungen. Ist w_1 gleich w_2, so ist i_1 und i_2 gleich $J/2$, wie dies bei der Parallelschaltung von zwei gleichen Lampen der Fall ist. Eine solche Stromverzweigung wird auch bei der Verringerung der Empfindlichkeit von Amperemetern angewendet: schaltet man z. B. einem Amperemeter einen Widerstand parallel, der ein Neuntel des Eigenwiderstandes entspricht, so gehen

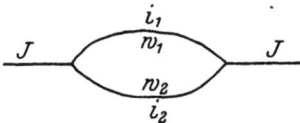

Abb. 44. Schema einer Stromverzweigung.

i_1 und i_2 Teilströme, J unverzweigter Strom, w_1 und w_2 Widerstände in den Zweigleitungen.

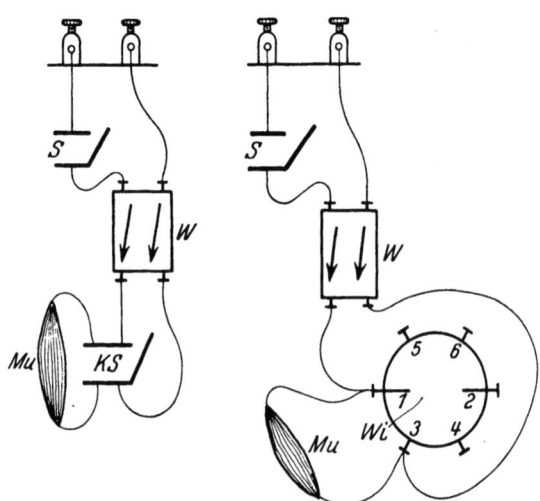

Abb. 45. Kurzschlußschaltung mit einem Schlüssel (links) bzw. einer Wippe (rechts).
KS Schlüssel zur Erzeugung des Kurzschlusses, *Mu* Muskel, *S* Stromschlüssel zur Unterbrechung, *W* Stromwender, *Wi* Wippe zur Erzeugung des Kurzschlusses.

neun Teile des Stromes durch den Parallelwiderstand (Shunt), 1 Teil durch das Meßinstrument, d. h. der durch das Instrument fließende Strom ist ein Zehntel von J, für den Vollausschlag des Instrumentes ist daher ein Strom von $10\,J$ nötig; die Empfindlichkeit des Instrumentes ist auf ein Zehntel gesunken, das Meßbereich zehnmal größer geworden. Die wirkliche Stromstärke ergibt sich daher, wenn der Meßinstrumentausschlag mit 10 multipliziert wird.

Ist der Nebenschlußwiderstand praktisch 0, so geht der ganze Strom durch den Nebenschluß. Dies wird bei der sog. Kurzschlußschaltung eines Schlüssels oder einer Wippe benutzt. Abb. 45 zeigt links einen Stromkreis mit einem Schlüssel S und einem Wender W sowie einem Muskel Mu. Der Muskel ist nicht direkt an den Stromwender geschaltet, sondern an die beiden Pole eines weiteren Stromschlüssels KS, der selbst mit dem Stromwender verbunden ist. Solange der Schlüssel KS offen ist, hat der Strom *nur* den Weg *durch den Muskel*, wird KS geschlossen, so ist der Muskel durch den Hebel des Stromschlüssels überbrückt und der ganze Strom geht durch den Schlüssel. Abb. 45 rechts zeigt die gleiche Schaltung unter Verwendung einer Wippe Wi. Die Wippe wird an den Stromwender so wie als einpoliger Unterbrecher geschaltet, doch sind in die gleichen Klemmen auch die zum Muskel führenden Drähte eingeklemmt. Ist der Wippenhebel so gestellt, daß die Achsenklemme *1* mit dem Napf *5* in Verbindung ist, so kann der nach *1* kommende Strom nur über den Muskel und über den Napf *3* fließen. Wird der Wippenhebel so umgelegt, daß *1* und *3* metallisch verbunden sind, so geht der Strom direkt durch den Wippenhebel, ohne den Muskel zu durchfließen. *Der Muskel ist in beiden Fällen kurzgeschlossen.* Man verwendet diese Schaltung, wenn der Muskel sicher vor Strom geschützt werden soll oder wenn die bei der Reizung im Muskel auftretenden Polarisationsspannungen sich ausgleichen sollen (siehe später).

Aufgabe. Schalte die beiden Aufgaben nach Abb. 45, jedoch so, daß im ersten Fall die Unterbrechung statt durch den Schlüssel S durch eine Wippe, und zwar zweipolig, erfolgt, im zweiten Fall der Stromwender durch eine Wippe ersetzt wird.

64. Schaltung von Widerständen zur Spannungsteilung.

Erforderlich: Stromschlüssel, Anschlußbrettchen, Schieberwiderstände, Lampenschaltbrett, Voltmeter, Schaltdraht.

Bei Besprechung der Hintereinanderschaltung von Lampen wurde darauf hingewiesen, daß die in einem Stromkreis wirksame Spannung sich auf alle eingeschalteten Widerstände proportional der Ohmzahl verteilt und in einem Teil des Gesamtwiderstandes auch nur ein entsprechender Teil der Spannung liegt. Der innere Widerstand der Stromquelle und der Widerstand der Zuleitungen kann dabei vernachlässigt werden. Man kann diese Schaltung dazu benutzen, um zur Reizung von Nerven und Muskeln beliebig kleinere Spannungen als die Batterie- oder Netzspannung zu erzeugen.

Abb. 46 zeigt eine solche **Spannungsteilerschaltung** mit einem gewöhnlichen Schieberwiderstand. Es wird stets die Stromquelle mit der Anfangs- und Endklemme (A bzw. E) des Schieberwiderstandes verbunden, so daß die ganze Klemmenspannung, z. B. 10 V, innerhalb des Widerstandes liegt. Die Spannung einer Stromquelle ist stets die Differenz der absoluten Potentiale beider Pole; in unserem Beispiel ist 10 V die Differenz zwischen $+5$ und -5. Dieses Potential hat auch die Anfangs- und Endklemme, doch innerhalb des Widerstandes muß der Potentialabfall von $+5$ auf -5 erfolgen, wie die in Abb. 46 eingetragenen Zahlen andeuten. An die Endklemme E und die Schieberklemme SK ist ein Voltmeter angeschaltet, das den jeweils abgegriffenen Spannungsanteil anzeigt; die genannten Klemmen (E und SK) sind daher die Pole des Nebenkreises. Befindet sich nun der Schieber in der Stellung I (Abb. 46), so hat SK -5, sowie immer die Klemme E; die Differenz, die Spannung zwischen diesen beiden Klemmen (also im Nebenkreis) ist Null, der Nebenkreis stromlos. Bei der Stellung II hat SK gerade -2, E -5 wie immer, die Differenz, die Spannung im Nebenkreis, ist jetzt 3 V. Bei der Stellung III ist SK 0, die Differenz gegen E daher 5 V; bei der Stellung IV hat SK $+5$, im Nebenkreis sind daher die vollen 10 V wirksam.

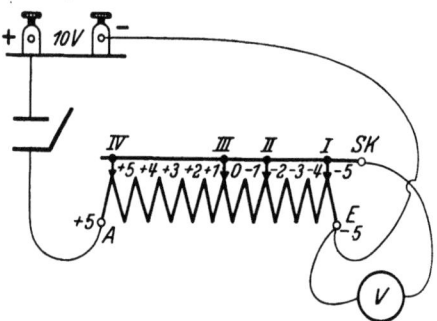

Abb. 46. Spannungsteilerschaltung mit einem Schieberwiderstand.
A, E, SK Anfangs-, End- und Schieberklemme des Widerstandes, V Voltmeter, I—IV verschiedene Stellungen des Schiebekontaktes.

Befindet sich also der Schieber gerade der Klemme E gegenüber, nämlich auf der letzten Windung des Widerstandes, so ist der Nebenkreis stromlos; je weiter der Schieber gegen A verschoben wird, um so größer ist der Teil des Gesamtwiderstandes, zu dem das Voltmeter parallel geschaltet wird, um so mehr steigt auch die für den Nebenkreis abgegriffene Spannung. Greifen wir gerade von der Hälfte des Widerstandes ab, so wird die Hälfte der Spannung auch im Nebenkreis liegen, ist das Voltmeter zu einem Viertel des Widerstandes im Nebenschluß geschaltet, so ist die Spannung im Nebenkreis ein Viertel der Gesamtspannung usf. *Die Teilspannung verhält sich stets zur Gesamtspannung wie der eingeschaltete Teilwiderstand zum Gesamtwiderstand.* Diese Schaltung kann daher dazu benutzt werden, um mit beliebigen Bruchteilen einer gegebenen Spannung zu reizen oder durch langsames Verstellen des Schieberkontaktes vom Nullpunkt ausgehend (Schieber über dem der Klemme E entsprechenden Drahtende) die Spannung — und damit auch die Stromstärke — im Nebenkreis allmählich von Null an zu steigern oder bei Rückführung des Kontaktes allmählich wieder zu verringern (Ein- und Ausschleichen des Stromes, „*Dosieren*"). An Stelle des Voltmeters oder, wenn die Spannung gemessen werden soll auch parallel zu ihm, wird der Muskel eingeschaltet; dagegen schaltet man ein zur Messung der Stromstärke dienendes Milliamperemeter mit dem Muskel in Serie.

Die angestellten Überlegungen über die im Nebenkreis wirksamen Spannungen treffen streng genommen nur dann zu, wenn der Nebenkreis keinen Strom verbraucht, d. h. wenn der Widerstand dort unendlich groß ist. Wird z. B. der Schieber genau auf die Mitte eines Widerstandes von 40 Ω gestellt, so sollte im Nebenkreis die halbe Spannung wirksam sein. Wird aber zur Hälfte des Widerstandes (das ist 20 Ω) ein Stromverbraucher von z. B. 20 Ω parallel geschaltet, so ist der Widerstand in diesem Abschnitt des ganzen Stromkreises (beider Parallelstrecken zusammen) nur $\frac{20}{2} = 10\,\Omega$.

Das ist nun nur mehr ein Drittel des Gesamtwiderstandes, der jetzt auf $20 + 10 = 30\,\Omega$ gesunken ist. Im Nebenkreis würde demnach nur ein Drittel der Spannung (Teilwiderstand 10 : Gesamtwiderstand $30 = \frac{1}{3}$), nicht aber, wie ursprünglich berechnet, die Hälfte wirksam sein. Der Fehler ist dadurch bedingt, daß der zum Widerstand parallel geschaltete Körper keinen unendlich großen Widerstand hatte und deshalb die der Rechnung zugrunde gelegten Verhältnisse veränderte. Für die Spannungsteilung werden meist Widerstände von 10—100 Ω verwendet; der Widerstand eines Muskels oder Nerven ist aber in der Größenordnung von vielen tausend Ohm; auch die meisten Voltmeter haben einen sehr hohen Widerstand, so daß man bei der Einschaltung von Muskeln und Nerven sowie auch des Voltmeters in den Nebenkreis annehmen kann, daß der Widerstand dort genügend hoch ist. Auch jetzt entsteht ein kleiner Fehler, der aber vernachlässigt werden kann. Die Einschaltung einer kleinen Glühlampe z. B., die einen *kleinen* Widerstand hat, würde jedoch zu einer ganz anderen Spannungsverteilung führen, als vorher berechnet wurde. Bei diesen Schaltungen darf auch der Muskel nicht durch eine Drahtschlinge markiert werden, weil sonst der in den Nebenkreis eingeschaltete Teil des Widerstandes durch den gut leitenden Kupferdraht kurzgeschlossen würde. Man schaltet daher an Stelle des Muskels immer nur ein Voltmeter ein.

Aufgaben.

1. Es ist aus der 10-V-Leitung eine Spannung von 3, von 5 und 8 V zu erzeugen; der Strom soll mit einer Wippe zweipolig unterbrochen und mit einem Stromwender gewendet werden.

2. Ein Strom von 7 V ist mit einem Schlüssel zu unterbrechen, mit einer Wippe zu wenden und auf zwei Präparate abwechselnd zu verteilen.

3. Ein Präparat ist abwechselnd mit zwei verschiedenen Strömen zu reizen. Der erste Stromkreis ist mit drei in Serie geschalteten Elementen zu bilden, mit einer Wippe einpolig zu unterbrechen und mit einem Stromwender zu wenden, der zweite entstammt der 10-V-Leitung, ist mit einem Schlüssel zu unterbrechen und mit einem Schieberwiderstand zu dosieren.

In analoger Weise kann auch das **Lampenschaltbrett zur Spannungsteilung** herangezogen werden. Beim Schieberwiderstand ist allerdings der Gesamtwiderstand gegeben und ein Spannungsbruchteil wird durch Verstellen des Schiebekontaktes eingestellt, d. h. der *Teilwiderstand* wird entsprechend gewählt; beim Lampenschaltbrett ist dagegen die einzelne Lampe als Teilwiderstand gegeben und der für eine bestimmte Spannungsteilung notwendige *Gesamtwiderstand* zu rechnen. Soll z. B. aus 110 V eine Spannung von 36 V erzielt werden und will man den Nebenschluß von einer Lampe von 220 Ω (16 K) abnehmen, so ist die Gleichung Gesamtspannung 110 : Teilspannung 36 = Gesamtwiderstand GW : Teilwiderstand 220. GW ist daraus 672 Ω. Man schaltet daher drei Lampen zu 220 Ω, zusammen 660, hintereinander und verzichtet auf die 12 Ω-Differenz oder man kann noch einen Schieberwiderstand hinzufügen und mit dem Schieber ungefähr 12 Ω einstellen. Zu einer der Lampen wird dann das Voltmeter oder der Muskel parallel geschaltet; Abb. 40 (S. 108) zeigt die Lösung dieser Aufgabe, wenn auf die Korrektur mit dem Schieberwiderstand verzichtet wird.

Soll eine Spannung von 12 V erzeugt und eine Lampe von 220 Ω (16 K) als Teilwiderstand für den Nebenkreis benutzt werden, so kommt man nach der Gleichung 110 : 12 = GW : 220 zu einem Gesamtwiderstand von 2017 Ω, zu dessen Herstellung aber gewöhnlich die Zahl der vorhandenen Lampen nicht ausreicht. Man versucht daher, als Teilwiderstand eine Lampe mit kleinerem Widerstand zu benutzen, weil dann auch die Ohmzahl des Gesamtwiderstandes kleiner wird, z. B. eine Lampe von 110 Ω (32 K). 110 : 12 = GW : 110, GW daraus 1008, meist immer noch zu groß. Man probiert sodann als Teilwiderstand eine Lampe zu 70 Ω (50 K); 110 : 12 = GW : 70. GW ist 641 Ω. Unter diesen 641 Ω müssen 70 Ω in Form der 50-K-Lampe enthalten sein, was ja die Voraussetzung war. 641 — 70 = 571 Ω. 571 Ω könnten durch Hintereinanderschalten von zwei Lampen zu 220 Ω und einer zu 110 Ω unter Vernachlässigung eines Fehlers von 21 Ω hergestellt werden, oder man schaltet noch 21 Ω mit Hilfe eines Schieberwiderstandes dazu, wodurch die Aufgabe ganz genau gelöst würde.

Als allgemeine Regel gilt, daß der Teilwiderstand um so kleiner angesetzt werden soll, je kleiner die geforderte Teilspannung ist.

Sollen 5 V geschaltet werden, so nimmt man als Teilwiderstand am besten ein System aus zwei parallelen Lampen zu 70 Ω, das ist 35 Ω. 110 : 5 = GW : 35; GW ist 770 Ω. 35 Ω liegen in den beiden parallelen Lampen, es sind daher nur mehr 735 Ω zu schalten. Man benutzt daher drei Lampen zu 220 Ω, eine zu 70 Ω und die beiden parallelen zu 70 Ω (zusammen 35 Ω), und schaltet das Voltmeter zu der letzteren Gruppe parallel. Abb. 47a zeigt die Ausführung einer derartigen Schaltung.

Die Spannungsteilerschaltung kann auch zur **Vergrößerung des Meßbereiches** bzw. **zur Verkleinerung der Empfindlichkeit eines Voltmeters** benutzt werden. Schaltet man *vor* das Instrument einen Widerstand von der Größenordnung des Eigenwiderstandes, so liegt infolge der Spannungsteilung nur die halbe Spannung im Instrument, die andere Hälfte im *Vorwiderstand*. Für den Vollausschlag ist daher eine doppelt so große Spannung nötig, das Meßbereich ist verdoppelt, der Wert eines Skalenteiles ist auf die Hälfte gesunken, damit auch die Empfindlichkeit. Ist der Vorwiderstand gleich dem neunfachen Eigenwiderstand, so liegt im Instrument nach der früher besprochenen Formel nur ein Zehntel der Spannung, das Meßbereich ist verzehnfacht, die Empfindlichkeit auf ein Zehntel gesunken. Der Vorwiderstand stellt gewissermaßen einen

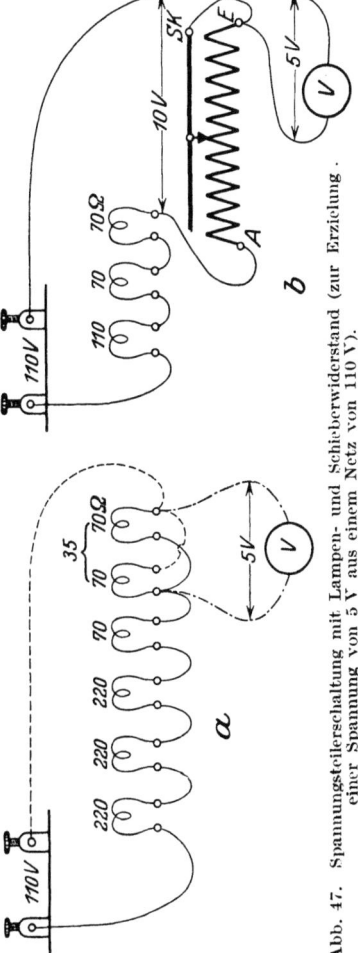

Abb. 47. Spannungsteilerschaltung mit Lampen- und Schieberwiderstand (zur Erzielung einer Spannung von 5 V aus einem Netz von 110 V). *a* Mit Hilfe des Lampenschaltbrettes; *b* mit Lampenschaltbrett und Schieberwiderstand.

Teil des Instrumentes vor; als Klemmen des Voltmeters sind das eine Ende des Vorwiderstandes und die andere freie Klemme des Instrumentes zu betrachten, was zu wissen für die richtige Einschaltung von Wichtigkeit ist.

So wie bei der Spannungsteilerschaltung beim Schieberwiderstand besprochen, bewirkt jede Parallelschaltung eines Stromverbrauchers zu dem im Nebenkreis liegenden Widerstandsstück, also auch die Einschaltung eines Voltmeters, eine Verschiebung der Teilspannung, doch ist der Fehler um so kleiner, je größer der Eigenwiderstand des Voltmeters im Verhältnis zum Teilwiderstand ist. Da nun bei Benutzung von Lampen der Teilwiderstand unter Umständen 220 Ω sein kann, so ist zur hinreichend genauen Spannungsmessung daher ein Voltmeter von mehreren tausend Ohm Eigenwiderstand erforderlich. Hat das benutzte Instrument einen kleineren Eigenwiderstand, so ist die vom Instrument angezeigte Spannung — so wie in dem auf S. 115 besprochenen Beispiel — kleiner als die berechnete, doch ist der Fehler meist zu vernachlässigen.

Zur **Erzeugung kleiner Spannungen** bedient man sich oft auch einer Kombination eines Lampenschaltbrettes und eines Schieberwiderstandes. Man kann z. B. zur Erzielung von 5 V einen Schieberwiderstand von z. B. 24 Ω verwenden, an dem im ganzen eine Spannung von 10 V liegen soll. $110:10 = GW:24$; GW ist 264 Ω. 24 Ω entfallen auf den Schieberwiderstand, die restlichen 240 Ω werden (mit einen Fehler von 10 Ω) mit zwei Lampen von je 70 Ω und einer zu 110 Ω hergestellt. Da 5 V gebraucht werden, im Schieberwiderstand 10 V liegen, so schaltet man das Voltmeter an die Endklemme und an die Schieberklemme an und stellt den Schieber genau auf die Hälfte, so daß auch nur die Hälfte der Spannung auf den Nebenkreis entfällt. Abb. 47b zeigt diese Lösung der Aufgabe.

Aufgaben.

1. Berechne die Schaltung zur Erzeugung der folgenden Spannungen und kontrolliere das Ergebnis mit einem Voltmeter: 55 V, 27,5 V, 33 V, 13 V, 10 V, 6 V, 3 V.

2. Berechne die kleinste mit einem gegebenen Schaltbrett erzielbare Spannung!

Wie schon besprochen, darf die Nebenschlußschaltung *nicht* angewendet werden, wenn der mit niederer Spannung zu betreibende Apparat gleichzeitig auch einen erheblichen Stromverbrauch aufweist. Soll z. B. ein für 6 V bestimmtes Lämpchen mit einem Stromverbrauch von 1 A an die 110-V-Leitung geschaltet werden, so muß im Gegensatz zu den früher besprochenen Beispielen die **Lösung mit einer Hauptschlußschaltung** erfolgen. Damit im ganzen Stromkreis 1 A fließt, muß der Widerstand nach dem OHMschen Gesetz $\frac{110}{1}$ = 110 Ω sein. Sollen im Lämpchen 6 V liegen, so muß der Gesamtwiderstand 110 : Teilwiderstand TW = Gesamtspannung 110 : Teilspannung 6 sein. Daraus ergibt sich, daß der *Teilwiderstand des Lämpchens* 6 Ω ist. Es sind also mit Lampen und Widerständen 104 Ω zu schalten, dazu das Lämpchen in Serie; dann wird im Kreis

1 A fließen und im Lämpchen gleichzeitig ein Spannungsabfall von 6 V liegen.

Aufgaben.
 1. Schalte und zeichne die besprochene Aufgabe der Einschaltung des Lämpchens für 6 V und 1 A.
 2. Berechne die Schaltung für einen Thermokauter (Glühdraht), der von 2 A durchflossen werden und an dem der Spannungsabfall 1,5 V sein soll.

65. Versuche mit dem Induktorium.

Erforderlich: Anschlußbrettchen, Stromschlüssel, Induktorium, Wippen, Schieberwiderstand, Ampere- und Voltmeter, Schaltdraht.

Das Induktorium ist einerseits ein *Transformator*, weil der *niedrig gespannte*, aber starke Strom der Primärspule (mit wenig Windungen eines dicken Drahtes) zu einem schwachen Strom *hoher* Spannung in der Sekundärspule (mit vielen Windungen eines dünnen Drahtes) wird; es ist andererseits auch ein *Umformer*, weil der Gleichstrom in einen Wechselstrom verwandelt wird. Abb. 48 zeigt das gebräuchliche Induktorium. P ist die Primärspule, S die in einem Schlitten Sch verschiebliche Sekundärspule. Da das ruhende Magnetfeld der Primärspule *keine* Induktionswirkung ausübt, so muß der Primärstrom mit einem WAGNERschen Hammer *unterbrochen* werden. Der der Klemme PSK_1 zugeführte Primärstrom fließt zunächst durch die beiden Spulen des Magneten M, sodann durch die Primärspule P, durch die Kontaktschraube $KSchr$ in die Feder F und durch die Säule und Klemme PSK_2 zur Batterie zurück. Der Strom erzeugt nach dem Einschalten in den Spulen M ebenso wie in der Primärspule P ein Magnetfeld; das Feld in M zieht den mit der Feder F verbundenen Anker A an, hebt die Feder F von der Kontaktschraube $KSchr$ ab und unterbricht dadurch automatisch den Strom. Die Feder schnellt wieder nach oben, berührt die Schraube $KSchr$, schließt dadurch wieder den Strom, der sich selbst unterbricht usf. Die Unterbrechungszahl — kenntlich am Höherwerden des Brummtones — steigt, wenn die Schraube etwas tiefer geschraubt wird, weil dann der Weg für die Feder kürzer ist. Soll der Primärstrom *von Hand aus* für Einzelschläge mit einem Stromschlüssel unterbrochen werden, so ist die Schraube so tief hinunterzudrehen, daß die Feder nicht spielen kann.

Der Strom der Primärspule ist somit ein zerhackter Gleichstrom. Da nur ein bewegtes Magnetfeld induziert, entstehen in der Sekundärspule *nur im Moment* des Stromschlusses und im Moment der Stromunterbrechung je ein einige tausendstel Sekunden dauernder Stromstoß. Diese Induktionsströme werden als Schließungsinduktionsstrom und Öffnungsinduktionsstrom (auch als *Schließungs-* und als

Öffnungsschlag) bezeichnet. Die rhythmische Aufeinanderfolge der *beiden* Arten von Stromstößen heißt **faradischer Strom** oder Induktionsstrom. Da beim Stromschluß die magnetischen Kraftlinien aus der Primärspule herauswachsen, bei Unterbrechung zurückschrumpfen, somit in beiden Fällen die Bewegungsrichtung der Kraftlinien entgegengesetzt ist, haben Schließungs- und Öffnungsstrom eine verschiedene Richtung, *der faradische Strom ist ein Wechselstrom.*

Bei der Schließung und Öffnung wird stets die gleiche Elektrizitätsmenge induziert, *physikalisch* sind die beiden Stromstöße gleich

Abb. 48. Medizinisches Induktorium.

A Anker des WAGNERschen Hammers, *EK* Eisenkern, *ESK* Klemmen für den Extrastrom, *F* Feder des WAGNERschen Hammers, *KSchr* Kontaktschraube des WAGNERschen Hammers, *M* Magnetspulen, *P* Primärspule, *PSK*$_1$ und *PSK*$_2$ Klemmen für den Primärkreis, *S* Sekundärspule, *Sch* Schlitten, *SSK* Klemmen für die Sekundärströme.

wirksam, *physiologisch* ist der *Öffnungsschlag wirksamer*, weil er eine größere Steilheit hat, die Elektrizitätsmenge in kürzerer Zeit abfließt. Dies ist durch den verzögerten Stromanstieg in der Primärspule infolge des Auftretens der Extraströme bedingt. So wie in der Sekundärspule werden auch in der *Primärspule* vom Primärstrom beim Schließen und Öffnen Stromstöße (Extraströme) induziert, die verschieden gerichtet sind. Der Schließungsextrastrom ist dem Primärstrom entgegengesetzt gerichtet, *schwächt* ihn daher und verzögert seinen Anstieg; der Öffnungsextrastrom hat auf den Primärstrom *keine* Wirkung, da durch die „Öffnung" der Primärkreis unterbrochen ist und kein Strom fließen kann, wenn nicht Nebenschlüsse im Primärkreis — wie beim HELMHOLTZschen Induktorium — vorhanden sind. Abb. 49 zeigt schematisch die Form des Primärstromes und die Kurvenform der induzierten Induktionsströme.

Der in die Primärspule eingeschobene Eisenkern *EK* — der zur Verringerung der Wirbelströme aus einzelnen, gegeneinander durch einen Schellacküberzug isolierten Drähten besteht (unterteilter Eisenkern) — konzentriert das magnetische Feld und erhöht die Induktionswirkung. Wird er ganz oder teilweise herausgezogen, so wird eine **Schwächung der Induktionsströme** erzielt. Ebenso kann eine Schwächung durch Verschiebung der Sekundärspule im Schlitten von der Primärspule weg erfolgen, weil mit zunehmender Entfernung von der Primärspule immer weniger Kraftlinien die Sekundärspule schneiden. Eine weitere Schwächung des faradischen Stromes kann durch Verringern des Primärstromes durch Einschaltung eines Schieberwiderstandes erfolgen oder auch durch Verdrehen der herausgeschobenen Sekundärspule gegen die primäre.

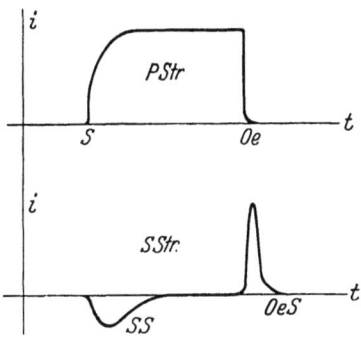

Abb. 49. Kurvenverlauf des Primärstromes (*PStr*) und des Sekundärstromes (*SStr*) eines Induktoriums.

S Schließung, *Oe* Öffnung des primären Stromes, *SS* Schließungsschlag, *OeS* Öffnungsschlag.

Die **Extraströme** können bei den Klemmen *ESK* abgeleitet werden; da sie der vom Gleichstrom durchflossenen Spule entstammen, so gelangt nach der Schließung auch eine Gleichstromkomponente zum Präparat, aber nur ein Teil des Schließungsextrastromes, da er auch über die Batterie fließen kann. Da dem Öffnungsextrastrom dagegen nur der Weg durch das Präparat offen steht, weil der Weg zur Stromquelle unterbrochen ist, so muß er zur Gänze durch das Präparat fließen.

Der Muskel gerät bei Reizung mit faradischen Strömen in eine Dauerkontraktion (Tetanus); zur Erzielung einer einzelnen Zuckung darf daher nur mit einem *einzelnen* Induktionsschlag gereizt werden. Wegen der größeren Steilheit und größerer Reizwirkung zieht man die Öffnungsschläge vor; will man nur mit Öffnungsschlägen reizen, so müssen die Schließungsschläge unwirksam gemacht werden (Abblendung der Schließungsschläge). Da im Sekundärkreis nur im Moment des Stromschlusses und der Unterbrechung des Primärstromes ein blitzartig auftretender und wieder verschwindender Stromstoß entsteht, ist die Sekundärspule während der ganzen Stromflußzeit und der Unterbrechungszeit *stromlos*. In dieser Phase kann der sekundäre Stromkreis unterbrochen werden. Man schaltet den Muskel daher nicht direkt an die Sekundärklemmen an, sondern unter Vermittlung einer Wippe als zweipoliger Unterbrecher, wie dies aus Abb. 50 hervorgeht. Soll also der Muskel mit einer Reihe von Öffnungsschlägen hintereinander unter Abblendung der Schließungsschläge gereizt werden, so wird zunächst die Schraube am Unterbrecher festgezogen, damit die Schließung und Unterbrechung ausschließlich durch die Hand mit dem Stromschlüssel erfolgen kann. Wird primär geschlossen, solange sekundär unterbrochen ist, so kann der Schließungsschlag *nicht* ins Präparat. Wird jetzt die Wippe umgelegt, der Kreis sekundär geschlossen, so ist der Weg für den kommenden Öffnungsschlag bereitet, der nun durch primäres Öffnen erzeugt wird. Vor der zweiten primären Schließung wird sekundär geöffnet, der Schließungsschlag kann wieder nicht ins Präparat, wohl aber der Öffnungsschlag, wenn vorher wieder die Wippe im Sekundärkreis umgelegt wird. An Stelle einer Wippe kann auch ein Schlüssel verwendet, muß aber als Kurzschlußschlüssel nach Abb. 45

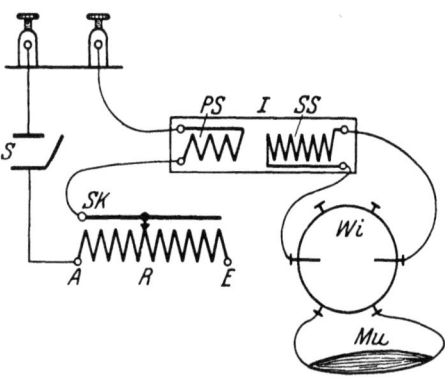

Abb. 50. Einrichtung zur Reizung mit einzelnen Öffnungsschlägen unter Abblendung der Schließungsschläge.
I Induktorium (*PS* Primärspule, *SS* Sekundärspule), *Mu* Muskel, *R* Widerstand zur Einstellung der Stromstärke im Primärkreis, *S* Stromschlüssel, *Wi* Wippe zur Abblendung der Schließungsschläge.

geschaltet werden. Auch eine Wippe kann so zur Verwendung kommen. Es wird dann vor der primären Schließung auch sekundär geschlossen, was jetzt einen Kurzschluß des Muskels und damit einen Schutz vor Durchströmung bedeutet. Vor der Öffnung des Primärstromes wird sekundär geöffnet, damit der Öffnungsinduktionsschlag nachher in das Präparat kann. Ganz analog lassen sich auch die Schließungsextraströme abblenden und nur die Öffnungsextraströme ins Präparat leiten. Die gleiche Anordnung, nur mit sinngemäß umgekehrter Anordnung der notwendigen Handgriffe, ist auch zu verwenden, wenn Öffnungsschläge abgeblendet und die Reizung nur mit Schließungsschlägen erfolgen soll.

Aufgaben.

1. Es ist ein Präparat abwechselnd mit Extra- und Induktionsströmen zu reizen, die Schaltung sodann zur Reizung von zwei Präparaten auszubauen.

2. Es ist ein Präparat abwechselnd mit galvanischem und faradischem Strom zu reizen; der galvanische Strom soll unterbrochen, gewendet und dosiert werden können.

3. Es ist ein Präparat mit einzelnen Öffnungsinduktionsschlägen zu reizen; schalte das gleiche für Extraöffnungsschläge!

4. Ein Präparat ist abwechselnd mit Öffnungsinduktionsschlägen und Schließungsextraschlägen zu reizen. Schalte das gleiche für zwei Präparate!

VI. Physiologische Versuche am Frosch.

Für die folgenden Versuche ist ein einfaches Präparierbesteck notwendig, das aus einer größeren und einer etwas kleineren geraden Schere, einer einfachen anatomischen Spitzpinzette und einer Sperrpinzette besteht. Ein Skalpell wird beim physiologischen Präparieren *nicht* verwendet.

Die meisten der im folgenden beschriebenen Versuche werden mit narkotisierten Tieren angestellt, als **Narkoticum** dient Äthylurethan. Der Frosch wird in ein Glas mit durchlöchertem Metalldeckel (Froschglas) gesetzt und sein Rücken mit Urethan bestreut, das gepulvert in einer Streubüchse bereitgestellt ist. Die Substanz wird durch die Haut resorbiert, gelangt in den Kreislauf und ruft im Verlauf weniger Minuten die Betäubung, meist ohne vorhergehendes Erregungsstadium, hervor. Durch wiederholtes Neigen des Glases wird geprüft, ob das Tier beim Fallen auf den Rücken noch Umdrehbewegungen ausführt; versucht es solche nicht mehr, so wird es aus dem Glas genommen und unter der Wasserleitung gründlich vom Urethan abgespült, um eine weitere Vertiefung der Narkose zu vermeiden. Besonders bei Tieren, die zur Beobachtung des Kreislaufes dienen sollen, muß das Eintreten der vollständigen Narkose genau festgestellt und das Urethan sofort abgespült werden, weil sonst der Kreislauf leidet.

Soll ein Tier, wie zur Herstellung eines Nerv-Muskelpräparates, *getötet* werden, ist es zweckmäßig, es vorher in der eben beschriebenen Art zu narkotisieren. Darauf wird der Frosch in die linke Hand genommen und mit einem Scherenblatt in das Maul eingegangen, während das zweite auf dem Schädeldach liegt. Mit einem Scherenschlag wird der Kopf abgetrennt und hierauf das Rückenmark durch Einführen einer dünnen Sonde in den Wirbelkanal zerstört.

66. Beobachtung des Blutkreislaufes in der Froschzunge.

Erforderlich: Narkotisierter Frosch, Korkplatte mit rundem Loch, Stecknadeln, Mikroskop, physiologische Froschkochsalzlösung (0,7 proz.), Holzklotz, Deckgläser.

Der nicht zu tief narkotisierte Frosch wird mit der Bauchseite auf eine Korkplatte mit einem runden Loch gelegt, so daß die

Schnauzenspitze an das Loch stößt. Nach Öffnen des Maules mit der Pinzette wird die *vorne* angewachsene Zunge herausgeklappt und über der Öffnung durch Einstechen von Stecknadeln am Rand des Loches ausgespannt, wie Abb. 51 zeigt. Die Stecknadeln sind *schräg nach außen* zu stecken, damit das Mikroskopobjektiv Platz hat; bei zu starker Spannung des Gewebes kann es zum Stillstand des Blutkreislaufes kommen. Die Korkplatte wird auf den Tisch des Mikroskopes gelegt, das Loch über den Mikroskopkondensor gebracht und der vorstehende Teil der Korkplatte durch einen Holzklotz unterstützt. Beobachtet wird bei mittlerer Vergrößerung (schwächeres der beiden Objektive). An diesem Präparat sind hauptsächlich die Gefäße mittlerer Größe, ihre Verzweigungen und die Blutströmung gut zu sehen. In den Arterien zeigt sich eine pulsierende, in den Venen eine kontinuierliche Strömung.

Beleuchtet wird mit dem Spiegel von unten her. Bei langdauernder Beobachtung ist die Oberfläche ein wenig mit physiologischer Kochsalzlösung zu befeuchten. Auflegen eines kleinen Deckglasbruchstückes auf die mit Kochsalzlösung befeuchtete Oberfläche verbessert das Bild wesentlich.

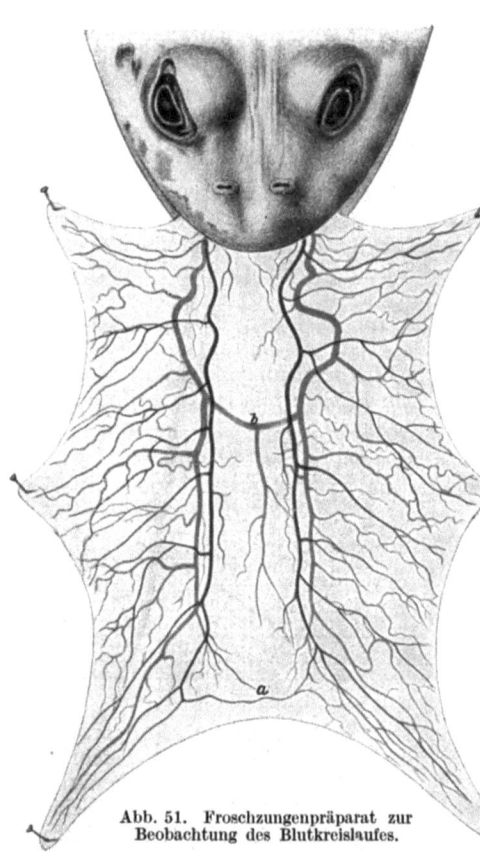

Abb. 51. Froschzungenpräparat zur Beobachtung des Blutkreislaufes.

67. Beobachtung des Blutkreislaufes in der Froschschwimmhaut.
Erforderlich: Narkotisierter Frosch, Korkplatte mit Loch, Stecknadeln, Mikroskop, 0,7proz. Kochsalzlösung, Deckgläser.

Das gleiche Tier, dessen Zunge beobachtet wurde, wird auch für den vorliegenden Versuch benützt, nachdem die Nadeln herausgezogen und die Zunge in das Maul zurückgesteckt wurde. Das Tier wird diesmal so auf die Korkplatte gelegt, daß ein Hinterbein unmittelbar über das Loch kommt und die Schwimmhaut zwischen zwei Zehen, so wie früher die Zunge, ausgespannt und mit Stecknadeln befestigt werden kann. Das Bein darf dabei nicht zu stark gebeugt sein. Die Korkplatte wird sodann auf den Mikroskoptisch gelegt und durch den Holzklotz unterstützt. Auch hier darf die Schwimmhaut nicht zu stark gespannt werden. Man sieht Arterien und Venen, hauptsächlich aber Capillaren mit kontinuierlichem Blutstrom. Zwischen den Capillaren sind in der Haut zahlreiche verästelte Pigmentzellen zu sehen. Bei langer Beobachtung muß auch die Schwimmhaut befeuchtet werden; Auflegen eines Deckglasbruchstückes verbessert das Bild.

68. Beobachtungen am freigelegten Froschherzen.

Erforderlich: Narkotisierter Frosch, Präparierbesteck, Glasplatte.

Der narkotisierte Frosch wird mit der Bauchseite nach oben auf die Glasplatte gelegt. Die Haut wird mit der Schere durch einen medianen Längsschnitt gespalten, sodann mit einer Spitzpinzette der knorpelige Processus xyphoideus erfaßt und an seinem unteren Rand die Leibeshöhle durch einen kleinen, *queren* Einschnitt eröffnet. Unter Hochziehen des Processus xyphoideus ist das stumpfe Scherenblatt seitlich vom Brustbein bis *über* die Clavicula vorzuschieben, wobei man, um Verletzungen der großen Blutgefäße zu vermeiden, sich dicht an die vordere Brustwand halten muß. Nach der Durchtrennung auf der einen Seite wird in gleicher Weise auch auf der anderen durchschnitten, das beiderseits isolierte Brustbein nach oben umgeklappt und mit einem Scherenschlag ganz abgetrennt. Das nun freiliegende Herz ist vom grauen, durchscheinenden Perikard überzogen, das vorsichtig mit der Spitzpinzette erfaßt und der Länge nach bis zur Umschlagstelle an den Aortenbögen gespalten und nach beiden Seiten zurückgeschlagen wird.

Das **Froschherz** (vgl. Abb. 52a und b) hat zwei Vorhöfe Aa, aber nur *einen* Ventrikel V. In den linken Vorhof münden die Lungenvenen, er führt daher arterialisiertes Blut und ist hellrot. Die Körpervenen vereinigen sich zunächst zum Venensinus S, der in den rechten Vorhof mündet; dieser führt venöses Blut und hat daher eine dunkle Farbe. In der Kammer werden beide Blutarten gemischt, so daß der Körper stets nur teilweise arterialisiertes Blut bekommt. Aus dem Ventrikel entspringt der Truncus arteriosus Ta, der sich in die beiden Aortenbögen Ad und As teilt. Diese geben die Gefäße für die obere Körperhälfte und die Lungenarterien ab und vereinigen sich an der Rückwand der Leibeshöhle zur unpaarigen Aorta communis.

Nach der Freilegung lassen sich Vorhöfe und Ventrikel in ihrer Tätigkeit gut beobachten. Die normale Frequenz beträgt 40 in der Minute. Man beachte die Schlagfolge: Vorhof—Kammer, die Farbenunterschiede zwischen den beiden Vorhöfen, die Formänderungen der Kammer und ihre Farbänderungen bei Systole und Diastole. Durch Beklopfen der Baucheingeweide (flaches Auffallenlassen eines Bleistiftes oder eines Skalpellstieles auf die Bauchdecken) läßt sich ein Herzreflex auslösen, der in einer Verlangsamung, ja sogar Herzstillstand in Diastole besteht (GOLTZscher Klopfversuch). Die Reflexbahn ist: N. splanchnicus—Medulla oblongata—Nervus vagus.

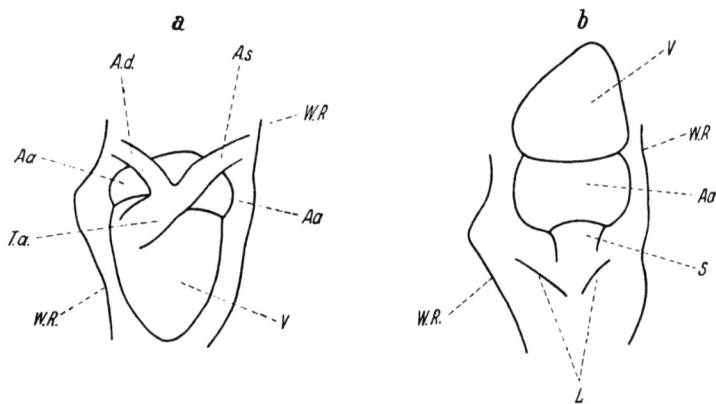

Abb. 52. Schematische Darstellung des Froschherzens (Pausen nach einer kinematographischen Aufnahme).
a Herz von vorne, *b* von hinten nach Umlegen des Ventrikels nach aufwärts. *Aa* Vorhöfe, *Ad*, *As* rechte und linke Aorta, *L* Leber, *Ta* Truncus arteriosus, *V* Ventrikel, *WR* Wundrand.

Die **Hinterseite des Froschherzens** wird nach Aufheben der Herzspitze (nicht das Herz zwischen die Branchen der Pinzette fassen!) und Durchtrennung des von der Mitte des Ventrikels gegen das Perikard ziehenden Gefäßbändchens sichtbar. Der durch die Vereinigung der Venen entstehende Venensinus (*S* in Abb. 52b) ist vom Vorhof durch eine Furche abgegrenzt. Der Venensinus ist der führende Punkt für das Froschherz und beginnt mit dem Schlagen. Man beachte daher die Reihenfolge: Sinus—Vorhof—Kammer.

69. Nachweis, daß das Herz nicht tetanisierbar ist.

Erforderlich: Präparat nach Versuch 68, Stromschlüssel, Induktorium, Anschlußbrettchen, Schaltdrähte, Elektrodenpaar.

Wird ein Muskel durch einen einzelnen Reiz erregt, so führt er eine **einzelne Zuckung** aus; folgen mehrere Reize — wie beim faradischen Strom — so rasch aufeinander, daß der Muskel nicht Zeit zum Erschlaffen hat, so gerät er in eine **Dauerkontraktion** oder **tetanische Kontraktion.** Der Muskel ist demnach mit faradischen Strömen tetanisierbar. Das Herz dagegen kann auf einen einzelnen Reiz wohl mit einer einzelnen Kontraktion (Extrasystole) reagieren, bei frequenter Reizung gibt es jedoch *keine* Dauerkontraktion, es ist *nicht* tetanisierbar. Das Herz ist nämlich 0,1—0,2 Sekunden nach der Reizung *nicht mehr erregbar* (**refraktäre Periode**), so daß es Zeit hat zu erschlaffen, bevor die Reizung wieder wirksam wird. Auch der Muskel hat eine refraktäre Periode, sie ist aber 0,001—0,002 Sekunden, also 100mal kleiner, so daß der Muskel zu neuerlicher Kontraktion gebracht werden kann, *bevor die Erschlaffung beendet ist.*

Es wird ein Induktorium in bekannter Weise an das Anschlußbrettchen geschaltet. Die Klemmen der Sekundärspule werden mit einem aus zwei Silberdrähten bestehenden Reizelektrodenpaar verbunden. Durch Schließen des im Primärkreis eingeschalteten Stromschlüssels wird der WAGNERsche Hammer in Tätigkeit gesetzt, bzw. durch Verstellen der Kontaktschraube zum gleichmäßigen Schwingen gebracht. Die Reizelektroden werden zunächst auf den Oberschenkel des Frosches aufgesetzt und die stark herausgezogene Sekundärspule langsam der Primärspule genähert, bis durch die Haut hindurch eine deutliche, kräftige Dauerkontraktion der Muskeln zu beobachten ist. Wird nun das Elektrodenpaar auf das Herz gesetzt, so zeigt sich im Gegensatz zu den Skelettmuskeln *keine* Dauerkontraktion, auch nicht bei einer Verstärkung des Stromes durch weiteres Zusammenschieben der Spulen.

70. Registrierung der Tätigkeit des ausgeschnittenen Herzens mit dem Fühlhebel.

Erforderlich: Präparat nach Versuch 68, Präparierbesteck, Fühlhebel, Kymographion, elektrischer Zeitmarkierer, Stativ.

Zunächst ist das Kymographion aufzustellen, evtl. neu zu berußen, und am Stativ der Fühlhebel und unmittelbar darunter der elektrische Zeitschreiber zu befestigen. Letzterer wird so wie bei der Registrierung der Atmung (S. 55) mit den mit „Uhr" bezeichneten Klemmen verbunden. Der in dieser Leitung fließende Strom wird durch eine besondere Einrichtung im Sekundenrhythmus unterbrochen, so daß der Zeitschreiber Sekundenmarken aufzeichnet. Der Fühlhebel besteht, wie Abb. 53 im Schnitt zeigt, aus einem Hartgummiplättchen P mit einer Grube Gr, in die das herausgeschnittene Herz Hz gelegt wird. Der mit dem Schreiber S versehene Hebel H trägt über der Grube ein halbrundes Plättchen p, das auf das Herz zu liegen kommt. Bei jeder Systole wird daher der Hebel H gehoben. Damit der Hebel auch bei verschieden großen Herzen während der Diastole immer horizontal liegt, kann sein Gelenk G mit dem Hilfshebel HH verstellt werden. Zur elektrischen Reizung des Herzens ist von der Klemme K_1 bis zum Boden der Grube Gr ein Silberdraht geführt, der also die untere Fläche des Herzens berührt. Der zweite Pol wird durch das runde Metallplättchen p, das auf der Oberfläche des Herzens liegt, gebildet, das über den Hebel mit der Klemme K_2 in metallischer Verbindung steht.

Wenn die ganze Anordnung registrierbereit aufgestellt ist, wird das Herz des zum vorhergehenden Versuch benützten Frosches durch Anfassen einer Aorta mit der Pinzette stark hochgezogen und mit einem Scherenschlag aus dem Körper herausgeschnitten. Der Schnitt darf nicht zu nahe am Herzen geführt werden, damit nicht der

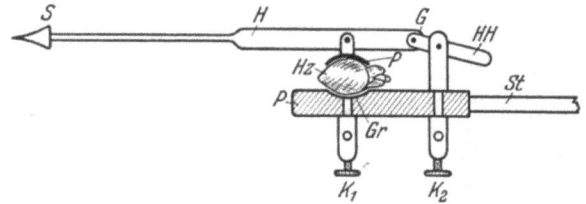

Abb. 53. Schema des Fühlhebels zur Registrierung der Herzkontraktionen.

G Gelenk des Schreibhebels, Gr Grube für das Herz, HH Hilfshebel zur Einstellung der Höhe des Gelenkes G, Hz Herz, K_1, K_2 Klemmen zur elektrischen Reizung des Herzens, P Hartgummiplatte, p Plättchen zur Übertragung der Herzbewegung auf den Hebel, S Schreiber, St Befestigungsstab.

Venensinus abgetrennt wird und Herzstillstand durch Wegfall des Automatiezentrums eintritt. Das herausgeschnittene Herz wird, wie Abb. 53 zeigt, auf den Fühlhebel gebracht und durch Verstellen des Hilfshebels HH der Schreiber in die Horizontale eingestellt. Das ausgeschnittene Herz kann vor dem Auflegen in 0,7proz. NaCl-Lösung kurz abgespült werden. Es sind hierauf die Herzkontraktionen zu registrieren, die Vorhof- und Kammerzacke zu beobachten und die Herzfrequenz mit Hilfe der gleichzeitig registrierten Zeitmarken zu berechnen.

71. Elektrische Reizung des ausgeschnittenen Herzens.

Erforderlich: Einrichtung nach Versuch 70, Stromschlüssel, Anschlußbrettchen, Induktorium, Schaltdraht.

Zur **Auslösung der Extrasystolen** ist das Herz mit einzelnen Öffnungsschlägen zu reizen. Das Induktorium wird in bekannter Weise an das Anschlußbrettchen geschaltet, der Primärkreis bei festgestelltem WAGNERschen Hammer mit einem Stromschlüssel von Hand aus geschlossen und unterbrochen. An die Sekundärspule sind die

Klemmen K_1 und K_2 des Fühlhebels (Abb. 53) anzuschalten, wobei zur Abblendung der Schließungsschläge entweder ein zweiter Schlüssel als Kurzschlußschlüssel oder eine Wippe als zweipoliger Unterbrecher zwischenzuschalten ist (vgl. S. 121/22).

Zur Vereinfachung der Verhältnisse legt man das Herz so unter den Fühlhebel, daß nur der Ventrikel seine Kontraktionen aufschreibt und nur er elektrisch gereizt wird. Infolge der refraktären Phase ist der Ventrikel während des größten Teiles des Kurvenanstieges, während des Gipfels und auch während eines Teiles des absteigenden Schenkels der Kurve unerregbar und kann nur während des letzten Teiles des absteigenden Schenkels oder während der Pause zu einer Extrasystole veranlaßt werden. Es ist daher zunächst bei Reizung *in der Pause* durch allmähliches Hineinschieben der Sekundärspule der wirksame Spulenabstand zu bestimmen. Mit der gefundenen Stromstärke soll nun die **Dauer der refraktären Periode** dadurch festgestellt werden, daß man bei mehreren aufeinanderfolgenden Kontraktionen zunächst am Beginn, dann etwa in der Mitte des aufsteigenden Schenkels, dann unmittelbar vor Erreichen des Gipfels, unmittelbar nach dem Gipfel usw. je einen Öffnungsschlag erteilt und prüft, ob eine Extrasystole zustande kommt oder nicht. Zur Erteilung der Öffnungsschläge wird der Sekundärkreis zunächst so eingestellt, daß der Schließungsschlag unwirksam ist, hierauf primär geschlossen, dann sekundär der Weg für den Öffnungsschlag vorbereitet und dann so lange gewartet, bis für die Öffnung des Primärkreises, also für die Reizung, der richtige Augenblick im Ablauf der Herzkontraktion gekommen ist. Beachte, daß nach jeder Extrasystole die nächste normale Herzkontraktion ausfällt *(kompensatorische Pause)*. Warum?

Es ist ferner in einem Zeitmoment, der zur Auslösung einer Extrasystole geeignet ist, zunächst mit ganz schwachen, gerade wirksamen Strömen zu reizen, dann der Spulenabstand zu verkleinern und dadurch der Stromstoß zu verstärken und zu beobachten, ob die Höhe der Kontraktion sich ändert (**Alles-oder-Nichts-Gesetz** der Herzkontraktion!).

Schließlich ist der WAGNERsche Hammer wieder freizugeben und das Herz mit faradischen, tetanisierenden Strömen zu reizen. Es bleibt aber bei seiner rhythmischen Pulsation, da es *nicht* tetanisierbar ist.

72. Beobachtungen an einem in Flüssigkeit suspendierten Herzen; Einfluß von Wärme und Kälte und von Adrenalin.

Erforderlich: Ausgeschnittenes Herz, Einrichtung zur Registrierung der Tätigkeit des suspendierten Herzens, Kymographion, elektrischer Zeitschreiber, 0,7proz. NaCl-Lösung, Adrenalinlösung 1 : 1000, Bunsenbrenner.

Es wird das Kymographion bereitgestellt und, wie Abb. 54 zeigt, werden an einem Stativ mit drei Kreuzköpfen die drei Bestandteile der Registrieranordnung: das in einem Ring R hängende Glasgefäß G, der gekrümmte Stab St mit der Öse Oe und der Registrierhebel H mit dem Schreiber S übereinander befestigt. Das Gefäß wird mit 0,7proz. Kochsalzlösung gefüllt. Etwa 2 cm über dem Schreibhebel wird der elektrische Zeitmarkierer befestigt und an die Leitung „Uhr" angeschlossen.

Es kann das Herz aus dem Versuch 71 benützt werden, wenn es noch sehr kräftig schlägt; sonst ist ein neues Herz aus einem narkotisierten Tier auszuschneiden. Um den einen Aortenstumpf wird ein dünner Faden geschlungen und geknüpft und in 5—10 cm Abstand in einem Loch des kurzen Armes des Hebels H befestigt. Ein

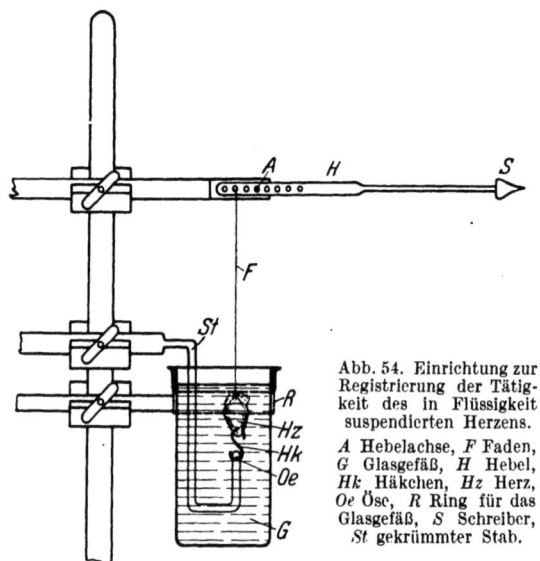

Abb. 54. Einrichtung zur Registrierung der Tätigkeit des in Flüssigkeit suspendierten Herzens.

A Hebelachse, F Faden, G Glasgefäß, H Hebel, Hk Häkchen, Hz Herz, Oe Öse, R Ring für das Glasgefäß, S Schreiber, St gekrümmter Stab.

durch die Herzspitze gestoßenes Häkchen Hk wird in die Öse Oe des Stabes St eingehängt und der Stab des Schreibhebels so lange gehoben, bis der Hebel horizontal liegt. Hierauf wird das mit der Kochsalzlösung gefüllte Gefäß G gleichfalls gehoben, bis das Herz vollkommen in die Flüssigkeit eintaucht. Durch die Herzkontraktion wird der kurze Hebelarm heruntergezogen, die Schreiberspitze macht einen stark vergrößerten Ausschlag nach oben.

Nachdem eine Reihe von Kontraktionen geschrieben und an Hand der Zeitmarken die Frequenz pro Minute gerechnet wurde, wird die Kymographiontrommel zum Stillstand gebracht, das Gefäß mit der Flüssigkeit gesenkt und mit dem Stab aus dem Kreuzkopf genommen, die Flüssigkeit über dem Bunsenbrenner ganz wenig, etwa auf Körpertemperatur, erwärmt und schließlich das Gefäß wieder an seinen Platz gebracht. Die **Erwärmung** der Kochsalzlösung beschleunigt die Herztätigkeit, was durch die Berechnung der Frequenz pro Minute an Hand der Zeitmarken festzustellen ist. Hierauf wird das Gefäß mit der Kochsalzlösung neuerlich weggenommen, die warme Flüssigkeit weggegossen, das Gefäß mehrmals mit kaltem Leitungswasser ausgespült, schließlich wieder mit Kochsalzlösung gefüllt und das Herz wieder in der Flüssigkeit suspendiert. Die durch die **Abkühlung** bedingte Verlangsamung der Herztätigkeit ist wieder durch Bestimmung der Herzfrequenz festzustellen.

Es wird schließlich mit einer Pipette ein Tropfen **Adrenalinlösung** 1 : 1000 in die Kochsalzlösung gebracht, nachdem vorher eine Reihe von normalen Herzkontraktionen registriert wurden. Wie wirkt das Adrenalin?

73. Beobachtungen am Flimmerepithel.

Erforderlich: Froschkopf, Präparierbesteck, Glasplatte, 0,7 proz. NaCl-Lösung, Objektträger, Deckgläser, Mikroskop, Bunsenbrenner.

Von einem der z. B. für das Herzpräparat benützten Frösche wird der Kopf so abgeschnitten, daß ein Scherenblatt in das Maul bis zum Mundwinkel eingeführt wird, während das andere außen auf dem Schädeldach liegt. Der mit einem Schlag abgetrennte Kopf wird mit der Schleimhautseite nach oben auf eine Glasplatte gelegt. Die Schleimhaut trägt ein schnell und kräftig gegen den Oesophagus schlagendes Flimmerepithel. Die **Flimmerbewegung** kann leicht dadurch sichtbar gemacht werden, daß man mit der Spitzpinzette ein kleines Partikelchen, z. B. ein stecknadelkopfgroßes Blutgerinnsel von der Schnittstelle, auf die Schleimhaut der Schnauzenspitze legt. Durch den Flimmerschlag wandert es sehr rasch gegen den Schnitt zu, wobei es durch die Furche gleitet, die durch das Vorspringen der Augen gegen die Mundhöhle zustande kommt. Bestimme für verschieden große Partikelchen die zur Zurücklegung der Strecke Schnauzenspitze—Schnitt notwendige Zeit!

Die Kraft des Flimmerschlages reicht aus, um ein **ausgeschnittenes Stück der Schleimhaut** als Ganzes vorwärts zu treiben. Man schneidet aus der Schleimhaut ein etwa 1 qcm großes Stück heraus, wobei man an der Schnittfläche des Kopfes beginnend die Schleimhaut mit der Spitzpinzette ein wenig abhebt und senkrecht zur Abtrennungslinie des Kopfes zwei parallele Schnitte in 1 cm Abschnitt gegen die Schnauze führt und das abgehobene Schleimhautstück durch einen Querschnitt vollkommen abtrennt. Dann wird die Schleimhaut mit der Flimmerseite nach *unten* auf eine Glasplatte gelegt, die vorher mit einem Tropfen 0,7 proz. Kochsalzlösung befeuchtet wurde. Mit Hilfe der Pinzette und der Scherenspitze ist das Schleimhautstück vollkommen flach auszubreiten; überschüssige Kochsalzlösung ist mit einem Filtrierpapierstreifen abzusaugen, so daß das Schleimhautstückchen nicht schwimmt, sondern der feuchten Platte leicht anliegt. Das Gewebe beginnt sehr rasch in einer bestimmten Richtung zu laufen. Durch ein unter die Glasplatte gelegtes Papier mit parallelen Strichen in 0,5 oder 1,0 cm Abstand ist die Geschwindigkeit des Gewebes zu bestimmen. Da die Schleimhaut auch *bergauf laufen* kann, soll der Grenzwinkel ausprobiert und abgeschätzt werden, gegen den sich das Schleimhautstückchen gerade noch bewegen kann (verschieden starkes Heben einer Seite der Glasplatte).

Von den am Kopf zurückbleibenden Schleimhautresten ist schließlich ein mikroskopisches Präparat derart herzustellen, daß mit einem Blatt der geöffneten Schere oder mit der Spitze eines Skalpelles ein wenig von der Schleimhautoberfläche abgeschabt wird. Die abgekratzten Zellen verkleben mit dem Schleim zu einer an der Schneide haftenden Masse, die auf einem Objektträger in einem Tröpfchen 0,7 proz. Kochsalzlösung zerzupft, mit einem Deckglas bedeckt, schließlich mit schwächerer und dann mit stärkerer Vergrößerung untersucht wird. An größeren Gewebestückchen sieht man das Ablaufen der Wellen des Flimmerschlages (koordinierte Schlagbewegung), an isolierten Zellen und Zellbruchstücken lassen sich die einzelnen Flimmerhärchen betrachten. Da es sich um ein ungefärbtes Präparat handelt, ist die Irisblende etwas zu verengern.

74. Herstellung und elektrische Reizung eines Muskelpräparates (M. gastrocnemius).

Erforderlich: Frosch, Urethanpulver, Präparierbesteck, Glasplatte, Schale für die Abfälle, Einrichtung zur Registrierung isotonischer Muskelzuckungen, Kymographion, Stromschlüssel, Widerstand, Induktorium, Wippe, Voltmeter, Schaltdraht.

Bevor an die Präparation des Muskels gegangen werden darf, muß die ganze Versuchsanordnung registrierbereit aufgestellt sein. Wie Abb. 55 zeigt, wird auf einem Stativ mit zwei Kreuzköpfen die Knochenklemme KK und der Schreibhebel H mit dem Schreiber S befestigt. In die Klemme wird später der Femurstumpf F eingespannt, während die Verbindung der Sehne mit dem Schreibhebel H durch ein kleines Häkchen Hk erfolgt. Bei der Zusammenstellung spannt man zunächst an Stelle des Muskels einen etwa 5 cm langen Streifen aus Karton oder zusammengelegtem Papier ein, der später durch den Muskel ersetzt wird. Zur Belastung des Muskels dienen die Gewichte G_1, G_2 usw., von denen für den vorliegenden Versuch jedoch nur *eines* in das erste Loch des Hebels eingehängt wird. Je nach der Entfernung von der Drehachse, in der das Häkchen Hk eingehängt wird, sind die Ausschläge des Schreibers verschieden groß. Man benützt meist das dritte oder vierte Loch nach der Drehachse.

Herstellung und elektrische Reizung eines Muskelpräparates. 133

Bei dieser Anordnung kann sich der Muskel verkürzen, ohne daß praktisch die Belastung und Spannung verändert wird (**isotonische Kontraktion**). Der Reizstrom wird einerseits der am Befestigungsstab des Hebels angebrachten Klemme K_1, andererseits der an der

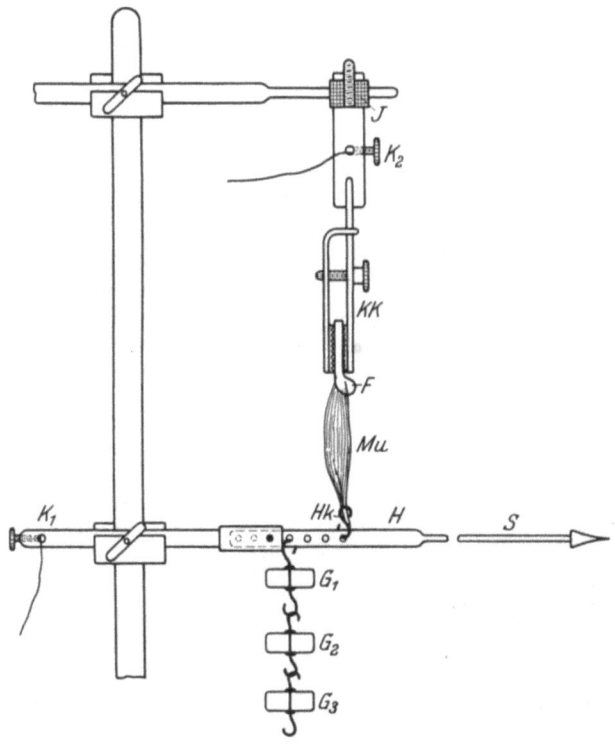

Abb. 55. Einrichtung zur Registrierung isotonischer Muskelzuckungen.
F Femurstumpf, G_1, G_2, G_3 Belastungsgewichte, *H* Hebel, *Hk* Häkchen, *J* Isolationsstück, K_1, K_2 Anschlußklemmen für den Reizstrom, *KK* Knochenklemme, *Mu* Muskel, *S* Schreiber.

Knochenklemme befindlichen Kontaktschraube K_2 zugeführt. Ein Isolationsstück *J*, das zwischen die Knochenklemme und ihren Befestigungsstab eingefügt ist, verhindert, daß der Reizstrom durch das Metall fließt. Nach der Aufstellung der Registriereinrichtung wird die elektrische Schaltung aufgebaut. Es soll der Muskel abwechselnd mit galvanischem und faradischem Strom gereizt werden, wobei der galvanische Strom dosierbar sein soll (Nebenschlußschaltung!).

134　　Physiologische Versuche am Frosch.

Zur **Präparation des Muskels** wird das tief narkotisierte Tier mit Daumen und Zeigefinger der linken Hand unmittelbar hinter dem Ende der Mundspalte gehalten; ein Blatt der mit der rechten Hand gefaßten Schere wird rasch durch das Maul geführt, während das zweite Scherenblatt auf dem Schädeldach liegt und mit einem Scherenschlag wird der obere Teil des Kopfes abgetrennt. Durch Einführen einer Sonde in die Schädelhöhle des abgetrennten Kopfes und in den Rückenmarkskanal ist das Zentralnervensystem zu zerstören. Hierauf ist das spitze Scherenblatt, wie Abb. 56 zeigt, auf der einen Seite parallel zu der Wirbelsäule einzustoßen und mit einem Scherenschlag die Wirbelsäule von der Seitenwand des Rumpfes abzutrennen; das gleiche geschieht auf der anderen Seite. Die Eingeweide mit der Seitenwand des Rumpfes und den Bauchdecken fallen dabei nach vorn hinunter und der Wirbelsäulenstumpf liegt frei. Durch einen Querschnitt in der Höhe der Symphyse werden die Eingeweide mit den Bauchdecken abgetrennt und fallen in eine darunterstehende Schale. Hierauf wird die Haut in der Gegend des Anus, wo sie festgewachsen ist, mit flach gehaltener Schere abgekappt. Man hebt nun die am Stumpf der Wirbelsäule locker hängende Haut ab, ergreift mit der linken Hand, wie Abb. 57 zeigt, den Wirbelsäulenstumpf, mit der rechten Hand mit einem Tuch die Haut und zieht sie mit einem kräftigen Ruck vom Präparat ab. Das Anfassen mit dem Tuch erleichtert das Festhalten. Das Präparat wird mit der Ventralseite auf eine Glasplatte gelegt; die benützten Instrumente

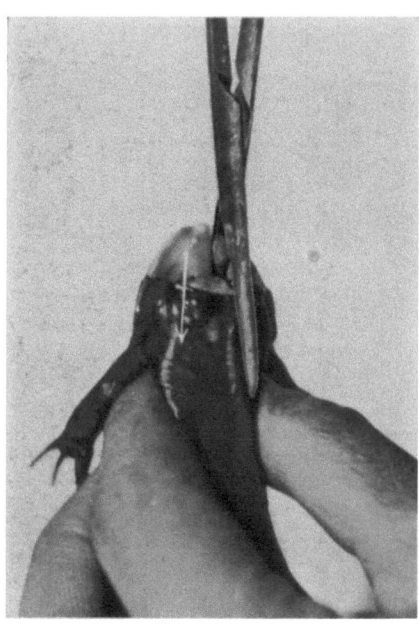

Abb. 56. Abtrennung des Wirbelsäulenstumpfes bei der Herstellung eines Nerv-Muskelpräparates. Die linke Hand hält das Tier, mit der Schere in der rechten Hand wird ein zur Wirbelsäule paralleler Schnitt geführt, ein zweiter ist an der Stelle des Pfeiles anzulegen.

Herstellung und elektrische Reizung eines Muskelpräparates. 135

und die Hände werden sodann mit einem Tuch abgewischt. Jede Berührung des Präparates mit dem die Erregbarkeit vermindernden Hautsekret muß vermieden werden.

Abb. 58 zeigt die an der Dorsalseite des Beines sichtbaren Muskeln. Es soll der M. gastrocnemius zusammen mit einem Stück des Femur und dem Kniegelenk abgetrennt werden. Man hebt zunächst durch Anfassen der Pfote mit der Pinzette — Muskeln und Nerven dürfen niemals mit den Händen berührt werden! — das ganze Bein in die Höhe und schneidet mit längsgestellter Schere alle Muskeln des Oberschenkels rings um den Femur weg, bis der Knochen, wie in Abb. 59 ersichtlich, in seiner ganzen Länge freiliegt. Hierauf faßt man auf der Planta die Sehne des M. gastrocnemius, zieht sie leicht hoch und trennt sie mit einem Scherenschlag ab, wobei die Schere parallel zur Planta zu halten ist (vgl. Abb. 59). Hinter dem Sprunggelenk ist in die Sehne ein kleiner Knorpel eingelassen, der mit der Sehne von dem darunterliegenden Gewebe abzutrennen ist und beim Präparat zu verbleiben hat. Jetzt kann die Sehne und der Muskel ohne weiteres der ganzen Länge nach abgehoben werden. Man schneidet hierauf den Unterschenkel dicht unter dem Kniegelenk durch, dann den Oberschenkel möglichst hoch, nahe seinem oberen Ende (vgl. Abb. 59). Der Muskel wird jetzt mit Hilfe der Pinzette an Stelle des Papierstreifens in die Knochenklemme gespannt, die Sehne mit dem Häkchen durchstoßen und so mit dem Hebel verbunden.

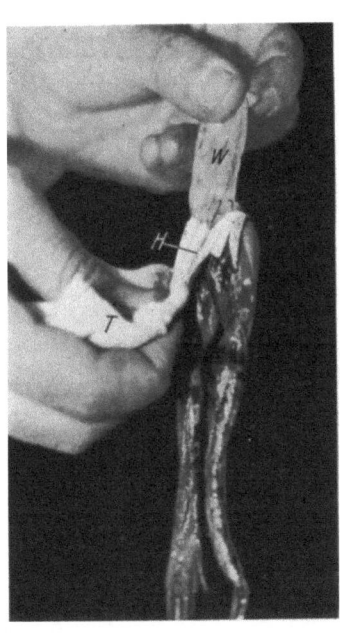

Abb. 57. Abziehen der Haut vom Muskelpräparat. Der Wirbelsäulenstumpf W ist in der linken Hand, die rechte hält die Haut H mit einem Tuch T und zieht sie mit kräftigem Zug ab.

Auf einen ganz schwachen Strom reagiert der Muskel nicht: **unterschwelliger Reiz**; bei einem **Schwellenreiz** macht er gerade die erste merkliche Zuckung, mit zunehmender Reizintensität steigt auch die Zuckungshöhe bis zum **maximalen Reiz**, der eben die höchsten Zuckungen liefert. **Übermaximale Reize** können die Zuckungshöhe nicht mehr steigern. Ein kurzdauernder Stromstoß, wie der Schließungs- oder Öffnungsinduktionsschlag, bewirkt nur *eine* Zuckung. Der durch Bedienung des Stromschlüssels mit der Hand für 1—2 Sekunden eingeschaltete *galvanische* Strom bewirkt nur im Augenblick

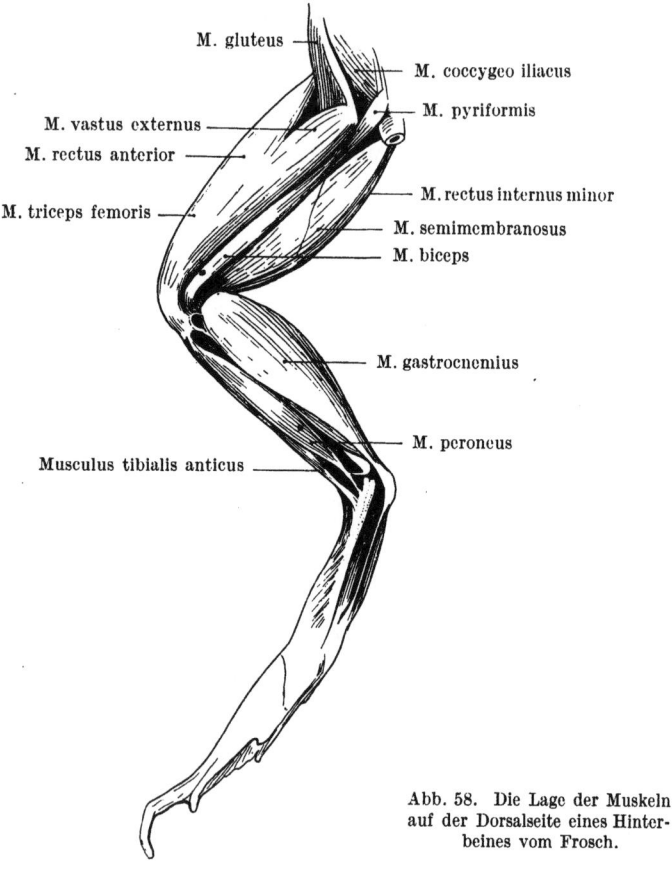

Abb. 58. Die Lage der Muskeln auf der Dorsalseite eines Hinterbeines vom Frosch.

des Stromschlusses und der Stromöffnung eine Zuckung, löst aber im allgemeinen während der Dauer des konstanten Fließens *keine* Zuckung aus. Die Schließungs- und Öffnungszuckung tritt bei galvanischer Reizung jedoch nur dann auf, wenn der Stromschluß und die Stromunterbrechung *plötzlich* erfolgen; wird aber mit Hilfe der Nebenschlußschaltung durch allmähliches Verstellen des Schiebe-

Herstellung und elektrische Reizung eines Muskelpräparates. 137

kontaktes die Stromstärke im Muskel langsam gesteigert und wieder abgeschwächt, so tritt weder eine Schließungs- noch eine Öffnungszuckung auf (**Ein- und Ausschleichen des Stromes**).

Der Muskel ist zunächst mit einzelnen Schließungs- und Öffnungsinduktionsschlägen (Feststellen des WAGNERschen Hammers!) zu reizen. Die Sekundärspule ist vor Beginn des Versuches weit hinauszuschieben und allmählich bis zum Auftreten der Zuckungen bei Schließung und Öffnung des Primärkreises hineinzuschieben. Es ist für die Schließungs- und Öffnungsschläge der dem Schwellenwert entsprechende Spulenabstand aufzusuchen, sodann sind mit immer kleinerem Spulenabstand einzelne Zuckungen bis zum Erreichen des maximalen Reizes aufzuzeichnen. Zu jeder Zuckung ist auf der Trommel der zugehörige Spulenabstand zu notieren. Entsprechend der größeren physiologischen Wirksamkeit wird bei Öffnungsinduktionsschlägen der Schwellenwert und das Maximum schon bei größerem Spulenabstand erreicht.

In einer zweiten Versuchsreihe wird am gleichen Muskel auch für den galvanischen Strom der Schwellenwert und der maximale Reiz aufgesucht, wobei unter wiederholter Schließung und Öffnung der Schieber am Widerstand im Sinn zunehmender Spannung verschoben wird. Mit einem dem Muskel parallel geschalteten Voltmeter ist sodann die Schwellenspannung und die Spannung des maximalen Reizes genau zu messen. Da die Schließung eines schwachen Gleichstromes als stärkerer Reiz wirkt als seine Unterbrechung, so ist der Schwellenwert und der Maximalwert für die Schließungszuckung kleiner als für die Öffnungszuckung.

Abb. 59. Flaches Abtrennen der Sehne S des Musculus gastrocnemius M. Der Femur F wurde vorher durch Wegschneiden der Muskeln freigelegt. Er wird nachher an der mit einem Pfeil bezeichneten Stelle durchtrennt. Kn ist der an der Sehne verbleibende Sesamknorpel. Sch Schere, SP Pinzette.

Schließlich ist das Ein- und Ausschleichen des Stromes zu untersuchen. Es wird zunächst der Schiebekontakt wieder ganz nach rechts gestellt (im Sinne der Abb. 46) und der galvanische Stromkreis geschlossen. Der Schieber wird hierauf langsam und vorsichtig nach links geschoben, wobei die Stromstärke im Muskel allmählich auf Werte steigt, die bei plötzlicher Einschaltung zu einer Zuckung führen würden. Bei allmählicher Verschiebung kommt es nicht dazu, wohl aber, wenn der Strom nach Erreichen einer bestimmten Schieberstellung plötzlich unterbrochen wird. Schaltet man den Strom wieder ein, so kommt es selbstverständlich zu einer Schließungszuckung; durch *allmähliches* Zurückführen des Schiebers auf den Ausgangspunkt kann aber die Öffnungszuckung vermieden werden. Erfolgt die Verstellung des Schiebers zu rasch, so tritt doch eine Zuckung auf. Bestimme die Grenzgeschwindigkeit für das Ein- und Ausschleichen!

75. Einfluß der Belastung auf die Hubhöhe.

Erforderlich: Gastrocnemius, Einrichtung zur Registrierung isotonischer Muskelzuckungen, Kymographion, verschiedene Gewichte, Stromschlüssel, Induktorium, Schaltdraht.

Es wird eine Einrichtung zur Registrierung isotonischer Muskelzuckungen, wie im vorhergehenden Versuch beschrieben, zusammengestellt und ein frisches Gastrocnemiuspräparat eingespannt. Gereizt wird mit Öffnungsinduktionsschlägen, wobei man, um die Abblendung der Schließungsschläge zu ersparen, einen Spulenabstand wählt, der kräftige Öffnungszuckungen, aber noch keine Schließungszuckungen liefert. Man hängt zunächst *ein* Gewicht an und schreibt einige Zuckungen, hängt hierauf ein zweites Gewicht an (vgl. hierzu Abb. 55) und registriert wieder, schließlich ein drittes und evtl. ein viertes. Untersuche den Einfluß der zunehmenden Belastung auf die Dehnung des Muskels (Sinken der Basis der Muskelzuckungen) sowie auf die Zuckungshöhe!

76. Aufzeichnen einer Ermüdungskurve.

Erforderlich: Gastrocnemiuspräparat, Einrichtung zur Aufzeichnung isotonischer Muskelzuckungen, Kymographion, Stromschlüssel, Schieberwiderstand, Induktorium, Schaltdraht.

Wird ein Muskel rhythmisch in kurzen Zeitabständen (z. B. jede Sekunde) gereizt, so nimmt die Hubhöhe sehr bald durch die eintretende Ermüdung ab; schließlich verschwinden die Zuckungen ganz. Zur rhythmischen Reizung schaltet man das Induktorium an die mit „Uhr" bezeichnete Leitung, in der Stromstöße im Sekundenrhythmus fließen. Um nicht zu viel Strom zu entnehmen, sollen in den Primärkreis mit Hilfe eines Schieberwiderstandes etwa 4—6 Ω eingeschaltet werden. Die Sekundärspule ist nur so weit hineinzuschieben, daß möglichst große Öffnungszuckungen, aber noch keine Schließungszuckungen auftreten. Das Kymographion soll durch Verstellen der Windflügel so langsam laufen, daß die im Sekundenrhythmus aufeinanderfolgenden Zuckungen etwa 1 mm voneinander entfernt sind. Sobald die Zuckungshöhe merkbar abnimmt, werden wiederholt Pausen von mehreren Sekunden Dauer eingeschaltet und die Pausenlängen in Sekunden unmittelbar neben der Kurve auf der Trommel notiert. Vergleiche die Größe der Erholung bei verschieden langen Pausen sowie den Erholungseffekt gleich langer Pausen bei *verschieden weit* fortgeschrittener Ermüdung. Am gleichen oder einem anderen Muskel ist ferner der Einfluß verschieden großer Belastung (ein oder mehrere Gewichte) auf die Geschwindigkeit des Ermüdungseintrittes zu untersuchen. Prüfe endlich, ob der vollständig ermüdete Muskel bei einer Verstärkung des Stromes neuerlich zu arbeiten beginnt.

77. Bestimmung der Latenzzeit der Muskelzuckung.

Erforderlich: Gastrocnemiuspräparat, Einrichtung für isotonische Muskelzuckung, Kymographion mit Einrichtung zur automatischen Stromunterbrechung, Induktorium, Stromschlüssel, elektromagnetischer Zeitschreiber, Schaltdraht.

Die Muskelzuckung erfolgt nicht unmittelbar auf den Reiz, sondern erst nach einer gewissen **Latenzzeit.** Die Länge dieser Zeit kann dadurch gemessen werden, daß das Kymographion bei seiner Umdrehung automatisch in einem bestimmten Zeitmoment den Reiz auslöst und die Zeit bestimmt wird, nach welcher die Muskelzuckung einsetzt. Da eine große Umdrehungsgeschwindigkeit notwendig ist, wird das Kymographion einfach mit der Hand einmal rasch herumgeschleudert, wobei vorher die Übertragungsschnur vom Uhrwerk abzunehmen ist. An der Trommel befindet sich ein vorstehender Stift, der beim Drehen an einen am Fuß des Kymographions befestigten Schlüssel anstößt und ihn dabei öffnet. Dieser Schlüssel wird in den Primärkreis des Induktoriums eingeschaltet, in den Sekundärkreis Knochenklemme und Muskelhebel mit einem frischen Gastrocnemiuspräparat; es wird zunächst ein solcher Abstand von Primär- und Sekundärspule aufgesucht, bei der kräftige Öffnungszuckungen, aber noch keine Schließungszuckungen auftreten. Unterhalb des Schreibers wird ein elektromagnetischer Zeitmarkierer befestigt, der jedoch mit den *Wechselstromklemmen* des Anschlußbrettchens unter Zwischenschaltung eines Stromschlüssels zu verbinden ist (zur Strombegrenzung ist am Schaltbrettchen bereits eine Vorschaltlampe eingeschaltet). Der Zeitschreiber registriert auf der rasch bewegten Trommel die Sinusschwingungen des Wechselstromes mit 96 Wechseln in der Sekunde. Jedes Wellental und jeder Wellenberg stellt so eine Zeitmarke von $1/96$ oder rund $1/100$ Sekunde dar.

Zur **Bestimmung der Latenzzeit** ist die Kenntnis des Reizmomentes notwendig. Es wird daher der Schlüssel am Kymographion zunächst geschlossen und bei ausgeschaltetem Zeitschreiber die Trommel langsam mit dem Stift gegen den Schlüssel gedreht, bis durch seine Betätigung der Muskel zuckt. Infolge der langsamen Drehung der Trommel fällt der Reizmoment mit dem Auftreten der Muskelzuckung praktisch zusammen. Hierauf wird der Schlüssel unter dem Kymographion neuerlich geschlossen, das elektrische Zeitsignal durch Schließen des Wechselstromkreises in Betrieb gesetzt, seine Schreibfeder gut angelegt und dann die Trommel mit der Hand so rasch als möglich einmal herumgedreht, wobei wieder der Schlüssel im Primärkreis geöffnet wird und eine Muskelzuckung zustande kommt. Infolge der raschen Bewegung der Trommel ist diese zweite Muskelzuckung nicht wie die erste ein einfacher Strich, sondern eine in die Breite gezogene Kurve, deren aufsteigender Teil der Kontraktion, der absteigende Schenkel der Erschlaffung entspricht, auf die noch einige ganz kleine Wellen, elastische Nachschwingungen, folgen. Der Beginn dieser Muskelkurve fällt nicht mehr mit der ersten, strichförmig aufgezeichneten Zuckung zusammen, weil sich die Trommel wegen der großen Geschwindigkeit während der Latenzzeit ein Stück weiter bewegt hat. Der zeitliche Abstand zwischen der strichförmig aufgezeichneten Zuckung und dem Beginn der zweiten Kurve entspricht daher der Latenzzeit, deren Größe an Hand der ungefähr $1/100$ Sekunde darstellenden Zeitmarken genau ausgemessen werden soll.

78. Registrierung tetanischer Kontraktionen.

Erforderlich: Muskelpräparat, Einrichtung für die isotonische Kontraktion, Kymographion, Induktorium, Stromschlüssel, Schaltdraht.

Zur Erzielung tetanischer Kontraktionen ist der Muskel mit faradischem Strom zu reizen. Dazu wird der Wagnersche Hammer freigegeben und so eingestellt, daß er bei Einschaltung des Primärstromes mit dem Schlüssel sofort zu spielen beginnt. Es kann das Muskelpräparat aus dem vorhergehenden Versuch benützt werden, sollte es schlecht reagieren, ist ein neues anzufertigen. Die Sekundärspule wird so eingestellt, daß der Reiz überschwellig wird, und es sind hierauf durch Schließen des Primärkreises für mehrere Sekunden einzelne **Dauerkontraktionen** zu registrieren. Zeichne ferner solche Dauerkontraktionen bei verschiedenem Rollenabstand auf! Registriere auch mit dem gleichen Muskel einige Zuckungen mit einzelnen Öffnungsschlägen! Wodurch unterscheidet sich die Kurve der Dauerkontraktion von der Zuckungskurve? Wodurch unterscheidet sich die Reizstärke bei Einzelzuckung und Tetanus?

Wenn der Unterbrecher sehr langsam läuft, so daß die Reizfrequenz sehr niedrig ist, entsteht eine tetanische Kontraktion, deren

Aufzeichnung isometrischer Muskelzuckungen. 141

Plateau nicht glatt, sondern wellig ist (**unvollkommener Tetanus**). Registriere tetanische Kontraktionen bei verschiedener Frequenz des Unterbrechers!

79. Aufzeichnung isometrischer Muskelzuckungen.

Erforderlich: Gleiche Einrichtung wie für Versuch 78, außerdem noch Muskelhebel für isometrische Kontraktion, *langer* Strohschreiber.

Wenn ein Muskel gegen einen großen Widerstand arbeitet, so steigt seine Spannung, doch bleibt seine Länge gleich, da er sich

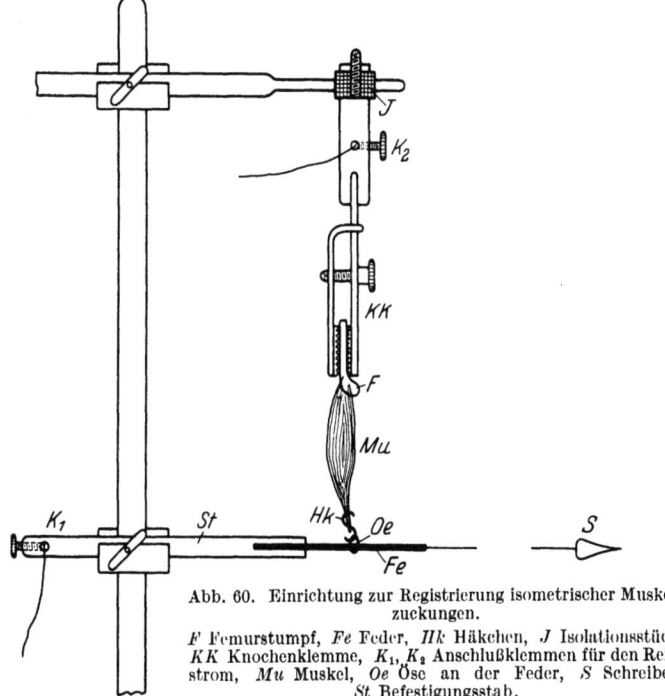

Abb. 60. Einrichtung zur Registrierung isometrischer Muskelzuckungen.

F Femurstumpf, *Fe* Feder, *Hk* Häkchen, *J* Isolationsstück, *KK* Knochenklemme, K_1, K_2 Anschlußklemmen für den Reizstrom, *Mu* Muskel, *Oe* Öse an der Feder, *S* Schreiber, *St* Befestigungsstab.

nicht verkürzen kann: **isometrische Kontraktion**. Bei der oben beschriebenen *isotonischen* Zuckung (vgl. S. 133) ändert sich nur die Länge, nicht aber die Spannung. Es soll nun ein Muskel unter *isotonischen* Bedingungen (wie S. 132 beschrieben) mit einzelnen Öffnungsschlägen gereizt werden, wobei das Kymographion auf raschen Lauf zu stellen ist; hierauf ist der Muskelhebel gegen einen solchen für isometrische Zuckung auszutauschen. Dieser besteht, wie Abb. 60 zeigt, aus einem Befestigungsstab *St* und einer starken Feder *Fe*, an der der Schreiber *S* befestigt wird. Das durch die Sehne gestoßene Häkchen *Hk* wird in die Öse *Oe* an der Feder eingehängt. Die übrige Einrichtung wird *nicht* verändert, jedoch der Kreuzkopf mit dem isometrischen Muskelhebel so weit gesenkt, daß der Muskel ganz leicht gespannt ist und bei seiner Kontraktion sofort an der Feder angreift. Die Klemme K_1 (Abb. 60) wird so wie bei der isotonischen Anordnung mit der Sekundärspule verbunden und der Muskel wieder mit einzelnen Öffnungsschlägen, zunächst bei der gleichen Spulenstellung wie früher, dann bei kleinerem Rollenabstand, mehrmals gereizt; wobei das Kymographion so wie früher schnell laufen muß. Da der Muskel die Feder nur ganz wenig durchbiegen kann, liegt praktisch eine isometrische Kontraktion vor; die winzige Bewegung der Feder genügt aber zur Aufzeichnung eines durch den Schreiber stark vergrößerten Ausschlages. Um die gleiche Höhe der Zuckungskurve zu erhalten, muß aber bei der Registrierung einer isometrischen Zuckung ein *längerer* Schreiber verwendet werden. Vergleiche die Kurve der isometrischen und isotonischen Kontraktion; worin liegt der Unterschied?

80. Herstellung eines Nerv-Muskelpräparates bzw. des physiologischen Rheoskopes.

Erforderlich: Frosch, Präparierbesteck, Urethan, Glasplatte, Abfallschale.

Bei den bis jetzt beschriebenen Versuchen handelte es sich um *direkte Muskelreizung*; bei der *indirekten Muskelreizung* wird der Nerv erregt und der Muskel so wie unter natürlichen Bedingungen vom Nerven aus zur Zuckung gebracht. Zur Registrierung bei indirekter Muskelreizung wird so wie früher der an dem auspräparierten Femur hängende M. gastrocnemius benützt, der jedoch noch mit dem bis zu seinen Wurzeln abgelösten und vom Rückenmark abgetrennten Nerv. ischiadicus in Verbindung steht **(Nerv-Muskelpräparat)**. Präpariert man den Nerv. ischiadicus frei, durchtrennt den Femur, läßt jedoch den Unterschenkel mit der Pfote intakt — ohne also den M. gastrocnemius vom Unterschenkel abzulösen —, so erhält man ein Präparat, das die geringsten Zuckungen des Gastrocnemius durch eine Bewegung der Pfote anzeigt und daher für sehr viele Versuche eine Registrierung überflüssig macht **(physiologisches Rheoskop)**.

Zur **Präparation des physiologischen Rheoskopes** wird so, wie früher (S. 134) beschrieben, das narkotisierte Tier dekapitiert, Gehirn und Rückenmark ausgebohrt, die Eingeweide entfernt und die Haut abgezogen. Das Präparat wird mit der Dorsalseite nach oben auf eine reine Glasplatte gelegt und die Hände und Instrumente mit einem Tuch abgewischt. Der Nerv. ischiadicus liegt (vgl. hierzu Abb. 58) in der Tiefe des Spaltes zwischen den Mm. triceps femoris und semimembranosus, der oben durch den schmalen M. biceps abgeschlossen wird. Durch Auseinanderdrängen der M. biceps und M. semimbranosus wird der Nerv sichtbar. Besser ist es, zunächst die M. triceps femoris und M. semimembranosus auseinander zu ziehen, die beim Kniegelenk sichtbare feine Sehne des M. biceps mit der Pinzette zu fassen, sie zu durchschneiden, den Muskel gegen das Becken zu abzuziehen und möglichst nahe seinem Ursprung abzuschneiden. Beim Fassen und Durchschneiden der Sehne ist *größte Vorsicht* nötig, damit nicht auch gleichzeitig der an dieser Stelle oberflächlich liegende Nerv mit durchschnitten wird. Durch Unterfahren des Nerven mit der geschlossenen Pinzette wird er vom Femurstumpf abgelöst und es werden sodann wie bei der Herstellung eines gewöhnlichen Muskelpräparates alle Muskeln vom Oberschenkel weggeschnitten. Schließlich wird der Femur hoch oben durchtrennt. Um ein möglichst langes Stück des Nerven zu erhalten, muß man ihn bis an die Wirbelsäule verfolgen, wozu die Durchtrennung des Darmbeines und die Eröffnung des Foramen ischiadicum notwendig ist. Wie Abb. 61 zeigt, wird das Darmbein D nahe seinem oberen Ende mit einer Schieberpinzette SP ge-

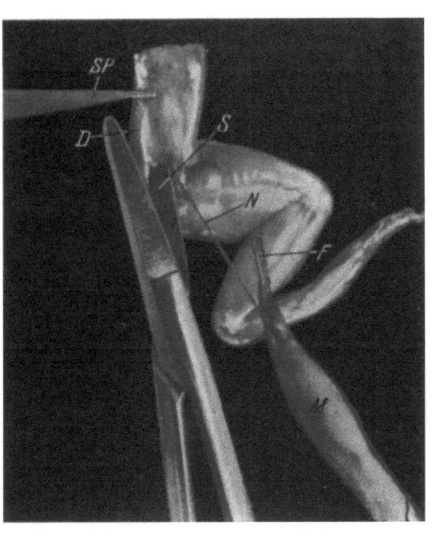

Abb. 61. Präparation des Nerv. ischiadicus (Dorsalansicht des Präparates). Der Nerv N ist im Gebiet des Oberschenkels bereits freigelegt, der Femur F von den Muskeln befreit und durchschnitten, das linke Darmbein D in die Schieberpinzette SP geklemmt. Die linke Hand zieht unter leichter Spannung durch Anfassen an den Zehen den Nerven nach oben und medial, während ein Scherenblatt S lateral vom Nerven durch das Foramen ischiadicum gesteckt wird, um das Darmbein zu durchschneiden.

faßt, die zunächst horizontal auf der Glasplatte liegen bleibt. Hierauf nimmt man das Präparat mit der linken Hand an den Zehen und zieht den Nerv unter leichter Spannung nach oben und medial. Ein Scherenblatt geht lateral vom Nerven durch das Foramen ischiadicum und schneidet das Darmbein samt den Weichteilen durch. Jede Zerrung des Nerven oder Quetschen mit der Schere muß dabei sorgfältig vermieden werden. Hierauf legt man den abgetrennten Teil des Darmbeines mit der Schieberpinzette medialwärts um, so daß die Innenseite

144 Physiologische Versuche am Frosch.

des Beckens nach oben schaut, wie Abb. 62 zeigt. Die den Verlauf des Nerven noch verdeckenden Weichteile werden sodann durchgeschnitten, bis der ganze Nerv vom Kniegelenk bis zu seinen Wurzeln freiliegt. Dann wird der Nerv unmittelbar an der Wirbelsäule abgeschnitten, wobei man am Zukken der Zehen erkennt, daß der Nerv während der Präparation leitend und unverletzt geblieben ist. Das auf diese Weise gewonnene physiologische Rheoskop besteht also aus dem Unterschenkel mit der Pfote, dem Femurstumpf und dem Nerv. ischiadicus.

Zur **Herstellung eines Nerv-Muskelpräparates** wird in völlig gleicher Weise vorgegangen, jedoch so, wie früher (S.135) beschrieben, die Sehne des M. gastrocnemius mit dem Sesamknorpel vom Sprunggelenk abgetrennt, der Muskel vom Unterschenkel abgezogen und der Unterschenkelknochen unter dem Kniegelenk durchschnitten.

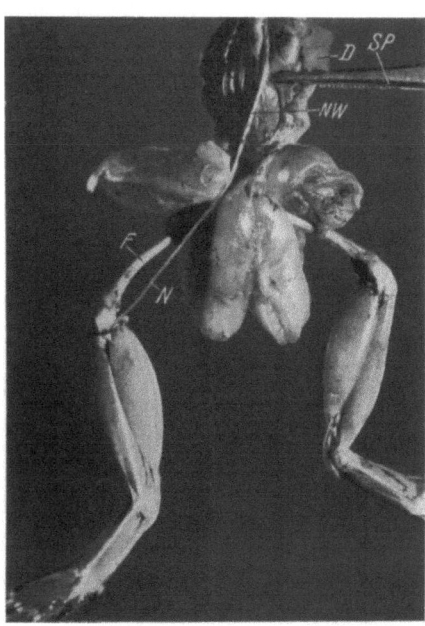

Abb. 62. Präparation des Nerv. ischiadicus (Dorsalansicht des Präparates). Das linke Darmbein *D* ist durchschnitten und mit der Schieberpinzette *SP* nach rechts (medial) umgelegt. Die über dem Nerven *N* und seinen Wurzeln *NW* liegenden Weichteile sind durchtrennt, so daß der ganze Verlauf sichtbar wird. *F* ist der abgeschnittene Femurstumpf.

81. Mechanische, osmotische und elektrische Reizung des Nerven.

Erforderlich: Physiologisches Rheoskop, Präparierbesteck, Kochsalzpulver, galvanische Pinzette, Einrichtung zur Registrierung isotonischer Muskelzuckungen, Kymographion, Induktorium, Stromschlüssel, Elektrodenpaar, Schaltdraht.

Die ersten Versuche sind mit dem physiologischen Rheoskop auszuführen, sodann ist aus dem Rheoskop ein Nerv-Muskelpräparat herzustellen und die Muskelzuckungen bei indirekter Reizung aufzuzeichnen. Da das Präparat sehr bald abstirbt, ist bereits vorher die Versuchsanordnung aufzubauen. Es wird die Einrichtung für isotonische Muskelzuckung zum Kymographion gestellt und es ist das aus Silberdraht bestehende Elektrodenpaar mit einem Kreuzkopf so am Stativ zu befestigen, daß die Drähte unmittelbar neben die Knochenklemme zu liegen kommen. Die Anschlußklemmen des Elektrodenpaares werden mit der Sekundärspule eines Induktoriums verbunden.

Dann wird das frische physiologische Rheoskop auf eine Glasplatte gelegt und, um die Austrocknung zu vermeiden, mit 0,7 proz. Kochsalzlösung *zart* befeuchtet. Der Erfolg der Nervenreizung ist am Zucken der Pfote zu erkennen. Zur **mechanischen Reizung** wird das äußerste Ende des Nerven mit der Pinzette gequetscht oder es werden mit der Schere Stückchen von etwa 1 mm Länge abgekappt. Zur **osmotischen Reizung** wird das Nervenende mit etwas Kochsalzpulver bedeckt, das dem Nerven Wasser entzieht. Die einfachste Form der **elektrischen Reizung** besteht in der Berührung des Nerven mit der aus einem verlöteten Kupfer- und Zinkdraht bestehenden *galvanischen Pinzette*. Die beiden durch den feuchten Nerven zu einem Kreis geschlossenen Metalle stellen ein galvanisches Element dar, dessen Strom als Reiz wirkt. Mit einer ähnlichen Versuchsanordnung hat GALVANI 1786 die „tierische Elektrizität" entdeckt. Der Muskel ist mit der galvanischen Pinzette nicht zu erregen. Wodurch unterscheidet sich der Erfolg der osmotischen Nervenreizung von dem Erfolg der beiden anderen angewendeten Reizarten? Entspricht die mit der galvanischen Pinzette ausgelöste Zuckung der Stromschließung oder Stromöffnung?

Aus dem physiologischen Rheoskop wird in der früher beschriebenen Weise ein Nerv-Muskelpräparat hergestellt, der Muskel eingespannt und der Nerv, nachdem das zu den oben beschriebenen Versuchen benutzte Stück abgeschnitten wurde, über das Elektrodenpaar gelegt. Untersuche, ob auch der Nerv durch den Öffnungsinduktionsschlag *stärker* erregt wird als durch den Schließungsinduktionsschlag, stelle die Schwellenwerte und maximale Reizstärke fest und prüfe endlich, ob auch vom Nerven aus durch faradischen Strom eine *Dauerkontraktion* des Muskels zu erzielen ist.

82. Der Elektrotonus.

Erforderlich: Physiologisches Rheoskop, Elektrotonusbrettchen, drei Stromschlüssel, Schieberwiderstand, Induktorium, Wippe.

Wie früher erwähnt, führt nur die Ein- und Ausschaltung des galvanischen Stromes zu einer Zuckung; beim Stromschluß geht die Reizwirkung von der Kathode, bei der Stromunterbrechung von der Anode aus. Bei *starken* Strömen wird während der Durchströmung die Erregbarkeit und Leitungsfähigkeit an der Kathode erhöht, an der Anode dagegen herabgesetzt, eine als **Elektrotonus (Katelektro-**

tonus bzw. **Anelektrotonus**) bezeichnete Erscheinung. Nach der Stromausschaltung kehren sich die Erregbarkeitsverhältnisse um. Zum Nachweis des Elektrotonus dient ein auf das **Elektrotonusbrettchen** gelegtes physiologisches Rheoskop. Auf dem breiten, mit einer Korkplatte versehenen Teil Ko (Abb. 63) des Elektrotonusbrettchens ist das Rheoskop Rh mit einer durch das Kniegelenk gestoßenen Stecknadel SN zu fixieren, damit beim Zucken nicht eine Verlagerung des Präparates bzw. des Nerven eintritt. Der Ischiadicus N wird über die vier queren, mit den Klemmen $K_1 - K_4$ verbundenen Drähte auf den schmalen Teil des Brettchens gelegt. K_2 und K_3 werden mit der Sekundärspule eines Induktoriums verbunden (Reizstrom), bei dem der Rollenabstand so eingestellt wurde, daß gerade Öffnungszuckungen auftreten. An K_1 und K_4 wird eine von einer Nebenschlußschaltung mit einem Schieberwiderstand abgenommene schwache Gleichspannung gelegt (elektrotonisierender Strom), wobei in die Leitung ein Stromwender einzuschalten ist. Bestimme vor dem Anschluß der Drähte an die Klemmen K_1 und K_4 die Polarität für die beiden Stellungen des Doppelhebels am Stromwender! Ist die an K_1 und K_4 angelegte Spannung genügend groß, so führt die im Gebiet der Elektroden K_2 und K_3 durch den Öffnungsschlag ausgelöste Erregung *nur dann* zu einer Muskelzuckung, wenn K_1 die *Kathode*, nicht aber die Anode ist. In letzterem Fall wird durch den Anelektrotonus die Fortleitung der Erregung gehindert. Prüfe unmittelbar nach dem Ausschalten des Gleichstromes die Leitungsverhältnisse im Gebiet von K_1, und zwar nachdem diese Elektrode sowohl eine Zeitlang Anode, als auch eine Zeitlang Kathode war. Welcher Unterschied ist zu beobachten?

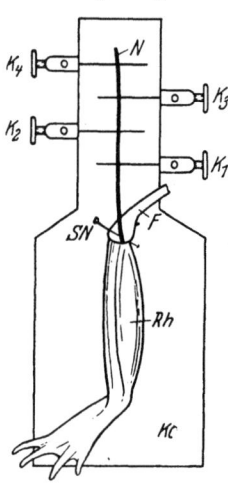

Abb. 63.
Elektrotonusbrettchen.
F Femurstumpf,
Ko Korkplatte,
$K_1 - K_4$ Klemmen mit quer ausgespannten Drähten,
N Nerv. ischiadicus,
Rh Rheoskop,
SN Stecknadel.

Es ist ferner in den Sekundärkreis des Induktoriums ein Stromwender einzuschalten. Ist K_1 die Gleichstromkathode, so tritt die Zuckung *unabhängig* von der Richtung des Öffnungsschlages auf. Wird jedoch der Gleichstromnebenschluß nicht an K_1 und K_4, sondern an K_1 und K_3 gelegt, die Öffnungsschläge nicht K_2 und K_3, sondern K_2 und K_4 zugeleitet, so zeigt sich für den Fall, daß K_1 die Kathode ist, nur bei *einer bestimmten* Stromrichtung des Öffnungsschlages eine Zuckung. Kurz dauernde Stromstöße erregen nämlich nur an der Kathode, haben also nur Schließungswirkung. Ist K_2 die Kathode des Öffnungsschlages und K_1 die Gleichstromkathode, so kann die von K_2 ausgehende Erregung die über K_1 liegende Nervenstrecke passieren; ist jedoch K_2 die Anode des Öffnungsschlages, so geht seine Erregung von K_4 aus, kann aber nicht zum Muskel gelangen, weil sie durch den Anelektrotonus im Gebiet von K_3 blockiert wird. Dieser Versuch liefert den Beweis, daß *kurzdauernde Stromstöße nur an der Kathode erregen können*. Es ist hierauf der Rollenabstand so zu verkleinern, daß bei zunächst ausgeschaltetem Gleichstrom sowohl der Schließungs- wie auch der Öffnungsinduktionsschlag zu einer Zuckung führt. Hierauf wird der Gleichstrom wieder so eingeschaltet, daß K_1 Kathode, K_3 Anode ist und sowohl für die Schließungs- wie für die Öffnungsschläge die wirksame Stromrichtung zwischen K_2 und K_4 festgestellt. Welche Unterschiede bestehen zwischen Schließungs- und Öffnungsschlägen und wodurch sind sie begründet?

83. PFLÜGERsches Zuckungsgesetz.

Erforderlich: Physiologisches Rheoskop, Stromschlüssel, Schieberwiderstand, Reizelektrodenpaar, Voltmeter, Schaltdraht, Glasplatte.

Zur Reizung des auf der Glasplatte liegenden Rheoskops dient ein Gleichstromnebenschluß, der einen Stromwender und parallel zu den Elektroden ein Voltmeter enthält. Es ist die Polarität der Reizelektrodendrähte für beide Stellungen des Stromwenders festzustellen.

Wie schon erwähnt, tritt bei ganz schwachen *galvanischen* Strömen nur eine Schließungszuckung auf, bei etwas stärkeren kommt noch die Öffnungszuckung hinzu; bei ganz starken Strömen verschwindet, je nach der Stromrichtung, wieder eine der beiden Zuckungen infolge der Blockierung durch den Elektrotonus. „**Aufsteigende Ströme**" sind solche, deren Anode muskelnahe, deren Kathode muskelfern liegt, also solche, bei denen der Strom gegen das Zentralnervensystem gerichtet ist, bei „**absteigenden Strömen**" ist dies umgekehrt. Der Stromverlauf für beide Fälle wird schematisch in Abb. 64 gezeigt. Darunter ist in einer Tabelle der Reizerfolg (Zuckung Z) bzw. die Wirkungslosigkeit (O) für die Schließung (S) und die Öffnung (Oe) in beiden Stromrichtungen für die drei Reizstärken schematisch zusammengestellt (**PFLÜGERsches Zuckungsgesetz**). Unterschiede in der Zuckungsformel für beide Stromrichtungen ergeben sich nur bei starken Strömen; das Fehlen der Schließungszuckung bei aufsteigenden, starken Strömen erklärt sich daraus, daß der von der Kathode ausgehende Schließungsreiz durch das anelektrotonisch blockierte Anodengebiet nicht hindurch kann, während der starke anodische Öffnungsreiz ohne weiteres zum Muskel gelangt und zu einer Öffnungszuckung führt. Bei absteigenden Strömen kann der von der muskelnahen Kathode ausgehende Schließungsreiz eine Muskelzuckung auslösen, nicht aber der von der muskelfernen Anode ausgehende

Öffnungsreiz, da er das Gebiet des früheren Katelektrotonus passieren muß, das ja unmittelbar nach der Stromunterbrechung *leitungsunfähig* ist („depressive Kathodenwirkung"). Prüfe die drei Stadien des Pflügerschen Zuckungsgesetzes und stelle mit Hilfe des Voltmeters die als „schwache", „mittlere" und „starke" Reize zu bezeichnenden Spannungen fest!

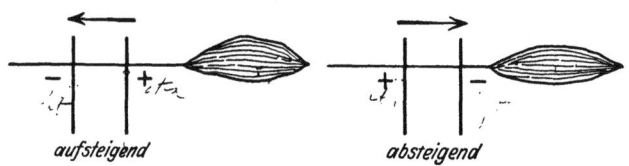

Abb. 64. Schema für auf- und absteigende Ströme.

Reizstärke	Aufsteigender Strom		Absteigender Strom	
	S	Oe	S	Oe
Schwache Ströme . .	Z	O	Z	O
Mittlere Ströme . . .	Z	Z	Z	Z
Starke Ströme	O	Z	Z	O

84. Nachweis der Polarisation im Nerven.

Erforderlich: Physiologisches Rheoskop, Stromschlüssel, Schieberwiderstand, Wippe, Schaltdraht, Glasplatte.

Da die lebenden Gewebe ihre Leitfähigkeit den gelösten Salzen verdanken, d. h. Leiter *zweiter* Klasse sind, kommt es während der Durchströmung zu einer polaren Trennung der Ionen und zu einer polaren Anhäufung an den Grenzflächen. Diese bewirkt eine der Durchströmung entgegengesetzt gerichtete elektrische Ladung im Gewebe, die bei geeigneter Anordnung zur Entstehung eines elektrischen Stromes führen kann (**Polarisation** bzw. **Polarisationsstrom**). Der Nachweis der Polarisation läßt sich am einfachsten am physiologischen Rheoskop führen, weil das Fließen des Polarisationsstromes bzw. seine Schließung durch die Zuckung sichtbar gemacht werden kann.

Es wird eine Nebenschlußschaltung mit einem Schieberwiderstand aufgebaut und die Klemmen des Nebenkreises (*E* bzw. *SK* nach Abb. 46) mit den Achsenpolen einer Wippe verbunden. An die Klemmen *E* und *SK* ist weiters ein Voltmeter anzuschalten. Die eine Seite der Wippe wird mit den beiden Polen eines Stromschlüssels verbunden, so daß diese Klemmen nach Bedarf kurzgeschlossen werden können; die andere Seite wird mit dem Elektrodenpaar ver-

Beobachtung der Aktionsströme des schlagenden Herzens. 149

bunden, über das der Nerv eines auf der Glasplatte liegenden, *frisch hergestellten* Rheoskops gelegt wird. Es wird zunächst die Wippe so gestellt, daß das Elektrodenpaar im Nebenschluß zum Widerstand liegt und ein Strom von einigen Volt Spannung einschleichen gelassen. Nach etwa einer Minute läßt man den Strom wieder ausschleichen und legt die Wippe rasch auf die andere Seite. Es besteht nun ein Stromkreis aus Nerv, Wippe und Schlüssel. Wird jetzt dieser wiederholt geschlossen und geöffnet, d. h. also, das auf den Elektroden liegende Nervenstück wiederholt kurzgeschlossen, so treten mehrere Schließungs-, evtl. auch Öffnungszuckungen auf, weil die Durchströmung im Nerven eine Polarisationsspannung entwickelt hat, die beim Kurzschluß abströmen konnte. Die Ursache der Zuckungen ist also das Ein- und Ausschalten des Polarisationsstromes. Bestimme: 1. wie groß muß die Spannung sein, damit z. B. nach einer Durchströmungsdauer von einer Minute der Kurzschluß gerade zu einer Zuckung führt, 2. wie lang muß eine gegebene Spannung, z. B. 2 V oder 4 V, polarisieren, damit nach Kurzschluß eine Zuckung auftritt?

85. Nachweis des Muskelaktionsstromes mittels der sekundären Zuckung.

Erforderlich: Zwei physiologische Rheoskope, Kochsalzpulver, Pinzette, galvanische Pinzette, Einrichtung zur Reizung des Nerven mit galvanischem oder faradischem Strom, Glasplatte.

Jedes Organ liefert bei seiner Tätigkeit Aktionsströme, so auch der Muskel; die erregte Stelle wird vorübergehend negativ elektrisch. Die Ströme sind an sich ziemlich schwach, genügen aber zur Reizung eines Nerven, der dann durch die im zugehörigen Muskel ausgelöste Zuckung das Vorhandensein solcher Aktionsströme anzeigt.

Auf eine Glasplatte werden zwei physiologische Rheoskope so gelegt, daß der Nerv des zweiten auf dem Muskelbauch des ersten liegt. Der Nerv des ersten Muskels ist nun, wie früher besprochen, durch Quetschen an seinem Ende, durch Bestreuen mit Kochsalzpulver, Berühren mit der galvanischen Pinzette oder mit Hilfe des Elektrodenpaares galvanisch oder faradisch zu reizen und das Verhalten des zweiten Muskels zu beobachten.

86. Beobachtung der Aktionsströme des schlagenden Herzens mit dem Capillarelektrometer.

Erforderlich: Capillarelektrometer, Pinselelektroden, galvanische Pinzette, ausgeschnittenes Froschherz, Schaltdraht.

Zur Untersuchung der bioelektrischen Ströme sind *hochempfindliche*, für die rasch ablaufenden Aktionsströme auch *schnell reagierende* Instrumente nötig, z. B. ein **Capillarelektrometer,** wie es in einer gebräuchlichen Ausführung durch Abb. 65 schematisch dargestellt wird. Es besteht aus den beiden Glasröhren R_1 und R_2, die

oben bogenförmig ineinander übergehen und unten durch die Capillare
Ka miteinander in Verbindung stehen. Die obere Verbindung ist
nur für die Füllung der Röhren wichtig, für die Funktion des Apparates
aber bedeutungslos. Im Rohr R_1 befindet sich Schwefelsäure (S), im
Rohr R_2 Quecksilber (Q). Beide Flüssigkeiten stoßen in der Capillare
zusammen, wobei die Höhe der Quecksilbersäule durch die Ausbildung eines Gleichgewichtszustandes zwischen der Oberflächenspannung des Meniscus M in der Capillare und dem
Gewicht des Quecksilbers Q im Rohr R_2 bedingt ist.
Der der Schwefelsäure durch die Klemme K_1 unter
Vermittlung des Quecksilbertropfens QT, bzw. dem
Quecksilber Q durch die Klemme K_2 zugeleitete
Strom verändert infolge elektrolytischer Polarisation
die Oberflächenspannung des Quecksilbermeniscus,
wodurch fast plötzlich unter Verschiebung der
Quecksilbersäule ein neuerlicher Gleichgewichtszustand sich ausbildet. Erhöhung der Oberflächenspannung führt zu einer Abwärtsverschiebung des
Meniscus, Sinken der Oberflächenspannung zu einem
Steigen. *Der Meniscus verschiebt sich in der Richtung des Stromes.* Das Capillarelektrometer ist infolge seines hohen, durch die Polarisation bedingten
Widerstandes ein Spannungsmesser. Damit die
Polarisation wieder verschwindet, der Meniscus in
die Ausgangsstellung zurückkehrt, muß das Instrument nach der Messung kurzgeschlossen werden.

Die kleinen Verschiebungen des Meniscus werden
durch mikroskopische Beobachtung festgestellt.
Abb. 66 zeigt die beobachtungsbereite **Aufstellung eines Capillarelektrometers.** Zur Verbesserung
des mikroskopischen Bildes wird
auf die Capillare Ka ein Deckgläschen D aufgeklebt; die Scharfeinstellung des Meniscus erfolgt
wie sonst am Mikroskop durch
die Mikrometerschraube M. Durch einen auf dem Stativ befestigten
Schalter S ist das Instrument dauernd *kurzgeschlossen*. Der nachzuweisende Strom wird zu den Klemmen K_3 und K_4 geleitet und für
die Dauer der Beobachtung der Druckknopf DK gedrückt, wodurch
der Kurzschluß unterbrochen und eine direkte Verbindung von K_3
und K_4 mit den Klemmen K_1 und K_2 am Instrument selbst hergestellt
wird. Zur Beleuchtung genügt gewöhnlich das diffuse Tageslicht; das
Instrument ist am besten auf einem Fenstertisch aufzustellen. Zur *künstlichen* Beleuchtung ist am Instrument ein kleines Niedervoltlämpchen

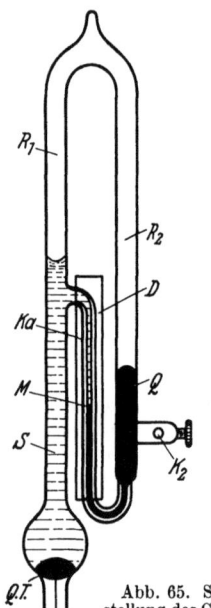

Abb. 65. Schematische Darstellung des Capillarelektrometers (Dauercapillare).
D Deckglas, K_1, K_2 Anschlußklemmen, Ka Capillare, M Meniscus, Q Quecksilber, QT Quecksilbertropfen, R_1, R_2 Glasröhren, S Schwefelsäure.

mit einer vorgeschalteten Milchglasscheibe *MG* befestigt. Vor der Zuleitung des bioelektrischen Stromes muß man sich überzeugen, daß

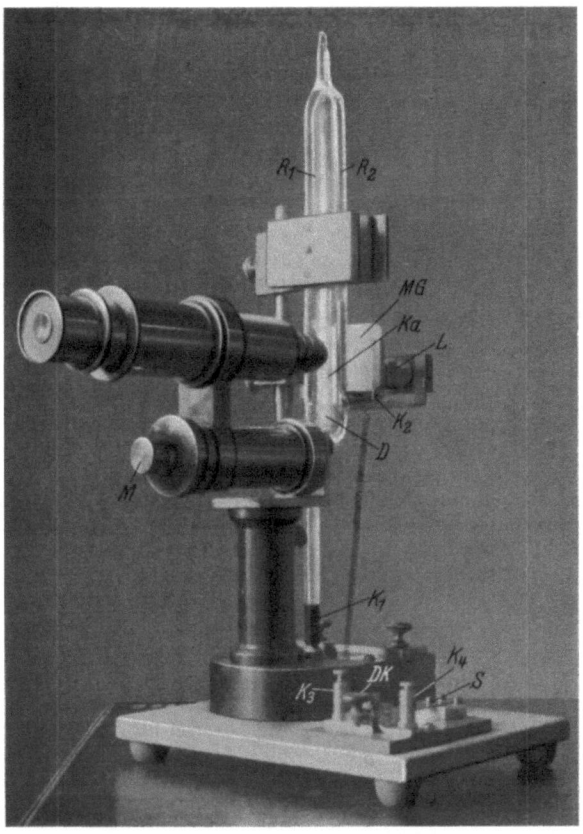

Abb. 66. Aufstellung eines Capillarelektrometers.

D Deckglas an der Capillare, *DK* Druckknopf, K_1, K_2 Anschlußklemmen des Instrumentes, K_3, K_4 Anschluß für die Elektroden, *Ka* Capillare, *L* Niedervoltlämpchen, *M* Mikrometerschraube, *MG* Milchglasscheibe, R_1, R_2 Glasröhren des Capillarelektrometers, *S* Kurzschlußschalter.

das mikroskopische Bild dem Schema in Abb. 67 entspricht, d. h. es müssen die Capillare *Ka* und die Quecksilbersäule *Q* mit ihrem Meniscus *M* im Gesichtsfeld zu sehen sein. Da das mikroskopische Bild *verkehrt* ist, erscheint das Quecksilber *oben*.

Die **Ableitung der bioelektrischen Ströme** unmittelbar vom Gewebe darf nicht durch Metalldrähte erfolgen, weil sonst — wie in einem früheren Versuch für den Nerven gezeigt wurde — den Stromverlauf entstellende oder zu Meßfehlern führende Polarisationserscheinungen auftreten. Man verwendet daher „**unpolarisierbare Elektroden**", z. B. nach Abb. 68 *Pinselelektroden,* bei denen in den Hohlraum des die Pinselhaare fassenden Federkieles konzentrierte Zinksulfatlösung eingefüllt und zur Stromzufuhr bzw. Ableitung ein Zinkstab eingetaucht wird. Die mit dem lebenden Objekt in Kontakt stehenden Haare des Pinsels sind mit physiologischer Kochsalzlösung getränkt. Beim Stromdurchgang wird je nach der Stromrichtung Zink aus der $ZnSO_4$-Lösung am Zinkstab abgeschieden oder vom Zinkstab Zink in Lösung gehen, der Zinkstab somit etwas dicker oder dünner werden. Diese rein *physikalischen* Vorgänge können niemals zum Auftreten von Polarisationen führen, die ja *chemische* Veränderungen voraussetzen. Da die ätzende Zinksulfatlösung nicht direkt mit dem lebenden Gewebe in Berührung gebracht werden darf, wird die von den Pinselhaaren aufgesaugte physiologische Kochsalzlösung zwischengeschaltet.

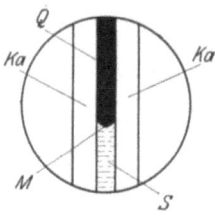

Abb. 67. Schematische Darstellung des Gesichtsfeldes im Mikroskop des Capillarelektrometers.

Ka Wand der Capillare, *M* Meniscus, *Q* Quecksilbersäule, *S* Schwefelsäure.

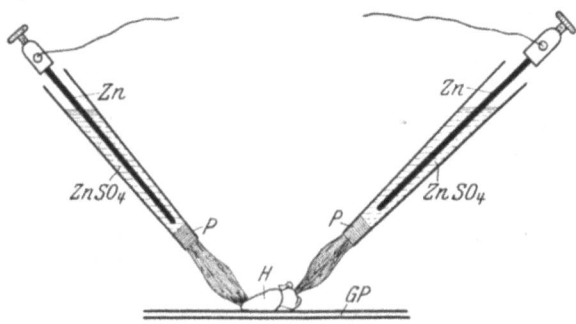

Abb. 68. Schematische Darstellung der Pinselelektroden zur Ableitung bioelektrischer Ströme.
GP Glasplatte, *H* Herz, *P* Pinsel, *Zn* Zinkstäbe.

Zur **Beobachtung der Aktionsströme des Herzens** wird daher das Capillarelektrometer entweder durch Aufstellen an einem Fensterplatz oder durch Anschalten des Niedervoltlämpchens an eine entsprechende Stromquelle gut beleuchtet, der Meniscus im Mikroskop scharf eingestellt, die für Übungszwecke bereits vorbereiteten Feder-

Nachweis der Demarkationsströme bei Nerv und Muskel. 153

kielpinsel aus der physiologischen Kochsalzlösung herausgenommen, mittels einer Pipette mit Gummihütchen mit der Zinksulfatlösung bis auf etwa 1 cm vom oberen Rand gefüllt (Überfließen der Lösung oder Benetzung der Pinselhaare mit Zinksulfat muß peinlich vermieden werden!), die Zinkstäbe eingetaucht, die Elektroden in ihren Haltern befestigt und die Klemmen der Zinkstäbe mit den Klemmen K_3 und K_4 am Capillarelektrometer verbunden. Hierauf wird das Froschherz ausgeschnitten, auf eine Glasplatte gelegt und die Herzspitze bzw. der Vorhof mit je einer Pinselspitze berührt. Die Pinsel müssen etwas ausgedrückt werden, damit nicht Kochsalzlösung auf das Herz überfließt, weil sonst die Flüssigkeit einen gut leitenden Nebenschluß für die Ströme darstellen würde. Drückt man während der mikroskopischen Beobachtung auf den Knopf *DK* (Abb. 66), so sieht man sofort die ruckweisen Verschiebungen des Meniscus infolge der rhythmischen Aktionsströme des Herzens. Wird von Herzspitze und *Vorhof* abgeleitet, so erkennt man am Ausschlag des Instrumentes deutlich einen *kleineren* Impuls (Vorhof) und einen *größeren* (Kammer). Wird nur von der Herzspitze und der *Kammeroberfläche* abgeleitet, so zeigt sich der große Ausschlag *allein*.

Es ist hierauf die **Polarität am Herzen** zu bestimmen. Die Pinselelektroden werden vom Herzen abgehoben und die galvanische Pinzette so an die Elektroden gelegt, daß bei einer — nur ganz kurz dauernden — Einschaltung des Capillarelektrometers der Ausschlag des Meniscus in der gleichen Richtung wie der Aktionsstrom des Herzens erfolgt. Da bei der galvanischen Pinzette der Cu-Draht positiv ist, so läßt sich nach diesem Versuch sofort die Polarität des Herzens angeben.

87. Nachweis der Demarkationsströme bei Nerv und Muskel.
Erforderlich: Capillarelektrometer, Pinselelektroden, Nerv-Muskelpräparat, Glasplatte.

Bei lebenden Organen sind verletzte Stellen der Oberfläche gegenüber unverletzten stets negativ; so ist auch immer der Querschnitt eines Nerven oder Muskels elektronegativ gegenüber der äußeren Oberfläche, dem *Längsschnitt*. Der Längsschnitt - Querschnittsstrom **(Verletzungsstrom, Demarkationsstrom)** läßt sich so nachweisen, daß eine Pinselelektrode auf die äußere Oberfläche, die zweite auf den durch Abschneiden der Sehne entstehenden Querschnitt aufgesetzt wird. Der Muskel liegt dabei auf einer trockenen Glasplatte. Ein Druck auf den Taster des Capillarelektrometers schaltet das Instrument in den Stromkreis und der Meniscus verschiebt sich nach aufwärts oder abwärts, um für die Dauer des Tasterdruckes dort zu bleiben. Analog wird der Verletzungsstrom des Nerven nachgewiesen, wobei dieser vorher an der Eintrittsstelle vom Muskel abgetrennt werden muß. Zur Vergrößerung des sonst nur kleinen Ausschlages wird von beiden Querschnitten gegen die Mitte so abgeleitet, daß der Nerv haarnadelförmig zusammengebogen und der eine Pinsel auf beide Querschnitte, der andere auf die Umbiegungsstelle gesetzt wird. Auch hier dürfen die Pinsel nicht zu feucht sein, so daß etwa Kochsalzlösung abfließt und der Nerv in Flüssigkeit liegt, die als Nebenschluß einen Teil des Stromes dem Instrument entzieht. Man hat sich weiter durch kurzzeitiges Anschalten der galvanischen Pinzette an die Pinselelektroden davon zu überzeugen, daß tatsächlich die verletzte Stelle kathodisch ist.

88. Nachweis der „negativen" Schwankung am Muskel.

Erforderlich: Nerv-Muskelpräparat, Präparierbesteck, Capillarelektrometer, Pinselelektroden, Reizelektrodenpaar, Stromschlüssel, Induktorium, Schaltdraht, Glasplatte.

Ein Induktorium ist zur Erzeugung faradischer Ströme einzuschalten und der WAGNERsche Hammer so einzustellen, daß er sofort bei Stromschluß zu spielen beginnt. Die Sekundärspule wird mit den Reizelektroden verbunden, ein frisches Nerv-Muskelpräparat auf die Glasplatte gebracht und der Nerv auf die Elektroden gelegt. Die Sehne ist abzukappen und der Demarkationsstrom vom Querschnitt und der Oberfläche abzuleiten. Der Spulenabstand ist so einzustellen, daß eben kräftige Dauerkontraktionen auftreten, die Pinsel sind aber so zu stellen, daß bei der Kontraktion der Muskel sich *nicht* von ihnen abhebt. Wird, während man den Ausschlag des Demarkationsstromes beobachtet, der Nerv faradisch gereizt und der Muskel zur tetanischen Kontraktion gebracht, so zeigt sich für die Dauer der Reizung eine Verminderung des Ausschlages (**negative Schwankung**). Sie kommt dadurch zustande, daß im Zusammenhang mit der Reizung über den Muskel Negativitätswellen ablaufen. An der Negativität des toten Querschnittes kann dadurch nichts verändert werden, dagegen wird die gegen den Querschnitt positive Oberfläche infolge der zusätzlichen Negativität weniger stark positiv; die Potentialdifferenz zwischen Oberfläche und Querschnitt sinkt somit für die Dauer der Reizung.

89. Nachweis des Hautruhestromes.

Erforderlich: Stück Froschhaut, Capillarelektrometer, Pinselelektroden, Schaltdraht, Glasplatte, galvanische Pinzette.

Außer den Verletzungs- und Aktionsströmen zeigen manche Organe dauernd eine Potentialdifferenz zwischen ihren einzelnen Teilen. So hat die Außenseite der Froschhaut stets die entgegengesetzte elektrische Ladung wie die Innenseite. Es ist z. B. ein längerer Streifen der abgezogenen Froschhaut mit der Innenseite nach unten auf eine Glasplatte zu legen, ein Ende jedoch so umzuschlagen, daß die Innenfläche nach oben schaut. Auf die umgeschlagene Innenseite und auf die Außenseite des anderen Endes der Haut wird je eine Pinselelektrode aufgesetzt und die Größe und Ausschlagsrichtung des Quecksilbermeniscus bestimmt. Dann ist statt des Hautstreifens die galvanische Pinzette mit den beiden Elektroden in Berührung zu bringen und neuerlich die Ausschlagsrichtung zu beobachten. Welche Ladung hat die Außenseite bzw. Innenseite der Froschhaut? Nach den Versuchen an der Froschhaut müssen die Pinsel sofort gut ausgewaschen werden, damit nicht das die Erregbarkeit zerstörende Hautsekret auf den Haaren zurückbleibt.

VII. Reizversuche an Nerven und Muskeln beim Menschen.

Während bei der Reizung am ausgeschnittenen Froschmuskel oder Nerven die Zuleitung des Stromes keine Schwierigkeiten macht und der Strom nur durch das zu erregende Objekt durchfließen kann, muß beim Menschen die Reizung durch die Haut hindurch erfolgen und es kann nur durch besondere Kunstgriffe der Stromverlauf so geregelt werden, daß er zum größeren Teil — aber doch nur zum Teil — durch den gewünschten Muskel oder Nerven fließt.

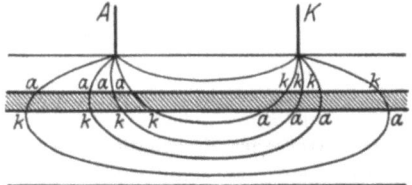

Abb. 69. Verteilung der Stromlinien bei der Nervenreizung in situ (Auftreten virtueller Kathoden und Anoden).

Es wurde festgestellt, daß bestimmte Muskeln und ihre Nerven von bestimmten Punkten der Hautoberfläche aus erregt werden können (**motorische Reizpunkte**). Reizpunkte der Nerven sind solche, wo die Nerven möglichst nahe der Oberfläche liegen; Reizpunkte der Muskeln solche, wo die Muskeln am leichtesten erregbar sind, vermutlich deshalb, weil dort die Eintrittstelle des Nerven ist.

Beim ausgeschnittenen Nerven treten die Stromlinien an der Anode ein, verlaufen durch die interpolare Strecke und treten an der Kathode wieder aus. Wie Abb. 69 zeigt, können aber bei der **Reizung in situ** die von der Anode zur Kathode fließenden Stromlinien zum Teil durch das über dem Nerven liegende Gewebe ziehen, zum Teil durch den Nerven hindurch in das darunter liegende Gewebe gelangen, um ein zweites Mal durch den Nerven hindurchzutreten und zur Kathode zurückzukehren. Der Nerv wird so *zweimal* von den Stromlinien durchsetzt; da die Stromeintrittstelle als Anode, die

Austrittstelle als Kathode bezeichnet wird, liegen, wie Abb. 69 zeigt, bei der Reizung in situ zwei Anoden und zwei Kathoden am Nerven. Die der positiven Elektrode A gegenüberliegende Eintrittstelle aaa wird auch als wirkliche oder **reelle Anode,** die Austrittstelle kkk unterhalb als **virtuelle Kathode** bezeichnet, die Eintrittstelle unterhalb der Kathode K als **virtuelle Anode** aaa, die Austrittstelle kkk gegenüber der negativen Elektrode K als wirkliche oder **reelle Kathode.** Es wird dadurch die Zuckungsformel etwas komplizierter, weil auch an der negativen Elektrode z. B. eine Öffnungserregung zustande kommen kann, die allerdings eine Öffnungserregung durch die virtuelle Anode ist.

Um eine scharfe **Lokalisation der Reizwirkung** zu ermöglichen, verwendet man gleichfalls im Gegensatz zur Reizung an ausgeschnittenen Organen *ungleich* große Elektroden. Eine meist quadratische oder rechteckige Elektrode von etwa 50 qcm Fläche **(indifferente Elektrode)** wird auf den Rücken oder die Brust, eine kleine, knopfförmige Elektrode von meist 3 qcm Fläche **(Reizelektrode, differente Elektrode)** auf den Reizpunkt aufgesetzt. Die Reizelektrode enthält einen kleinen Schalter, der, wenn er nicht betätigt wird, den Strom durchläßt, durch Fingerdruck jedoch zur Stromunterbrechung führt. Die Elektroden bestehen meist aus Metall und sind mit Stoff oder Leder überzogen. Sie werden vor Gebrauch in Wasser oder besser in Kochsalzlösung gelegt und müssen gut durchfeuchtet sein.

Die **Größe der Erregbarkeit** an den einzelnen motorischen Reizpunkten wird bei Benutzung des *galvanischen Stromes* durch die Angabe der zur Auslösung einer Muskelkontraktion gerade notwendigen Schwellenstromstärke in Milliampere angegeben. Sie liegt für die Reizung der Nerven meist unter 1 mA, für Muskeln bei einigen Milliampere. An verschiedenen Versuchspersonen können für die gleichen Muskeln und Nerven je nach der Stromverteilung und insbesondere je nach dem Hautwiderstand die Zahlen um mehrere 100 % schwanken, doch zeigt sich z. B. eine verminderte Erregbarkeit stets durch besonders hohe Stromstärken und durch einen trägeren Kontraktionsverlauf an. Bei *faradischem Strom* wird meistens der Rollenabstand in Zentimeter angegeben, bei Anschlußapparaten (siehe später) die Zahl für die betreffende Stellung des Regulierknopfes, was beides nicht sehr charakteristisch ist, da der gleichen Reizintensität je nach dem Bau der benutzten Apparate ganz verschiedene Zahlen entsprechen. Wird zur Untersuchung aber immer der gleiche Apparat benutzt, so können die gefundenen Zahlen auch beim faradischen Strom miteinander verglichen werden. Stets sind auch die Werte für die symmetrischen Muskeln miteinander zu vergleichen.

Abb. 70 u. 71 zeigen für die Beugeseite und Streckseite des Oberarmes die Nerven- und Muskelreizpunkte, an denen die im folgenden beschriebenen Versuche auszuführen sind.

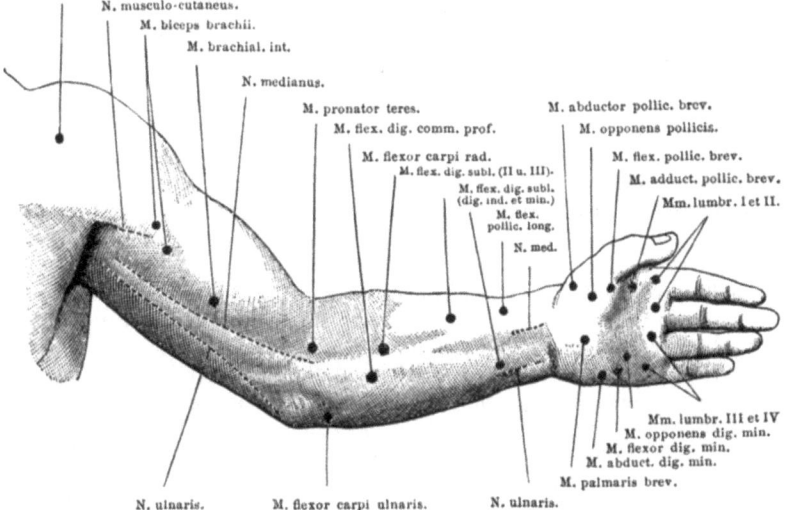

Abb. 70. Verteilung der motorischen Reizpunkte an der Beugeseite der oberen Extremität nach EULENBURG.

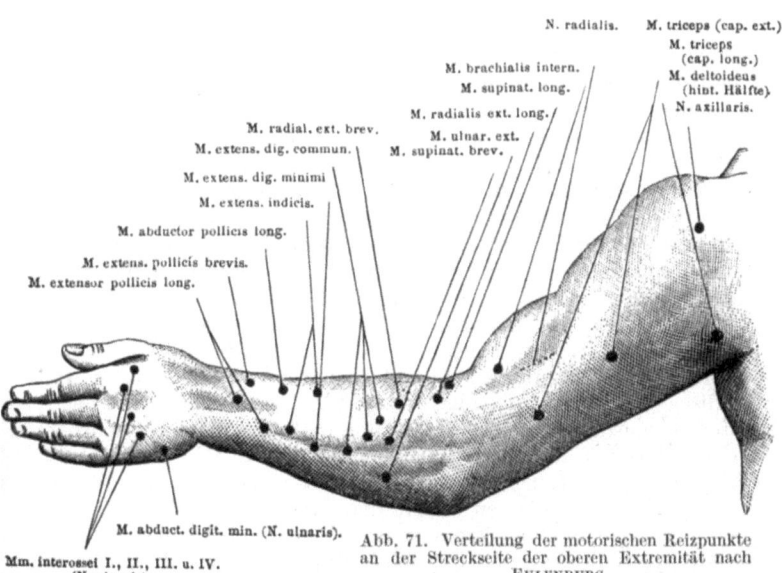

Abb. 71. Verteilung der motorischen Reizpunkte an der Streckseite der oberen Extremität nach EULENBURG.

Zur elektrischen Reizung am Menschen werden die gleichen Apparate wie in den früheren Schaltungen verwendet. Daneben soll aber auch der besonders für den Gebrauch des Arztes gebaute **Anschlußapparat (Pantostat)** benutzt werden, der direkt an das Wechselstromlichtnetz angeschlossen wird und alle für die Zwecke der gewöhnlichen Diagnostik und Therapie notwendigen Stromarten liefert. Der zur galvanischen Reizung und zum Betrieb des Induktoriums nötige Gleichstrom wird von einer mit einem Wechselstrommotor angetriebenen kleinen Dynamomaschine, die in den Anschlußapparat eingebaut ist, erzeugt. Außer dem galvanischen und faradischen Strom kann über einen kleinen eingebauten Transformator auch sinusförmiger Wechselstrom zur Erzeugung tetanischer Kontraktionen sowie zum Betrieb eines kleinen Lämpchens oder eines Glühdrahtes (Thermokauter) entnommen werden. Zur Abnahme des galvanischen, faradischen und des sinusförmigen Stromes für Reizzwecke dienen die am linken Rand des Schaltbrettes angebrachten Klemmen, während der zum Betrieb eines Lämpchens oder des Thermokauters notwendige, niedrig gespannte, aber sehr starke Wechselstrom seine Klemmen an der rechten Seite des Schaltbrettes hat. Je nach der Stromart, mit der die Reizung ausgeführt werden soll, ist der Wahlschalter neben den Klemmen auf G (Galvanisation), F (Faradisation) oder S (Sinusstrom) einzustellen; ein mit GF bezeichneter Kontaktknopf erlaubt, galvanischen und faradischen Strom für spezielle Zwecke gleichzeitig anzuwenden. Jeder Stromkreis hat außerdem einen eigenen Einschalter und einen Regulierwiderstand zur Einstellung der Stromstärke. Im galvanischen Stromkreis ist ein Stromwender und ein Milliamperemeter eingeschaltet. Steht der Wender auf „normal", so gilt die an den Stromabnahmeklemmen angegebene Polbezeichnung, steht der Kommutator auf „gewendet", so sind die Pole vertauscht. Das Milliamperemeter hat zwei verschiedene Empfindlichkeiten, die durch Drehen an einem Knopf beliebig gewählt werden können. Mit dem Knopf dreht sich auch hinter einem Fenster der Skala ein Blättchen, auf dem der Wert für den Abstand zwischen je zwei großen Teilstrichen — der selbst wieder fünffach unterteilt ist — angegeben wird; steht „1" im Fenster, so ist der Wert des Abstandes 1 mA, der Wert der Unterteilung 0,2 mA, steht „10" im Fenster, so sind die Werte 10 bzw. 2 mA.

Zur **Inbetriebsetzung des Anschlußapparates** für galvanische oder faradische Reizung ist zunächst der die Dynamomaschine antreibende Motor so einzuschalten, daß der unterhalb des Motors sichtbare Stellhebel von 0 ausgehend im Sinne höherer Zahlen bis zum Anschlag *langsam* herumgedreht wird; schnelles Bewegen des Hebels, das ist schnelles Anlassen, kann den Motor schädigen. Es wird hierauf die gewünschte Stromart am Wahlschalter eingestellt, der entsprechende Drehschalter auf „ein" gedreht, schließlich die Stromstärke durch Drehen am Knopf des Widerstandes — der vor der Einschaltung nötigenfalls auf 0 zu stellen ist — im Sinn des Uhrzeigers in der später zu besprechenden Weise eingestellt.

90. Faradische Reizung menschlicher Muskeln.

Erforderlich: Differente und indifferente Elektrode, Induktorium, Stromschlüssel, Stromwender, Schaltdraht, Anschlußapparat.

Die indifferente Elektrode wird auf den Rücken oder auf die Brust aufgesetzt (bei Reizung der Muskeln des Unterarmes oder der Hand evtl. auch auf den Oberarm, möglichst nahe der Schulter), die Reizelektrode auf einen der Abb. 70 u. 71 entnommenen Muskel- oder Nervenreizpunkt. Es ist sodann bei Benutzung eines gewöhnlichen Induktoriums — dessen WAGNERscher Hammer vorher so eingestellt wurde, daß er bei Einschaltung des Primärstromes sofort zu spielen beginnt und dessen Sekundärspule weit hinausgeschoben wurde — der Rollenabstand für die erstmalige tetanische Kontraktion des zum betreffenden Reizpunkt gehörigen Muskels aufzusuchen. Bei Benutzung des Anschlußapparates wird die entsprechende Stellung des Widerstandes an der Skala abgelesen. Zur Erkennung der ersten, gerade merklichen Muskelkontraktion muß man sich natürlich über die Wirkungsweise des betreffenden Muskels klar sein, damit an der richtigen Stelle auf das Auftreten der ersten Bewegung geachtet wird. Bei einer Reizung der Fingerbeuger z. B. wird man auf die Bewegung der Finger achten müssen. Durch mehrmaliges Ein- und Ausschalten mit dem an der Reizelektrode befindlichen Schalter hat man sich wiederholt davon zu überzeugen, daß die Bewegung wirklich mit der Durchströmung zusammenfällt, damit nicht willkürliche Bewegungen mit dem Erfolg der Reizung verwechselt werden. Damit der *Schwellenwert* für die Muskelzuckung gefunden wird, müssen alle Muskeln des Untersuchungsgebietes entspannt sein. Man legt daher den Unterarm der Versuchsperson in bequemer Lage auf einen Tisch oder noch besser auf die als Stütze untergehaltene Hand des Untersuchers und fordert die Versuchsperson wiederholt auf, den Arm vollkommen *frei, ohne jede Muskelspannung* auf der Unterstützungsfläche ruhen zu lassen. Durch plötzliches Wegziehen oder Senken der Hand kann sich der Untersucher leicht davon überzeugen, ob dieser Aufforderung Folge geleistet wird, da bei völliger Muskelerschlaffung der Arm der Versuchsperson daraufhin sofort herunterfallen muß. Untersuche zunächst die Funktion der einzelnen Muskeln durch faradische Reizung an den entsprechenden Punkten und lege eine Tabelle an, in der für eine bestimmte Versuchsperson die Schwellenwerte für die einzelnen motorischen Reizpunkte in Form der Rollenabstände — bzw. der Skalengrade bei Benutzung des Pantostaten — verzeichnet sind. Vergleiche ferner die mit der gleichen Versuchsanordnung und am gleichen Muskel bei *verschiedenen*

160 Physiologie der Sinnesorgane und des Zentralnervensystems.

Versuchspersonen gefundenen Schwellenwerte. Welchen Einfluß hat die Wendung des faradischen Stromes auf den Reizerfolg? (Einschalten eines Stromwenders in den Primär- oder Sekundärkreis.)

91. Galvanische Reizung menschlicher Muskeln.

Erforderlich: Elektroden, Anschlußapparat, evtl. Einrichtung zur Bestimmung der Chronaxie.

Es wird, wie früher, die indifferente Elektrode auf die Brust, den Rücken oder Oberarm aufgesetzt, die Reizelektrode auf einen motorischen Reizpunkt nach Abb. 70 und 71. Der Pantostat ist hierauf auf galvanische Reizung einzustellen. Die Reizelektrode wird zunächst zur Kathode gemacht und durch wiederholtes Ein- und Ausschalten des Stromes mit dem an der Elektrode befindlichen Schalter versucht, eine Zuckung auszulösen, wobei man in den Durchströmungspausen den Regulierknopf am Widerstand im Sinn steigender Stromstärke immer um ein Stückchen weiterdreht. Es empfiehlt sich, für den Anfang die Fingerbeuger zu reizen, weil die Muskelzuckung sehr leicht an der Bewegung der Finger erkannt werden kann. Auch hier ist es unbedingt notwendig, daß die Versuchsperson die Muskeln des Armes völlig erschlaffen läßt. So wie beim Nerv-Muskelpräparat tritt zunächst eine Kathodenschließungszuckung auf; die dazu notwendige Stromstärke ist am Milliamperemeter abzulesen und zu notieren. Man macht hierauf durch Wendung des Stromes die Reizelektrode *zur Anode* und prüft wiederum durch mehrmaliges Ein- und Ausschalten. Es tritt jetzt *keine* Schließungszuckung auf, weil die Schließungserregung ja von der Kathode ausgeht. Hierauf ist der Strom etwas zu verstärken und die Reizelektrode wieder zur Kathode zu machen, mehrmals die Wirkung des Stromschlusses und der Stromöffnung zu prüfen, hierauf das gleiche ohne Veränderung der Stromstärke nach der Wendung des Stromes (Reizelektrode als Anode) zu untersuchen. Hierauf wird der Strom abermals verstärkt und mit der Kathode bzw. Anode als Reizelektrode die Wirkung von Stromschluß und Stromöffnung beobachtet usf. Man findet bei schwachen Strömen, wie schon früher erwähnt, nur die Kathodenschließungszuckung (KSZ). Bei stärkeren Strömen ist die KSZ deutlicher ausgeprägt und es tritt sowohl eine Schließungszuckung als auch eine Öffnungszuckung auf, wenn die Reizelektrode die *Anode* ist (Anodenschließungszuckung, ASZ, und Anodenöffnungszuckung, AOeZ). Bei noch stärkeren Strömen wird eine kräftige KSZ, ASZ und AOeZ beobachtet, aber auch eine Zuckung bei Stromunterbrechung, wenn die Reizelektrode die *Kathode* ist (Kathodenöffnungszuckung, KOeZ). Die von der Zuckungsformel für den ausgeschnittenen Nerven abweichende ASZ und KOeZ erklären sich nach dem Schema in Abb. 69 durch das Auftreten der besprochenen virtuellen Anoden und Kathoden, sind also in

Wirklichkeit *auch* nur Kathodenschließungs- und Anodenöffnungszuckungen. Es sind nun an verschiedenen motorischen Reizpunkten für die gleiche Versuchsperson die Schwellenstromstärken für die vier genannten Zuckungen in Milliampere zu bestimmen. Diese Zahlen sind dann in Tabellenform so umzustellen, daß die Schwellenwerte für die Kathodenschließungszuckung sowie die Schwellenwerte für Anodenschließungszuckung und Anodenöffnungszuckung (die meist bei der gleichen Stromstärke auftreten) und schließlich die Werte für die Kathodenöffnungszuckung miteinander für verschiedene Reizpunkte verglichen werden können. Schließlich sind die Schwellenwerte für die Kathodenschließungszuckung am gleichen Muskel bei verschiedenen Versuchspersonen zu messen, gleichfalls tabellarisch zusammenzustellen und miteinander zu vergleichen.

Bei bestimmten Erkrankungen steigt oder vermindert sich die Erregbarkeit. Das erstere ist z. B. bei der Tetanie der Fall, das letztere bei Läsionen oder Erkrankungen des peripheren motorischen Neurons. Am Nervenreizpunkt ist dann die galvanische und faradische Erregbarkeit erloschen, am Muskelreizpunkt die faradische Erregbarkeit, dagegen die galvanische Erregbarkeit gesteigert. Es treten also die Zuckungen schon bei kleineren Stromstärken als gewöhnlich auf, sie verlaufen träger und — was besonders charakteristisch ist — die Anodenschließungszuckung tritt schon bei schwächeren Strömen auf als die Kathodenschließungszuckung (ASZ > KSZ). Dieses Verhalten wird als **Entartungsreaktion** bezeichnet.

Die relativ großen individuellen Abweichungen, die bei der besprochenen Methode der Erregbarkeitsprüfung mit dem galvanischen Strom für die Schwellenwerte gefunden werden, beruhen auf den individuell, aber auch bei der gleichen Versuchsperson zu verschiedenen Zeiten wechselnden Widerstandsverhältnissen. Viel charakteristischer für die Erregbarkeit und weitgehend unabhängig vom Widerstand ist die zur Reizung gerade ausreichende Stromflußzeit. Wird ein bestimmter, einen Muskel bei der Einschaltung erregender Stromstoß immer mehr verkürzt, so zeigt sich bis zu einem Grenzwert (*Nutzzeit* nach GILDEMEISTER) *keine* Veränderung der Zuckung. Wird die Stromflußzeit *noch weiter* verkürzt, so nimmt die Zuckungshöhe ab, bei *kleinsten* Zeiten verschwindet die Zuckung ganz. Die *Minimalzeit*, die gerade noch eine Zuckung hervorruft, ist nur von der Stromstärke abhängig, aber für einen bestimmten Muskel oder Nerven, sofern seine Erregbarkeit sich nicht ändert, stets konstant. LAPICQUE hat vorgeschlagen, diese Minimalzeit für den *doppelten* Schwellenwert zu messen und als Chronaxie zu bezeichnen. **Zur Bestimmung der Chronaxie** wird daher zuerst der Schwellenwert (nach LAPICQUE als *Rheobase* bezeichnet) für die Kathodenschließungszuckung festgestellt, hierauf die Stromstärke verdoppelt und nun mit Hilfe eines

162 Physiologie der Sinnesorgane und des Zentralnervensystems.

geeigneten Apparates der Strom für ganz kurze Zeit ein- und ausgeschaltet, wobei man das Zeitintervall zwischen Stromschließung und -öffnung so lange vergrößert, bis gerade eine Zuckung auftritt. Die Chronaxie normaler menschlicher Muskeln beträgt Bruchteile eines Tausendstel einer Sekunde. Zur Erzeugung derartiger kurzer Stromstöße verwendet man entweder ein Pendel mit großer Masse, das während seiner Schwingung einen Kontakt schließt und sofort einen zweiten wieder öffnet, oder man benützt Kondensatorentladungen, deren Zeitdauer je nach der Größe des Kondensators verschieden lang ist. Die Bestimmung der Erregbarkeit durch Messung der Chronaxie wird in der letzten Zeit nicht nur für rein wissenschaftliche Untersuchungen, sondern auch schon für klinisch-diagnostische Zwecke herangezogen.

VIII. Versuche zur Physiologie der Sinnesorgane und des Zentralnervensystems.

92. Aufsuchen von Druck-, Schmerz- und Temperaturpunkten der Haut.

Erforderlich: Verschieden dicke Tasthaare, feine Nadeln (sog. Insektennadeln), Thermoden, Pauspapier, Stecknadeln mit großem Glaskopf, Wattetupfer.

Zur Feststellung der einzelnen Sinnesstellen in der Haut werden die **Tasthaare** nach v. FREY (s. Abb. 72) benutzt. Die Haare sind auf ein Holzstäbchen geklebt; je nach ihrer Dicke ist der Druck, der auf die Haut ausgeübt werden kann, verschieden groß. Solange das Haar gerade gestreckt bleibt, wird der Druck unmittelbar auf die Haut übertragen, von einem oberen Grenzwert an biegt es sich aber einfach durch. Ein zu schwacher, nicht gefühlter Druck ist *unterschwellig*; ein eben merklicher entspricht der *Reizschwelle*. Durch Benutzung verschieden dicker Haare kann die Reizschwelle für verschiedene Punkte gefunden werden.

Ab. 72. Tasthaar (*a*) nach v. FREY.

Setzt man das Tasthaar auf einzelne Punkte der Haut des Handrückens, des Armes, des Gesichtes usw. auf, so können verschiedene Empfindungen ausgelöst werden. Besonders in der Nähe der Haare wird die Berührung als Druck empfunden **(Druckpunkte)**. Die Versuchsperson muß sehr aufmerksam sein; es empfiehlt sich das Schließen der Augen zur Unterstützung der Konzentration. Wiederholt man die Bestimmungen mehrmals hintereinander, so findet man viel *mehr* Punkte als am Anfang, weil die Versuchsperson geübt ist. Nach einiger Zeit findet man wieder weniger, weil die Aufmerksamkeit nachläßt. Die **Schmerzpunkte** findet man durch Aufsetzen einer feinen Nadel (Insektennadel). Die **Temperaturpunkte** werden mit sog. Thermoden aufgesucht. Das sind entweder massive Metallstäbe oder metallene Hohlkörper mit fein zugespitztem unterem Ende und einem meist aus Holz bestehenden Ring zum Halten. Die massiven Metallkörper werden für längere Zeit in heißes Wasser (50—60° C) oder in Eiswasser gehalten und dann nach Abtrocknung zum Aufsuchen der Temperaturpunkte verwendet; die hohlen Thermoden werden einfach mit warmem oder kaltem Wasser gefüllt.

Nach Aufsuchen einzelner Druck-, Schmerz- und Temperaturpunkte soll für eine bestimmte Hautstelle die *Verteilung* untersucht werden. Man grenzt eine quadratische Fläche von etwa 2 cm Seitenlänge, z. B. am Handrücken, mit dem Hautstift ab und sucht mit einem entsprechend dicken Tasthaar, dessen Berührung an dieser Hautstelle deutlich empfunden wird, die einzelnen Tastpunkte auf; man berührt verschiedene Hautstellen und bezeichnet am besten mit einer Füllfeder diejenigen Punkte auf der Haut mit einem feinen Tintenpunkt, an denen von der Versuchsperson ein reiner *Druck* empfunden wird. Ist das Gebiet genügend durchuntersucht, so legt man auf die Haut ein Stückchen Pauspapier und paust das Quadrat und die eingezeichneten Druckpunkte durch. Die Tintenpunkte auf der Haut werden dann mit feuchter Watte abgewischt und eine gleichartige Bestimmung für die Schmerzpunkte, dann für die Kälte- und Wärmepunkte vorgenommen. Für jede Gruppe wird eine besondere Pause angefertigt und am Schluß der Untersuchung die Zahl der Punkte jeder Art bestimmt und auf einem besonderen Blatt Papier ihre Verteilung in ein Quadrat gezeichnet, wobei z. B. die Druckpunkte als voller Kreis, die Schmerzpunkte mit Kreuzchen usw. dargestellt werden. Vgl. ferner die Verteilung der Druckpunkte, Schmerz- und Temperaturpunkte für verschiedene Hautstellen nach Anfertigung solcher Pausen!

Für klinisch-diagnostische Zwecke wird die Feinheit der Empfindung oft nur so geprüft, daß eine mit einem großen Kopf versehene Stecknadel abwechselnd mit der Spitze und dem Kopf auf die Haut aufgesetzt wird. Der Patient hat mit geschlossenen Augen anzugeben, ob er „spitz" oder „stumpf" gefühlt hat. Auch mit einem zart über die Haut streichenden Wattetupfer kann man die Empfindlichkeit prüfen.

93. Versuche über die Lokalisation auf der Haut.

Erforderlich: Tasterzirkel, Tasthaar, Stecknadeln.

Die Versuchsperson hat die Augen zu schließen. Es wird ein Tasterzirkel mit zwei Spitzen, deren Abstand eingestellt und in Millimetern abgelesen werden kann, an verschiedenen Hautstellen aufgesetzt. Die Versuchsperson hat anzugeben, ob sie *eine* oder *zwei* Spitzen fühlt. Wichtig ist dabei, daß *beide* Spitzen *gleichzeitig* und

164 Physiologie der Sinnesorgane und des Zentralnervensystems.

nicht etwa hintereinander aufgesetzt werden. Der größte Abstand, bei dem die beiden Spitzen nur als *eine einzige* gefühlt werden, entspricht dem Durchmesser einer sog. **Empfindungsfläche.** Da die Empfindungsflächen jedoch nicht kreisförmig, sondern z. B. am Ober- oder Unterarm oval sind, so muß die Bestimmung des größten Abstandes an der gleichen Stelle in verschiedener Richtung vorgenommen werden. Bestimme an verschiedenen Stellen der Haut den Durchmesser der Empfindungsfläche in verschiedenen Richtungen!

Die Größe der Empfindlichkeit ist je nach der Verteilung der Druckpunkte verschieden. Stellt man am Tasterzirkel einen solchen Abstand der Spitzen ein, daß *zwei* Empfindungen zustande kommen, und fährt mit ihm über ein längeres Stück der Haut, so glaubt man zeitweilig, daß die Spitzen einander genähert oder voneinander entfernt würden. Untersuche diese Erscheinung am Ober- und Unterarm, bezeichne solche besondere Punkte und miß dort die Größe der Empfindungsfläche!

Die **Lokalisationsfähigkeit auf der Haut** ist auch so zu prüfen, daß bei geschlossenen Augen der Versuchsperson bestimmte Hautstellen mit einem Tasthaar oder mit der Nadel berührt werden und daraufhin die Versuchsperson durch Zeigen mit dem Finger den Reizort anzugeben hat. Vgl. die Genauigkeit der Lokalisation bei wiederholter Prüfung an der gleichen und an verschiedenen Hautstellen! Der Versuch kann auch so variiert werden, daß man mehrmals hintereinander an der gleichen und auch an *verschiedenen* Stellen berührt, worauf die Versuchsperson anzugeben hat, ob unmittelbar hintereinander am *gleichen* oder an *verschiedenen* Orten gereizt wurde. Bestimme an verschiedenen Hautstellen die Größe des Gebietes, wo die Versuchsperson noch eine Berührung am gleichen Ort zu erkennen glaubt.

94. Bestimmung der oberen Hörgrenze.

Erforderlich: KÖNIGsche Stäbe, Galtonpfeife.

Im mittleren Lebensalter liegt die untere Hörgrenze bei 16 Schwingungen in der Sekunde, die obere bei 20000. Besonders das Hörvermögen für hohe Töne nimmt im Alter und bei Erkrankungen ab. Die obere Hörgrenze wird so bestimmt, daß man immer höhere Töne erzeugt und die Versuchsperson auffordert anzugeben, wann sie keinen Ton mehr hört. Da für ganz hohe Töne die Empfindlichkeit des Ohres gering ist, muß die Schallquelle sehr nahe sein. Zur Erzeugung hoher Töne dienen die **KÖNIGschen Stäbe,** das sind dicke, wenige Zentimeter lange Stahlstäbe, die mit einem kleinen Metallhammer angeschlagen werden. Sie sind nach steigender Tonhöhe geordnet, an dünnen Fäden horizontal an einem Gestell aufgehängt, die Schwingungszahl je Sekunde ist auf jedem Stab vermerkt. Hohe

Töne liefert auch die **Galtonpfeife,** die aus zwei gegeneinander verschieblichen Metallröhren mit scharfem Rand besteht, durch die mit einem Gummiballon Luft geblasen wird. Die Tonhöhe ändert sich mit dem Abstand der beiden Röhren und mit der Verschiebung eines kleinen Stempels in der einen mit Hilfe einer Schraubvorrichtung, wobei die Verstellung an einer Trommel mit Nonius abgelesen werden kann. An Hand einer Tabelle läßt sich die Tonhöhe angeben. Man stellt die Pfeife zunächst so ein, daß ein hoher Ton hörbar wird und dreht dann langsam an der Trommel unter wiederholtem, stoßweisem Lufteinblasen, bis für die Versuchsperson kein Ton mehr hörbar ist. Es wird dann für diese Stellung die Tonhöhe der Tabelle entnommen oder auch der letzte gerade noch hörbare Ton durch Vergleich mit den KÖNIGschen Stäben bestimmt.

95. Versuche über Resonanz.

Erforderlich: Stimmgabeln verschiedener Höhe, Satz von Resonatoren, zylinderförmige Glasgefäße (Meßzylinder), Spritzflasche.

Treffen Schallwellen auf einen festen Körper auf, so wird er zum Mitschwingen gezwungen. Das Mitschwingen erfolgt bei allen Schallwellen, *unabhängig* von der Schwingungszahl. Manche Körper haben durch ihren besonderen Bau die Fähigkeit, bei einer bestimmten Tonhöhe besonders gut mitzuschwingen. *Dieses* Mitschwingen **(Resonanz)** ist nach der Resonanztheorie des Hörens für die Schallperzeption wesentlich.

Zum Vergleich des einfachen Mittönens und der Resonanz ist folgender Versuch auszuführen: Stimmgabeln *verschiedener* Tonhöhe werden am Stiel erfaßt und mit den Gabelzinken *zart* an der Tischkante angeschlagen, sodann mit dem Stiel fest auf die Tischplatte aufgesetzt. Die Stimmgabeln werden dann nochmals angeschlagen und mit den Zinken über die Öffnung verschiedener hohler Metallkugeln (Resonatoren) gehalten. Welcher Unterschied besteht zwischen der Schallverstärkung durch Mitschwingen des Tisches und der Schallverstärkung durch Mitschwingen der Luftmasse in den einzelnen Resonatoren bei Anwendung verschieden hoher Stimmgabeln?

Die Tatsache, daß die Resonanz nur für eine bestimmte Tonhöhe besteht, läßt sich auch so nachweisen, daß über die Öffnung eines hohen, schmalen Meßzylinders eine schwingende Gabel gehalten und durch Einfüllen von Wasser aus einer Flasche der Luftraum so lange verkleinert wird, bis Resonanz auftritt. Was geschieht, wenn man über diesen Punkt hinaus Wasser in den Zylinder gießt? Bestimme die Höhe der Luftsäule für verschieden hohe Stimmgabeln, ferner die Schärfe der Resonanz dadurch, daß zunächst so viel Wasser eingegossen wird, bis zum erstenmal Mitschwingen der Luftsäule auftritt, und dann noch so viel Wasser hinzugefügt wird, bis die Resonanz wieder ganz verschwindet. Wie groß ist die Differenz zwischen der höchsten und niedrigsten, gerade noch Resonanz gebenden Luftsäule für verschieden hohe Stimmgabeln? Es kann auch vorkommen, daß für eine bestimmte Stimmgabel in einem bestimmten Zylinder *keine* Resonanz erhalten wird. Es ist dann ein Zylinder mit anderem Volumen zu benutzen, wobei zur Richtschnur dient, daß tiefere Stimmgabeln höhere und weitere Zylinder, hohe Stimmgabeln engere und kürzere Zylinder erfordern.

96. Untersuchung des Hörvermögens.

Erforderlich: Laut tickende Taschenuhr, verschiedene Stimmgabeln.

Beim gewöhnlichen Hören wird der Hauptteil des Schalles durch den äußeren Gehörgang, das Trommelfell und die Gehörknöchelchen zur Perilymphe geleitet und von dort auf die CORTIsche Membran übertragen. Der Schall gelangt in diesem Fall durch **Luftleitung** zum Mittelohr; aber auch durch **Knochenleitung** kann z. B. der von den Schädelknochen aufgenommene Schall zur Paukenhöhle gebracht und entweder auf dem Weg über die Gehörknöchelchen der Perilymphe zugeleitet werden *(cranio-tympanale Leitung)* oder auch direkt das knöcherne Labyrinth und damit die Perilymphe erschüttern *(craniolabyrinthäre Leitung)*.

Die **Funktionsprüfung des Ohres** kann in einfachster Weise mit einer laut tickenden **Taschenuhr** vorgenommen werden. Das eine Ohr der Versuchsperson wird mit einem befeuchteten Finger oder einem Wattepfropf verschlossen, das andere Ohr der Uhr zugewendet, die der Versuchsleiter immer mehr von der Versuchsperson *entfernt;* man stellt auf diese Weise den Abstand fest, in dem die Uhr gerade *noch* gehört wird bzw. beim Nähern denjenigen, wo sie *wieder* gehört wird. Durch mehrmalige Wiederholung wird ein Mittelwert bestimmt. Diese relativ grobe Methode eignet sich hauptsächlich zum Vergleich beider Ohren, kann aber auch zur Beurteilung des absoluten Hörvermögens herangezogen werden, wenn durch Versuche an normal hörenden Personen die Hörweite für diese Uhr bekannt ist.

Die **Funktionsprüfung mit der Sprache** ist zwar gleichfalls nicht sehr genau, gibt aber doch eine Reihe bemerkenswerter Aufschlüsse. Die Fehlerquellen liegen darin, daß die Empfindlichkeit des Ohres für verschiedene Tonhöhen verschieden ist, so daß z. B. bei gleich lautem Sprechen das Wort „heiß" auf eine viel größere Entfernung verstanden wird als das Wort „rund"; ein der Versuchsperson gut bekanntes Wort kann, auch wenn es nicht deutlich gehört wird, *erraten,* ein deutlich gehörtes, wenn es dem Betreffenden fremd ist, nicht verstanden werden; wenn bei Erkrankungen Hörlücken vorhanden sind, ist das Verstehen von Wörtern, die gerade die entsprechenden Schwingungszahlen enthalten, unmöglich oder erschwert, während andere Wörter tadellos verstanden werden. Die zur Hörprüfung benutzten Wörter müssen daher dem Untersuchten bekannt, aber doch nicht so geläufig sein, daß er sie leicht erraten kann; es müssen hoch- und tiefklingende Wörter verwendet werden, eine Wiederholung ist zu vermeiden. **Beispiele von Testwörtern:** Eisenbahn, Tisch, Wasser, Mutter, Kaffee, Papier, Lampe, siebenundvierzig, achtundzwanzig, Schwester, achtundachtzig, Vater, rund, General usw. Gewöhnliche Konversationssprache wird über eine Hördistanz von 20 m bei normalem Hörvermögen noch verstanden, die ton- und stimmlose Flüstersprache über 8—12 m. Um mit möglichst gleicher Lautstärke bei der Flüstersprache zu sprechen, soll man zunächst normal ausatmen und dann mit der *Residualluft* sprechen. Weiter als die gewöhnliche Flüstersprache wird die *akzentuierte* Flüstersprache gehört, bei der meist unter Benutzung der gewöhnlichen Ausatmungsluft die Flüstersprache mit deutlicher Betonung gesprochen wird.

Bei einem Patienten sollte immer das Hörvermögen für die Konversations- und Flüstersprache bestimmt werden; bei Untersuchung der Hörweite am Gesunden kann nur die **Prüfung mit der Flüstersprache** erfolgen, da die notwendigen Entfernungen für die Konversationssprache nicht zur Verfügung stehen. Bei der Prüfung mit der Flüstersprache befindet sich die Versuchsperson auf der einen Seite des Raumes, der Untersucher auf der anderen. Die Versuchsperson verschließt ein Ohr mit dem feuchten Finger und wendet das andere dem Untersucher zu, wobei jedoch vermieden werden muß, daß die Worte vom Mund abgelesen werden. Der Untersucher spricht langsam und deutlich die Testwörter und läßt sie von der Versuchsperson wiederholen. Werden nicht alle Wörter verstanden, so nähert sich der Untersucher so lange, bis völlige Verständlichkeit erreicht ist. Dieser Abstand wird dann als **Hörweite** bezeichnet. Differenzen von etwa 1 m für die analog geprüfte Konversationssprache und von $1/2$ m für die Flüstersprache bei wiederholten Untersuchungen liegen im Bereich der Fehlergrenzen. Hört die Versuchsperson über die ganze Länge des Versuchsraumes, so kann sie das Ohr um 180° vom Untersucher abwenden (halbabgewendete Anordnung); eine weitere Abschwächung wird dadurch erzielt, daß der Untersucher der Versuchsperson den Rücken zuwendet (doppeltabgewendete Anordnung). 8 m in direkter Anordnung entsprechen etwa 6 m halbabgewendeter Anordnung, 6 m doppeltabgewendeter Anordnung etwa 10 m direkter Anordnung.

Bestimme zunächst bei direkter, ferner bei halbabgewendeter und doppeltabgewendeter Anordnung für eine Reihe von Testworten die Hördistanz sowohl für das linke wie für das rechte Ohr! Berechne daraus — für die gleiche Versuchsperson — das Verhältnis der Hörweite bei den verschiedenen Anordnungen. Bestimme sodann für das gleiche Ohr die Hörweite für die hochklingenden Zahlen 2, 6, 7, 57, 74 sowie für die tiefklingenden 8, 9, 100, 28, 88. Bestimme ferner an mehreren Versuchspersonen bei allen drei Anordnungen die Hörweite für folgende drei Worte: Wasser, Suppe und Mutter, wobei als Hörweite jene Entfernung gilt, bei der die Versuchsperson angibt, das Wort wirklich deutlich zu verstehen. Wenn auch dadurch, daß diese Worte der Versuchsperson schon bekannt sind, die Fehler viel größer werden, so sind doch deutliche Unterschiede zu finden.

Eine **Herabsetzung der Hörweite** kann durch eine **Erkrankung des schalleitenden** oder **schallperzipierenden Apparates** bedingt sein. Im ersten Fall ist vielfach das Hörvermögen für hohe Töne besonders geschwächt, in letzterem das für tiefe. Die Prüfung mit der Sprache, z. B. mit den früher genannten Zahlen 2, 6, 7, 45, 57, 74 bzw. 8, 9, 100, 28, 88 kann daher schon einen Anhaltspunkt geben. Eine bessere Unterscheidung ermöglichen die **Stimmgabelversuche,** bei denen Luft- und Knochenleitung geprüft werden. Vom gesunden Ohr werden auf dem Weg der Luftleitung noch Töne wahrgenommen, die so schwach sind, daß sie auf dem Weg der Knochenleitung *nicht* mehr gehört werden. Die Luftleitung ist also *besser.* Bei einer Erkrankung des schallperzipierenden Apparates ändert sich nichts an diesen Verhältnissen; dagegen ist bei einer Störung der Schalleitung der normale Weg für die Schallwellen erschwert, während zumindestens die craniolabyrinthäre Leitung normal ist. Es kann daher das Verhältnis zwischen Luft- und Knochenleitung sich umkehren. Dabei spielt auch die Tatsache eine Rolle, daß durch den äußeren Gehörgang nicht nur Schallwellen *zum* Ohr gelangen, sondern die z. B. durch Knochenleitung zum Ohr kommenden Schallwellen durch den äußeren Gehörgang zum Teil wieder *abströmen* können. Verschließt man ein Ohr mit dem feuchten Finger und setzt eine Stimmgabel auf den Scheitel auf, so hört man im verschlossenen Ohr *lauter,* was man so zu erklären pflegt, daß durch das verschlossene Ohr keine Schallenergie abströmen kann. Ganz ähnlich kann ein pathologisches Schalleitungshindernis wirken.

Beim **Versuch von** SCHWABACH wird die Knochenleitung des Patienten mit der Knochenleitung des Arztes verglichen, der selbstverständlich gesund sein muß. Der Untersucher setzt zunächst die angeschlagene Stimmgabel auf den Proc. mastoideus der Versuchsperson, wenn diese aber nichts mehr hört, auf seinen eigenen. Hört der Untersucher noch mit seinem normalen Ohr, so ist die Knochenleitung der Versuchsperson *verkürzt,* was für eine Schädigung des schallperzipierenden Apparates spricht. Hört auch der Untersucher nichts mehr, so kann die Knochenleitung der Versuchsperson normal oder verlängert sein; der Untersucher muß daher die angeschlagene Stimmgabel auf seinen eigenen Proc. mastoideus aufsetzen und, wenn er nichts mehr hört, auf den der Versuchsperson. Hört diese auch nichts mehr, so ist ihre Knochenleitung normal, hört sie noch weiter, so ist ihre Knochenleitung *verlängert*, was für eine Störung im schall. leitenden Apparat spricht und sich aus dem verhinderten Schallabfluß infolge der Leitungsstörung verstehen läßt. Vergleicht man die *Luftleitung* des Patienten mit der Luftleitung des Arztes in der gleichen Weise, so findet man sowohl bei Erkrankung des schallperzipierenden wie des schalleitenden Apparates eine *verkürzte* Luftleitung beim Patienten. Warum?

Beim **Stimmgabelversuch von RINNE** werden Luft- und Knochenleitung desselben Ohres miteinander verglichen. Die zart angeschlagene Stimmgabel wird zunächst mit dem Stiel auf den Proc. mastoideus aufgesetzt und die Versuchsperson hat den Moment anzugeben, in welchem sie die Stimmgabel *gerade nicht mehr* hört. Wird hierauf die Stimmgabel abgehoben und mit den Zinken *vor den äußeren* Gehörgang gebracht, so wird sie vom Normalen *wieder* gehört, weil die Luftleitung besser ist; „der Rinne ist positiv". Auch bei einer Erkrankung des schallperzipierenden Apparates ist die Luftleitung besser, der Rinne positiv. Hört die Versuchsperson jedoch die Stimmgabel auch mit der Luftleitung nicht mehr, so ist der Gegenversuch auszuführen, die angeschlagene Stimmgabel wird zunächst mit den Zinken vor das Ohr gehalten und, wenn die Versuchsperson *nichts mehr* hört, mit dem Stiel auf den Proc. mastoideus aufgesetzt. Hört die Versuchsperson jetzt wieder, so spricht man von einem negativen Rinne, was für ein Schalleitungshindernis spricht.

Beim **Versuch von WEBER** wird das Hörvermögen beider Ohren dadurch verglichen, daß die tönende Stimmgabel mit dem Stiel auf den Scheitel der Versuchsperson aufgesetzt wird; der Normale hört den Ton im ganzen Kopf, ohne besondere Lokalisation. Ist das Hörvermögen beider Ohren ungleich, so erfolgt eine Lokalisierung (Lateralisierung) des Schalles nach einer Seite. Bei Störung in der Schalleitung hört man auf der erkrankten Seite *lauter*, was man damit erklären kann, daß der Schallabfluß auf der erkrankten Seite geringer ist. Daß tatsächlich der Schall nach der Seite mit einem Schalleitungshindernis lateralisiert wird, kann man sich durch den früher angegebenen Versuch eines einseitigen Ohrverschlusses überzeugen. Bei einer Erkrankung des schallperzipierenden Organes wird aber selbstverständlich auf dem gesunden oder bei doppelseitiger Erkrankung auf dem besseren Ohr lauter gehört, der Schall somit auf das *bessere* Ohr lateralisiert.

Zur Erkennung einer Störung ist daher die Ausführung *aller* Stimmgabelversuche notwendig, wobei durch Vergleich der Beobachtungen sich die Art der Störung ergibt. Die Proben sollten stets mit *mehreren, verschieden hohen* Stimmgabeln vorgenommen werden, damit nicht etwaige Hörlücken der Beobachtung entgehen.

Führe an einer Reihe von Versuchspersonen die besprochenen Stimmgabelversuche aus und vergleiche das Hörvermögen vor und nach Verschluß eines Ohres mit dem feuchten Finger!

97. Nachweis des Abströmens von Schall durch den äußeren Gehörgang.

Erforderlich: Gummischlauch, verschieden hohe Stimmgabeln.

Daß stets durch den äußeren Gehörgang Schallenergie abströmt und somit für das Hören verloren geht, läßt sich durch folgenden Versuch nachweisen: zwei Personen stellen sich dicht nebeneinander und verbinden die beiden einander zugekehrten äußeren Gehörgänge durch ein kurzes Stückchen Gummischlauch. Von einer dritten Person wird dann eine angeschlagene Stimmgabel auf den Scheitel der einen Versuchsperson aufgesetzt, worauf die zweite über die Schlauchverbindung den Ton ganz leise hört. Am besten gelingt der Versuch mit Stimmgabeln von etwa 2000 Schwingungen, weil das Ohr für diese Frequenz am empfindlichsten ist. Untersuche die besprochene Erscheinung jedoch auch mit Stimmgabeln anderer Tonhöhe!

98. Untersuchung des Drehnystagmus.

Erforderlich: Drehstuhl, Bogengangsmodell.

Unter **Nystagmus** wird eine ruckweise Hin- und Herbewegung des Auges verstanden, die aus einer schnellen und einer langsamen Phase besteht. Der Nystagmus wird nach der schnellen Bewegungsrichtung bezeichnet und kann stets an beiden Augen beobachtet werden. Eine solche Augenbewegung kommt z. B. beim Hinausschauen aus einem fahrenden Eisenbahnzug zustande. Das Auge fixiert einen bestimmten Gegenstand und bewegt sich daher langsam entgegen der Fahrtrichtung, bis der Gegenstand plötzlich verdeckt wird. Das Auge schnellt in der Fahrtrichtung nach vorn, um einen neuen Ruhepunkt zu finden und dann wieder langsam entgegen der Fahrtrichtung dem fixierten Gegenstand zu folgen. Dieser **Eisenbahnnystagmus** schlägt also *in* der Richtung der Fahrt. Auch bei raschen Bewegungen des Kopfes nach links oder rechts kann der auf das obere Augenlid des geschlossenen Auges gelegte Finger ruckweise Bewegungen des Bulbus in der Richtung der Kopfbewegung fühlen **(physiologischer Nystagmus)**.

Der **Nystagmus** kann leicht **durch Reizung des Labyrinthes** durch Drehen *(Drehnystagmus)*, durch Temperatureinflüsse *(calorischer Nystagmus)* und galvanischen Strom *(galvanischer Nystagmus)* hervorgebracht werden und dient daher zur Funktionsprüfung dieses Organes. Bei bestimmten Erkrankungen kann Nystagmus entweder spontan auftreten oder durch die genannten Methoden *nicht* auszulösen sein. Beim Nystagmus ist zu unterscheiden: die Richtung der

Bewegung (horizontal, vertikal, rotatorisch, gemischt), die Ausschlagsrichtung (nach links, rechts, oben, unten usw.), die Amplitude (grobschlägig, feinschlägig) und die Frequenz (rasch, langsam).

Zur **Auslösung des Drehnystagmus** wird der Drehstuhl benutzt, ein aus Metall gefertigter Sessel mit verstellbaren Arm- und Kopfstützen, der um eine durch den Mittelpunkt des schweren Fußes gehende vertikale Achse gedreht werden kann; eine Handhabe über der Kopfstütze dient zum Antrieb, eine Fußbremse kann die Bewegung aufhalten. Da die Drehung um eine vertikale Achse erfolgt, so kommt es zur Reizung jener Bogengänge, die mehr oder weniger horizontal liegen, während vertikal stehende Bogengänge ungereizt bleiben. Je nach der Kopfhaltung ist die Reizwirkung und damit auch der erzielte Nystagmus verschieden. Man reizt den horizontalen Bogengang am ausgiebigsten, wenn der Kopf aus der Vertikalen nach vorn um etwa 30° geneigt wird, weil der sonst nach hinten unten geneigte horizontale Bogengang dabei wirklich waagrecht liegt. Man dreht die Versuchsperson zuerst langsam, dann etwas rascher, im ganzen etwa zehnmal in 20 Sekunden. Nach der letzten Drehung, sobald die Versuchsperson ihr Gesicht eben gerade dem Untersucher zukehrt, wird der Sessel durch Betätigung der Fußbremse plötzlich aufgehalten und die Augenbewegung beobachtet. *Während* der Drehung tritt so wie beim Eisenbahnnystagmus eine ruckweise horizontale Augenbewegung in der Drehrichtung auf, *nach* der Drehung ist jedoch ein entgegengesetzt gerichteter Nystagmus zu sehen. Dieser *Nachnystagmus* dauert etwa 20—40 Sekunden, was bei den einzelnen Versuchspersonen verschieden ist. Wird der Kopf während der Drehung auf eine Schulter gelegt, so tritt ein *vertikaler* Nystagmus auf, dessen Richtung je nachdem, ob der Kopf nach links oder rechts gelegt wurde, verschieden ist. Wird der Kopf für die Zeit der Drehung nicht nach vorn geneigt, sondern in seiner normalen Haltung belassen, so kommt es *nicht nur* zur Reizung des horizontalen Bogenganges, der Nystagmus ist nicht rein horizontal, sondern zum Teil auch rotatorisch. Auch bei der Neigung des Kopfes um 30° nach vorn kann dies gelegentlich beobachtet werden, wenn der Winkel nicht genau eingehalten wird oder die individuelle Lage des Bogenganges etwas anders ist.

Bei zu raschem oder zu langdauerndem Drehen treten Schwindel, Gleichgewichtsstörungen, evtl. Nausea und Erbrechen auf. Man muß sich daher an die oben abgegebenen Zahlen halten.

Der Nystagmus ist ein durch die **Reizung des Labyrinthes** ausgelöster Reflex auf die Augenmuskeln. Die Reizung erfolgt durch Druck der Endolymphe auf die Cupula, was zur Erregung der Sinneshaare führt. Die verschiedene Richtung des Nystagmus während und nach der Drehung erklärt sich durch die verschiedene Bewegungsrichtung der Cupula. Zu Beginn der Drehung bleibt die Endolymphe infolge der Trägheit zurück, während die Cupula mit dem Körper gedreht und durch die noch stehende Endolymphe entgegen der Drehrichtung zurückgebogen wird. Am *Ende* der Drehung hat die Endolymphe die gleiche Geschwindigkeit wie der Körper; während jedoch dieser und mit ihm die Cupula plötzlich gebremst wird, strömt die Flüssigkeit wieder infolge der Trägheit noch eine Zeitlang weiter. Diesmal wird die Cupula durch die noch strömende Endolymphe *in* der Drehrichtung verlagert. Die Druckwirkung am Beginn und am Ende der Drehung ist somit entgegengesetzt. Alle diese Vorgänge lassen sich auch am **Modell des Bogenganges,** das aus einem mit Flüssigkeit gefüllten Glasring besteht, leicht beobachten. In einer kugelförmigen Erweiterung der Röhre (entsprechend der Ampulle) ist ein Büschel feiner Haare als Modell der Cupula eingesetzt.

Im Zusammenhang mit dem Drehversuch soll auch der BÁRÁNYsche **Zeigeversuch** ausgeführt werden. Die Versuchsperson sitzt im Drehstuhl, der Untersucher ihr gegenüber und hält seinen Zeigefinger vor sich hin; er fordert die Versuchsperson auf, zunächst bei offenen, dann ein zweitesmal bei geschlossenen Augen mit dem rechten Zeigefinger *seinen* Finger zu berühren. Der Gesunde kann dies ohne weiteres, weil er infolge der Tiefensensibilität (s. später) auch bei geschlossenen Augen die jeweilige Lage seiner Extremitäten kennt. Bei einer Erkrankung, die mit einer Gleichgewichtsstörung verbunden ist, kompensiert der Patient die vermeintliche Bewegung seines Körpers durch eine entsprechende Gegenbewegung, was zum Vorbeizeigen am Finger des Untersuchers führt, wenn bei geschlossenen Augen die Kontrolle über die Wirklichkeit fehlt. Wird eine gesunde, richtig zeigende Versuchsperson, wie früher beschrieben, gedreht, so zeigt auch sie während einer kurzen Zeit nach der Drehung am Finger des Untersuchers vorbei. Sie hat ja nach der Bremsung das Gefühl, in der entgegengesetzten Richtung gedreht zu werden, kompensiert daher und zeigt bei geschlossenen Augen *in der Drehrichtung* vorbei, da sie ja in Wirklichkeit an Ort und Stelle bleibt.

Untersuche den Drehnystagmus für beide Drehrichtungen und beobachte die Art des Nystagmus bei verschiedenen Kopfstellungen, seine Richtung, Amplitude und Frequenz; prüfe ferner den BÁRÁNYschen Zeigeversuch und miß die Zeitdauer des Nachnystagmus! Führe Drehversuche am Modell des Bogenganges aus!

99. Auslösung des calorischen Nystagmus.

Erforderlich: Wasser von 20 und 40° C, Spritze für etwa 10 ccm oder Flasche mit Auslauf am Boden, Gummischlauch, Quetschhahn, zugespitztes Glasröhrchen, Schale, Ohrentrichter und Ohrenspiegel, Lampe.

Ein Nystagmus kann auch durch **Abkühlung** oder **Erwärmung im äußeren Gehörgang** ausgelöst werden, wodurch es zu Temperaturveränderungen im Felsenbein und damit zu Strömungen der Endolymphe kommt. Man läßt zu diesem Zweck Wasser von geeigneter Temperatur in den Gehörgang einfließen. Der Versuch erfordert einige Vorsicht und darf nur unter Kontrolle ausgeführt werden. Wegen der Gefahr einer *Infektion* der Paukenhöhle darf der Versuch nur bei intaktem Trommelfell vorgenommen werden. Personen, denen ein Defekt ihres Trommelfelles bekannt ist, scheiden daher von vornherein aus; bei den übrigen muß man sich mit Hilfe des Ohrenspiegels von der Unversehrtheit des Trommelfelles überzeugen. Zum **Ohrenspiegeln** verwendet man einen großen Hohlspiegel, mit dem das Licht einer neben dem Kopf der Versuchsperson aufgestellten Lampe in den äußeren Gehörgang geworfen wird, wobei man durch ein zentrales Loch hindurchblickt. Der winklig abgebogene äußere Gehörgang muß durch leichtes Ziehen an der Ohrmuschel nach hinten und oben gerade gestreckt werden, worauf zur leichteren Beobachtung ein passender Ohrtrichter unter leichtem Drehen eingeführt wird. Das Trommelfell erscheint als ungefähr kreisrunde, blaßgraue Membran mit einem hellen Lichtreflex im unteren Teil. Nahe dem vorderen, oberen Rand ist der kurze Fortsatz des Hammers als gelblich-weißer Vorsprung sichtbar, von ihm aus kann man nach unten-innen und hinten den Verlauf des Hammerstieles verfolgen; an dessen Spitze ist das Trommelfell stark eingezogen. Vom kurzen Fortsatz aus zieht nach hinten-unten eine längere, nach vorn eine kürzere bogenförmige Falte.

Zur **calorischen Reizung des horizontalen Bogenganges**, d. h. zur Erzielung eines horizontalen Nystagmus, muß dieser Bogengang vertikal gestellt werden, damit das Aufsteigen der durch Erwärmung leichter gewordenen Endolymphe bzw. das Sinken der durch Abkühlung schwereren erleichtert wird. Die Versuchsperson hat daher — nachdem man sich von der Unversehrtheit des Trommelsfelles überzeugt hat — den Kopf unter 60^0 nach rückwärts zu neigen. Zur *Abkühlung* verwendet man Wasser von 20^0 C, zur *Erwärmung* Wasser von 40^0 C, wovon 5—10 ccm mit einer Handspritze oder aus der aufgehängten Flasche mit Hilfe des Gummischlauches langsam in den äußeren Gehörgang eingespritzt werden. Das aus dem Ohr wieder herauslaufende Wasser wird in einer untergehaltenen Schale aufgefangen. Die Kaltspülung führt zu Nystagmus nach der *nicht* ausgespritzten Seite, die Warmspülung zu Nystagmus nach der ausgespritzten Seite, in beiden Fällen nach einer Latenzzeit von 10—15 Sekunden. Die sonstigen Reizwirkungen sind bei der calorischen Methode *gering*, wenn die angegebenen Temperaturen eingehalten werden und die Wassermenge nicht zu groß ist.

Rufe calorischen Nystagmus durch Kalt- und Warmspülung an beiden Ohren hervor und beobachte seine Bewegungs- und Ausschlagsrichtung, seine Intensität, Frequenz und Dauer! Bestimme ferner die Latenzzeit für beide Ohren bei Kalt- und Warmspülung!

100. Galvanischer Schwindel am Kaninchen.

Erforderlich: Stromschlüssel, Schieberwiderstand, Stromwender, Milliamperemeter, Ohrelektroden.

Zur **elektrischen Reizung des Labyrinthes** ist eine Nebenschlußschaltung mit einem Schieberwiderstand zu verwenden. Es ist mit Hilfe des Lampenschaltbrettes ein solcher Vorschaltwiderstand zusammenzustellen, daß bei Benutzung des Gleichstromnetzes von 220 V am Schieberwiderstand ein Spannungsabfall von etwa 30 V liegt. In den Hauptkreis wird ein Stromschlüssel eingeschaltet, in den vom Widerstand abgenommenen Nebenkreis ein Drehspulenmilliamperemeter (achte auf die richtige Polung!) und ein Stromwender. An diesen werden die beiden mit Kochsalzlösung gut durchtränkten, olivenförmigen Elektroden angeschlossen und in die Gehörgänge des auf dem Tisch sitzenden Kaninchens eingeführt. Durch entsprechende Schieberstellung ist mit schwachen Strömen zu beginnen und der Strom allmählich zu verstärken. Ist der Strom genügend stark, so neigt das Tier bei Stromeinschaltung prompt den Kopf gegen die Anode, nach Stromwendung wird der Kopf sofort auf die andere Seite umgelegt. Bei weiterer Stromverstärkung treten Wälzbewegungen nach der Anodenseite auf. Bestimme die notwendige Stromstärke für das erste Auftreten der Kopfneigung bei Stromeinschaltung und diejenige für das Auftreten der Wälzbewegungen! Keine zu starken Ströme anwenden!

101. Übungen am Brillenkasten.

Erforderlich: Brillenkasten, verschiedene Linsen, Metermaß.

Der zur Untersuchung von Refraktionsanomalien bestimmte Brillenkasten enthält Plangläser, sphärische Linsen, Zylinderlinsen und Prismen. An diesen Bestandteilen sollen zunächst einige physikalische Bestimmungen durchgeführt werden.

Die **sphärischen Linsen** sind von kugelschalenförmigen Flächen begrenzt und werden bekanntlich in konvexe *Sammellinsen* und konkave *Zerstreuungslinsen* eingeteilt. Je nach den begrenzenden Flächen unterscheidet man bikonvexe, plankonvexe und konkavkonvexe bzw. bikonkave, plankonkave und konvex-konkave Linsen. Zeichne die Querschnitte dieser verschiedenen Linsenarten! Zeichne ferner den Strahlengang und die Entstehung des Bildes bei Konvex- und Konkavlinsen für einen sehr weit entfernten Gegenstand (Pfeil), einen Gegenstand in der doppelten Brennweite und schließlich für einen Gegenstand zwischen Brennpunkt und Linse! Welche prinzipiellen Unterschiede bestehen in den drei genannten Fällen für Konvex- und Konkavlinsen?

Die **Zylinderlinsen** sind auf der einen Seite von einer Zylinderfläche, auf der anderen meist von einer planen Fläche begrenzt. Man unterscheidet, wie Abb. 73 zeigt, gleichfalls konvexe (A) und konkave (B) Zylinderlinsen. Sie haben im Gegensatz zu den sphärischen Linsen eine *Brennlinie*, weil die Linse in der Richtung der ursprünglichen Zylinderachse ZA ja *nicht* gekrümmt ist. Wie aus Abb. 73A hervorgeht, werden bei der konvexen Zylinderlinse alle in den Ebenen *I*, *II* und *III* einfallenden Lichtstrahlen zu je einem in dieser Ebene liegenden Brennpunkt F_1, F_2, F_3 vereinigt; durch die Aufeinanderlagerung solcher Brennpunkte entsteht dann die Brenn-

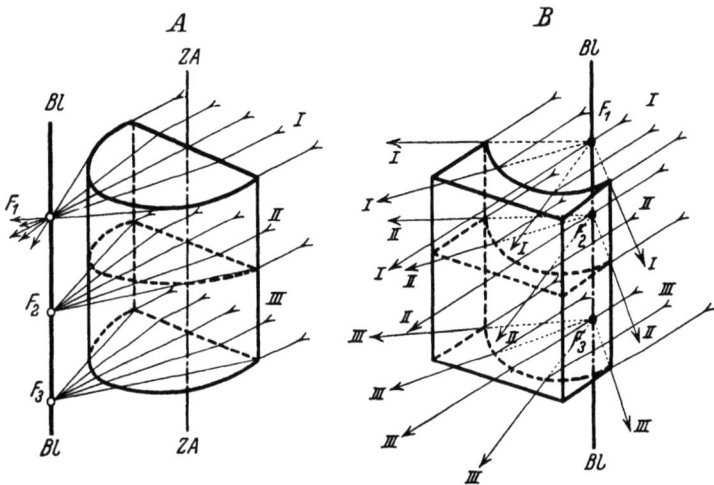

Abb. 73. Strahlengang bei Zylinderlinsen.
A. Brechung der in zur Zylinderachse senkrechten Ebenen einfallenden Strahlen bei konvexen Linsen.
B. Brechung der in zur Zylinderachse senkrechten Ebenen einfallenden Strahlen bei konkaven Linsen.
BL Brennlinie, F_1, F_2, F_3 Vereinigungspunkte von Strahlen der Ebenen *I*, *II* und *III*, *ZA* Zylinderachse.
Bei der Konkavlinse sind die aus der Linse austretenden einzelnen Strahlen zur größeren Deutlichkeit mit *I*, *II* und *III* bezeichnet, je nach der Ebene, der sie angehören.

linie *BL*. Die in einer zu den Ebenen *I*, *II*, *III* senkrechten und durch die Zylinderachse ZA gelegten Ebene auffallenden Strahlen werden, wie auch aus Abb. 73A hervorgeht, *überhaupt nicht* gebrochen. Völlig gleichartig verhalten sich die konkaven Zylinderlinsen (Abb. 73B), nur mit dem Unterschied, daß entsprechend den sphärischen Konkavlinsen parallele Strahlen der Ebenen *I*, *II* und *III* so *zerstreut* werden, als ob sie von der imaginären Brennlinie *BL* kommen würden. Strahlen entsprechend einer dazu senkrechten Ebene gehen so wie bei konvexen Zylinderlinsen *ungebrochen* durch. Es ergibt sich daraus, daß *in der Richtung der Zylinderachse keine Brechung erfolgt*, wohl aber in den zu ihr schräg liegenden Meridianen der Linse, wobei das Brechungsmaximum genau senkrecht zur Zylinderachse (entsprechend den Ebenen *I*, *II* und *III*) liegt. Zylinderlinsen dienen zur Korrektur des regelmäßigen Astigmatismus (s. später), wobei für das Vorsetzen solcher Linsen zur Richtschnur dient, daß die *Zylinderachse immer auf den zu korrigierenden Meridian senkrecht zu stehen hat*. Die Richtung der Zylinderachse ist an den Linsen des Brillenkastens durch zwei am Umfang diametral gegenüberliegende, eingeritzte Striche gekennzeichnet.

Die **Prismen** dienen zur Korrektur des Schielens. Die Symmetrieebene des Prismas ist ähnlich wie die Zylinderachse bei Zylindergläsern durch zwei eingeritzte Striche bezeichnet. Zeichne den Strahlengang durch ein Prisma!

Untersuchung von Gläsern: Soll bei einem Glas des Brillenkastens oder bei einer unbezeichneten Linse bestimmt werden, ob es sich um ein Planglas, eine sphärische oder zylindrische Linse bzw. um ein Prisma handelt, so bringt man das Glas zunächst dicht vor das Auge und blickt unter leichtem Drehen des Glases um die Blickrichtung als Achse auf einen nahen Gegenstand. Bei zylindrischen Linsen und Prismen *verschieben* sich bei dieser Drehung die dickeren und dünneren Stellen des Glases, wodurch der Gegenstand scheinbar bewegt oder verzerrt wird. Bei Plangläsern und sphärischen Linsen tritt dagegen *keine* Veränderung im Bild ein, weil diese Gläser in allen Meridianen gleich beschaffen sind. Durch das Drehen lassen sich daher Plangläser und sphärische Linsen (I. Gruppe: keine Veränderung beim Drehen) von Zylinderlinsen und Prismen (II. Gruppe: scheinbare Bewegung und Verzerrung des Gegenstandes beim Drehen) unterscheiden. Ein Glas der I. Gruppe wird hierauf zwischen Daumen und Zeigefinger der rechten Hand gefaßt und in einer Richtung, z.B. nach links und rechts, hin- und hergeschoben, wobei man einen vertikalen Gegenstand, z. B. ein Fensterkreuz, betrachtet. Wenn sich der Gegenstand beim Bewegen des Glases *nicht* verschiebt, so handelt es sich um ein *Planglas, bewegt* er sich scheinbar, um eine *sphärische Linse*. Erfolgt die scheinbare Bewegung des Gegenstandes in gleicher Richtung (z. B. Glasverschiebung nach rechts, Gegenstandsverschiebung auch nach rechts), so handelt es sich um eine *Konkavlinse*, erfolgt sie entgegen der Bewegung des Glases (z. B. Glasverschiebung nach rechts, Gegenstandsverschiebung nach links) um eine *Konvexlinse*.| Bei dieser Bestimmung muß zuerst die Linse in der Nähe des Auges gehalten werden; ist keine scheinbare Bewegung zu beobachten, so ist die Linse in größerer Entfernung vom Auge hin und her zu verschieben. Die Diagnose „*Planglas*" darf erst gestellt werden, wenn auch die mit der ausgestreckten Hand verschobene Linse den Gegenstand unbewegt läßt. Diese Reihenfolge muß deshalb unbedingt eingehalten werden, weil sehr *schwache* Linsen nur in sehr *großer* Entfernung vom

Auge die scheinbare Bewegung erkennen lassen, andererseits *starke* Konvexlinsen, wenn sie nicht in der Nähe des Auges geprüft werden, infolge des verkehrten Bildes, das sie vom Gegenstand in der Nähe der Linse entwerfen, falsch beurteilt werden. Die Gläser der II. Gruppe werden in der *gleichen* Weise behandelt, nur muß die Verschiebung unbedingt senkrecht zu den eingeritzten Strichen (bei Zylinderlinsen der Zylinderachse, bei Prismen der Symmetrieebene entsprechend) erfolgen, wobei man gleichfalls wieder in der Nähe des Auges beginnen und gegebenenfalls die Verschiebung in immer größerem Abstand vom Auge durchführen muß. Bleibt der Gegenstand ruhig, so handelt es sich um ein *Prismenglas*, zeigt der Gegenstand scheinbar eine Bewegung, um eine *Zylinderlinse*, wobei gleichsinnige Bewegung von Glas und Gegenstand für eine *konkave* Zylinderlinse, entgegengesetzte Bewegung für eine *konvexe* spricht.

Bei der Bestimmung eines unbezeichneten Zylinderglases kann das Fehlen der Marken für die Zylinderachse zunächst Schwierigkeiten bereiten; man findet die Zylinderachse durch Verschieben des Glases in verschiedenen Meridianen, wobei *jene* Richtung, in der es wie ein *Planglas* wirkt, der Zylinderachse entspricht. Wird eine solche Richtung *nicht* gefunden, sondern in allen Meridianen eine Bewegung des Gegenstandes, wenn auch in verschieden starkem Ausmaß, beobachtet, so handelt es sich um die *Kombination* einer sphärischen mit einer Zylinderlinse, wobei die Richtung geringster Linsenwirkung der Zylinderachse entspricht.

Bei Linsen ist sodann die **Brechkraft** zu bestimmen. Die Einheit, eine *Dioptrie*, entspricht der Brechkraft einer Linse von 1 m Brennweite. Es gilt allgemein, daß die Dioptrienzahl einer Linse dem reziproken Wert der Brennweite in Metern gleich ist:

$$D = \frac{1}{f},$$

wobei D die Dioptrienzahl und f die Brennweite in Metern bedeutet. Umgekehrt gilt auch

$$f = \frac{1}{D}.$$

Bei Konvexlinsen wird der Dioptrienzahl ein Pluszeichen vorgesetzt, bei Konkavlinsen ein Minuszeichen. Es bedeutet demnach $+ 2{,}5$ D eine Konvexlinse von 2,5 D, das ist eine Linse mit einer Brennweite von 0,4 m.

Die **Bestimmung der Brechkraft** kann bei einer stärkeren Konvexlinse am einfachsten dadurch erfolgen, daß mit ihr von einer weit entfernten Lichtquelle, z. B. einer Kerze, einer elektrischen Glühlampe oder auch von einem Fenster an der Wand ein scharfes Bild entworfen wird. Da alle unendlich weit entfernten Gegenstände — das sind praktisch alle, die ein Vielfaches der Brennweite von der Linse entfernt sind — in der Brennebene abgebildet werden, so entspricht der Abstand des scharfen Bildes von der Linse der Brennweite f, woraus die Dioptrienzahl gerechnet werden kann. Liegt das Bild 10 cm = 0,1 m von der Linse entfernt, so hat sie 10 D. Für alle Linsen anwendbar ist die **Kompensationsmethode.** Sie beruht darauf, daß beim Zusammenlegen von zwei Linsen sich die Dioptrien algebraisch addieren. Wird auf eine Linse von + 3 D eine von — 3 D gelegt, so heben sich die beiden auf und wirken zusammen so wie ein Planglas. Zur Bestimmung der Brechkraft einer unbekannten Linse ist daher zunächst festzustellen, ob sie sphärisch oder zylindrisch bzw. konvex oder konkav ist. Sphärische Linsen werden natürlich mit sphärischen, zylindrische mit Zylinderlinsen kompensiert, wobei jedoch stets Zylinderachse auf Zylinderachse gelegt werden muß. Ist die unbekannte Linse z. B. konkav, so werden dann aus dem Brillenkasten Konvexlinsen aufgelegt und durch Verschiebung der Linsen geprüft, ob der Gegenstand sich noch bewegt. Wirken beide zusammen so wie ein Planglas, so ist die Dioptrienzahl der unbekannten Linse gleich der Dioptrienzahl der Kompensationslinse, auf der die Dioptrienzahl eingeritzt ist.

Da beim Zusammenlegen von Linsen sich die Dioptrien algebraisch addieren, kann man auch Systeme mit einer Dioptrienzahl herstellen, die im Brillenkasten *nicht* vorhanden ist. Eine Linse von + 6,5 D kann z. B. aus + 6 und + 0,5 D oder aus + 4 und + 2,5 D oder aus + 7 und — 0,5 D zusammengestellt werden.

Aufgaben.

1. Untersuche die bereitgestellten, unbezeichneten Brillengläser und bestimme die Dioptrienzahl mit der Kompensationsmethode.

2. Stelle folgende Dioptrienzahlen durch Kombination von sphärischen Linsen auf verschiedene Art her: + 2,75; + 7,5; + 13,25; — 3,5; — 8,25; — 14,5, wobei die Linsen des Brillenkastens zu verwenden sind.

3. Stelle folgende Kombinationen für Zylinderlinsen her: — 0,5 D, — 3,25 D, — 5,5 D, — 7,5 D, — 10 D, dann die gleichen Kombinationen mit konvexen Zylinderlinsen!

4. Suche aus den unbezeichneten Brillengläsern möglichst starke Konvexlinsen heraus, bestimme die Dioptrienzahl durch Messung der Brennweite und kontrolliere das Ergebnis mit der Kompensationsmethode!

102. Statische und dynamische Refraktion; Nachweis der Akkommodation mit den Purkinje-Sansonschen Spiegelbildchen.

Erforderlich: Dunkler Raum, Kerze oder entsprechend montierte Augenlampe.

Das **normalsichtige** (emmetrope) **Auge** hat in der Ruhe eine Brechkraft von rund 60 D und ist so eingestellt, daß die Retina sich in der Brennebene des optischen Systems befindet; unendlich ferne Gegenstände werden daher scharf auf der Retina abgebildet, doch zeigt sich, daß praktisch die Tiefenschärfe des ruhenden Auges bis auf etwa 5 m vor dem Auge reicht. Zur Ausführung von Bildkonstruktionen oder zur Berechnung der Bildgröße im Auge benutzt man das **reduzierte Auge nach DONDERS,** das in Abb. 74 I dargestellt ist. Der vordere Brennpunkt F_1 befindet sich 15 mm vor der Cornea C, der hintere Brennpunkt F_2 liegt in der Retina, der Knotenpunkt K — dadurch gekennzeichnet, daß die durch ihn gehenden Lichtstrahlen *(Richtungsstrahlen)* nicht gebrochen werden — 5 mm hinter der Cornea; er ist gleichzeitig ihr Krümmungsmittelpunkt. Wie aus Abb. 74 II hervorgeht, werden zur Konstruktion des Bildes auf der Retina (so wie bei Konvexlinsen) der Richtungsstrahl und der Strahl durch den vorderen Brennpunkt benutzt, der ja im Innern des Auges achsenparallel verläuft. Aus der Ähnlich-

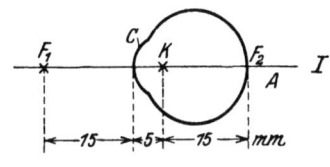

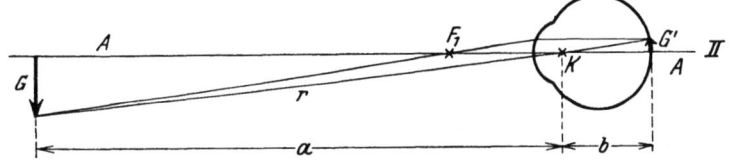

Abb. 74. *I* Reduziertes Auge nach DONDERS, *II* Konstruktion des Bildes auf der Retina für das reduzierte Auge.

A Augenachse, *C* Cornea, F_1 vorderer Brennpunkt, F_2 hinterer Brennpunkt, *G* Gegenstand, *G'* Bild auf der Retina, *K* Knotenpunkt.
a Gegenstandsentfernung, *b* Bildentfernung, *r* Richtungsstrahl.

keit der beiden Dreiecke, die durch die optische Achse A, den Richtungsstrahl r und den Gegenstand G bzw. sein Bild G' gebildet werden, folgt, daß G zu G' sich so verhält wie der Gegenstandsabstand a zum Bildabstand b. Die **Größe des Retinabildes** G' ist demnach:

$$G' = \frac{G \cdot b}{a}.$$

Berechne nach dieser Formel die Größe des Netzhautbildes für verschiedene Gegenstände in verschiedenen Entfernungen, z. B. für einen 2 m hohen Stab, der sich 7 m vor dem Auge befindet! Berücksichtige, daß theoretisch zu der Entfernung von 7000 mm vor dem Auge noch 5 mm für den Knotenpunktsabstand hinzuzurechnen sind, was allerdings praktisch keinen Unterschied bedeutet und daher vernachlässigt werden kann.

Zur Abbildung naher Gegenstände muß die Brechkraft des ruhenden Auges *(statische Refraktion)* durch **Akkommodation** vermehrt werden. Der größte mögliche Zuwachs beträgt bei einem Zwanzigjährigen 10 D *(Akkommodationskraft* bzw. *dynamische Refraktion)*. Ein emmetropes Auge, dessen Brechkraft durch Akkommodation um 10 D vermehrt wurde, kann einem ruhenden Auge gleichgesetzt werden, dem eine Konvexlinse von 10 D vorgesetzt wurde. Da das ruhende Auge nur achsenparallele Strahlen auf der Retina vereinigen kann (was zur Erzeugung eines scharfen Bildes notwendig ist), so müssen die Strahlen zwischen Vorsatzlinse und Auge achsenparallel sein, d. h. also, aus dem Brennpunkt der Vorsatzlinse kommen. Der Brennpunkt einer Linse von 10 D ist $^1/_{10}$ m von ihr entfernt; der bei einer Akkommodation von 10 D scharf gesehene Punkt muß also $^1/_{10}$ m vor der Vorsatzlinse liegen oder in Wirklichkeit, da ja keine Vorsatzlinse vorhanden ist, sondern die Brechkraft des optischen Systems gesteigert wurde, $^1/_{10}$ m vor dem Auge. Dieser nächste, noch scharf einstellbare Punkt heißt der **Nahpunkt,** im Gegensatz zum **Fernpunkt,** auf den das ruhende, akkommodationslose Auge eingestellt ist. Beim Emmetropen liegt der Fernpunkt in der Unendlichkeit. Das *Akkommodationsgebiet* eines emmetropen Zwanzigjährigen liegt daher zwischen unendlich und 10 cm vor dem Auge. Aus der gleichen Überlegung folgt, daß bei einer Akkommodation von 5 D ein Gegenstand in $^1/_5$ m Abstand vom Auge scharf abgebildet wird oder daß z. B. ein 2 m vor dem Auge befindlicher Gegenstand nur bei einer Akkommodation von $^1/_2$ D scharf gesehen werden kann.

Die Akkommodation kommt durch *stärkere Wölbung der Linse* zustande. Beim ruhenden Auge wird die Linse durch die Zonula Zinnii gespannt und abgeflacht. Bei der Akkommodation rücken durch die Wirkung des Ciliarmuskels die Ciliarfortsätze näher an die Linse heran, die Fasern der Zonula Zinnii werden *entspannt* und die elastische Linse wölbt sich stärker, und zwar hauptsächlich gegen die vordere Augenkammer zu.

Die Krümmungszunahme der vorderen Linsenfläche bei der Akkommodation kann durch Vergleich der PURKINJE - SANSONschen **Spiegelbildchen** festgestellt werden. Die Versuchsperson sitzt in einem dunklen Raum und blickt geradeaus in die Ferne. Seitlich von ihrer Gesichtslinie und in Augenhöhe wird im Abstand von 30—50 cm eine Kerze oder eine entsprechende elektrische Lampe aufgestellt. Der Beobachter bringt sein Auge in gleiche Höhe auf die andere Seite der Gesichtslinie (auch in etwa 30 cm Abstand vom Auge der Versuchsperson) und bewegt den Kopf leicht hin und her, bis er die Spiegelbilder der Lichtquelle deutlich sieht. Entsprechend den drei spiegelnden Flächen: Hornhaut, vordere und hintere Linsenfläche werden drei Bildchen gesehen, von denen, wie auch Abb. 75A zeigt, das erste hell und aufrecht ist (Hornhaut), das mittlere etwas dunkler, größer und gleichfalls aufrecht (vordere Linsenfläche), das dritte hell, klein, aber verkehrt (hintere Linsenfläche). Hornhaut und vordere Linsenfläche wirken als Konvex-, die hintere Linsenfläche als Konkavspiegel. Nachdem der Beobachter sich Größe und Lage der Bildchen gut eingeprägt hat, erteilt er der Versuchsperson den Auftrag, auf seinen in die Gegend ihres Nahpunktes gehaltenen Finger zu blicken. Das akkommodierte Auge zeigt jetzt die Bildchen nach Abb. 75B. Wir beobachten, daß das mittlere Bildchen kleiner geworden ist und sich auch etwas gegen das Hornhautbildchen verschoben hat. Dieses und das Bild von der hinteren Linsenfläche bleiben unverändert. Da ein Konvexspiegel um so kleinere Bilder liefert, je stärker seine Krümmung ist, so folgt aus der Verkleinerung des mittleren Bildchens, daß bei der Akkommodation sich *nur* die Krümmung der vorderen Linsenfläche geändert und zwar verstärkt hat. Beobachte auch bei diesem Versuch, welche Veränderung die Pupille beim Übergang vom Sehen in die Ferne zum Sehen in die Nähe erfährt!

Da mit zunehmendem Lebensalter die Linse ihre Elastizität allmählich verliert, nimmt die Akkommodationsfähigkeit immer mehr ab (**Altersweitsichtigkeit, Presbyopie**); ein Sechzigjähriger hat überhaupt keine dynamische Refraktion mehr, der mit zunehmendem Alter immer mehr hinausrückende Nahpunkt fällt dann mit dem Fernpunkt zusammen. Reicht die Akkommodation zur Einstellung auf die Nähe nicht mehr aus, so wird eine *Presbyopenbrille* verordnet, für deren Dioptrienzahl der Beruf (wegen des jeweils verschiedenen Arbeitsabstandes) mitbestimmend ist.

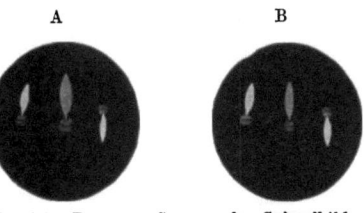

Abb. 75. PURKINJE-SANSONsche Spiegelbilder beim ruhenden Auge (A) und maximal akkommodierten Auge (B).

103. Nachweis der Zunahme des Brechungsvermögens bei der Akkommodation mit dem SCHEINERschen Versuch.

Erforderlich: Stecknadeln, Metallplättchen, darunter eines mit zwei feinen Löchern.

Wird dicht vor das Auge ein Metallplättchen mit zwei feinen, horizontal nebeneinander liegenden Löchern, deren Abstand kleiner als der Pupillendurchmesser sein muß, gebracht und ein sehr weit (mehrere Meter) entfernter Gegenstand betrachtet, so erscheint ein gleichzeitig im Gesichtsfeld befindlicher *naher* Punkt doppelt. Verschließt man durch Darüberschieben eines zweiten Metallplättchens das *linke* Loch, so ändert sich das Bild des fernen Punktes nicht, es verschwindet aber das *rechte* Doppelbild des nahen Punktes. Fixiert man dagegen den *nahen* Punkt, so erscheint ein im Gesichtsfeld gleichzeitig vorhandener *ferner* Punkt doppelt und der Verschluß des linken Loches bringt das linke Doppelbild zum Verschwinden, während der

182 Physiologie der Sinnesorgane und des Zentralnervensystems.

nahe Gegenstand unverändert gesehen wird. Entsprechendes ist natürlich auch beim Verschluß des rechten Loches zu beobachten.

Das **verschiedene Verhalten der Doppelbilder** bei Verschluß eines Loches je nach der Einstellung des Auges läßt sich nur durch ein verschieden starkes Brechungsvermögen erklären, wie sich aus den Zeichnungen in Abb. 76 *I* und *II* ergibt. Ist das Auge, wie in Abb. 76 *I*,

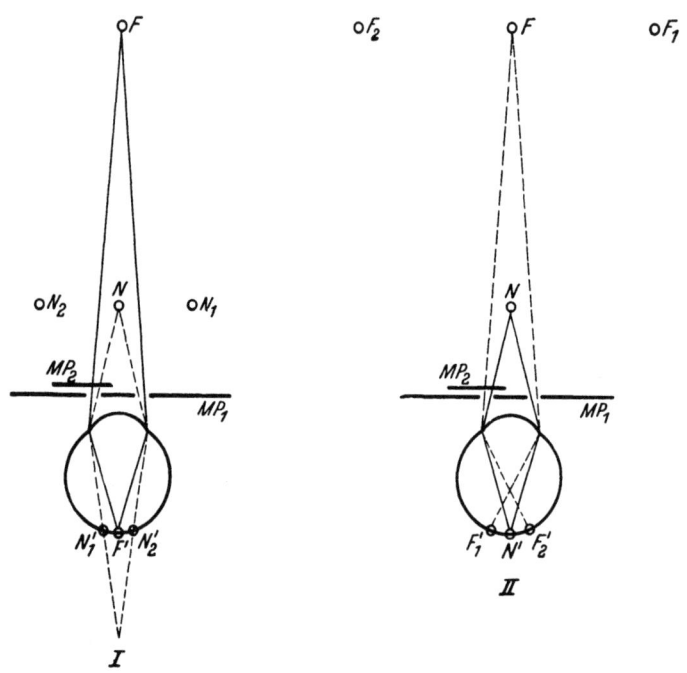

Abb. 76. Schematische Zeichnungen zur Erklärung des SCHEINERschen Versuches.
I Fixierung eines fernen Punktes, *II* Fixierung eines nahen Punktes.
F ferner Punkt, N naher Punkt, F', N', F_1', F_2', N_1', N_2' Bilder auf der Retina, F_1, F_2, N_1, N_2 Doppelbilder, MP_1, MP_2 Metallplättchen.

auf den fernen Punkt F eingestellt, so wird dieser scharf auf der Retina bei F' abgebildet; die beiden stark divergenten, durch die Löcher des Plättchens MP_1 vom nahen Punkt N gleichfalls zum Auge gelangenden Strahlen werden aber infolge der *geringen* Brechkraft des Auges erst *hinter* der Retina vereinigt. An ihren Schnittpunkten mit der Retina entstehen die Bilder N_1' und N_2', so daß an Stelle von N zwei Punkte, N_1 und N_2, gesehen werden. Da alle Retinabilder bei der Projektion in den Raum umgekehrt werden, erscheint

N_2 links, N_1 rechts. Wird das linke Loch durch das Plättchen MP_2 verschlossen, so verschwindet das Bild N_1' und damit auch N_1, also das Bild der anderen Seite. Wird dagegen, wie in Abb. 76*II*, auf den nahen Punkt N akkommodiert, so entsteht auf der Retina das scharfe Bild N'. Die *weniger* divergenten Strahlen von F werden infolge der jetzt *stärkeren* Brechkraft des Auges schon *vor* der Retina vereinigt, gehen dann aber wieder auseinander, so daß die Bilder F_1' und F_2' zustande kommen. Man sieht daher zwei Punkte, F_2 (links) und F_1 (rechts). Wird wiederum durch Verschieben des Plättchens MP_2 das linke Loch verschlossen, so verschwindet diesmal F_2' und damit F_2, also das *gleichseitige* Bild. Es folgt aus dem Versuch, daß bei der Einstellung des Auges auf einen nahen Gegenstand die Brechkraft größer ist als bei Einstellung auf einen fernen.

Der Versuch wird so ausgeführt, daß man als fernen Punkt einen schmalen, hohen, weit entfernten Gegenstand, z. B. den Blitzableiter eines gegenüberliegenden Hauses, fixiert, als nahen Punkt eine auf dem Fensterkreuz befestigte Nadel. Das Plättchen mit den beiden Löchern ist dicht ans Auge und so zu halten, daß die Öffnungen horizontal nebeneinander liegen. Zum Verschluß des einen Loches kann man ein gleichartiges Plättchen benutzen.

Der SCHEINERsche Versuch kann auch zur **Nahpunktsbestimmung** benutzt werden. Man bringt das durchlöcherte Plättchen dicht vor das Auge und nähert ihm mit der anderen Hand eine Nadel. Befindet sich die Nadel außerhalb des Nahpunktes, so wird sie durch Akkommodation stets scharf gesehen; befindet sie sich innerhalb des Nahpunktes, so erscheint sie doppelt, so wie der „nahe" Punkt in Abb. 76 II. Der Nahpunkt entspricht jener Entfernung der Nadel vom Auge, in der gerade noch ein scharfes Bild gesehen wird, in geringster Annäherung an das Auge aber Doppelbilder auftreten. Diese Entfernung ist von einer Hilfsperson zu messen. Bestimme nach dieser Methode bei mehreren Personen den Nahpunkt, besonders bei solchen, die Brillen tragen. Welche Unterschiede finden sich?

104. Objektiver und subjektiver Nachweis der Pupillenreaktion.

Erforderlich: Einfach durchlöchertes Plättchen, Augenlampe.

Je nach der Intensität des Lichtes ist die **Weite der Pupille** verschieden, da von der Retina aus reflektorisch die Irismuskeln beeinflußt werden. Verdunklung des Auges führt zur Erweiterung, starke Belichtung zur Verengerung der Pupille. Stets reagieren beide Augen *gleichartig* und *gemeinsam*.

Zur **Prüfung des Pupillenreflexes** stellt man eine Versuchsperson seitlich gegen das Fenster, so daß nur *ein* Auge starkes Licht empfängt. Das vom Fenster abgewendete Auge verschließt die Versuchsperson durch Auflegen der flachen Hand. Hält der Untersucher mit der

Hand das Licht vom anderen Auge ab, so kann er im diffusen Licht des Zimmers die Pupillenerweiterung erkennen, wird die Hand weggenommen, sieht man die Verengerung infolge des Lichteinfalles. Noch deutlicher läßt sich der Pupillenreflex beobachten, wenn die Versuchsperson im Zimmer so steht, daß nur so viel Licht, als zur Erkennung der Pupillenweite nötig ist, auf die Augen fällt. Man beobachtet dann die Reaktion bei Beleuchtung und Verdunklung des Auges mit einer elektrischen Taschenlampe oder einer Augenlampe. Prüfe zunächst jedes Auge der Versuchsperson für sich und vergleiche darauf die Reaktion des zweiten Auges, wenn das andere Auge belichtet oder beschattet wird (*konsensuelle Reaktion!*).

Die Reaktion seiner Pupille kann jeder auch an sich selbst beobachten. Man stellt sich zum Fenster, blickt gegen eine Hausmauer, oder gegen eine weiße Wolke und bringt dicht vor das eine Auge ein Metallplättchen oder ein Stück Karton mit einem feinen Loch. Die Öffnung erscheint als heller Kreis mit verschwommenem Rand. Wird hierauf das andere Auge mit der Hand abgedeckt, so vergrößert sich scheinbar das Loch im Plättchen, wird die Hand wieder weggezogen, so verengt es sich merklich. Wie ist diese Erscheinung zu erklären?

105. Nachweis der chromatischen Aberration des Auges.

Erforderlich: Stück eines schwarzen Kartons, elektrische Glühlampe (Kohlenfadenlampe), blaues Glas.

Die chromatische Aberration des Auges wird gewöhnlich nicht bemerkt, weil die Randpartien der Linse, wo die verschiedene Brechung der farbigen Strahlen besonders deutlich ist, durch die Iris verdeckt sind. Blickt man jedoch durch ein Fenster auf den Himmel und verdeckt z. B. die untere Hälfte der Pupille mit einem oben geraden schwarzen Kartonstückchen, so kommt es infolge des geringeren Lichteinfalles zu einer starken Erweiterung der Pupille und die chromatische Aberration der Randgebiete kann wahrgenommen werden. Sie zeigt sich in einer farbigen Umsäumung der vom Himmel sich dunkel abhebenden Gegenstände, z. B. des Fensterkreuzes. Verdeckt man die *untere* Pupillenhälfte, so ist die obere Begrenzung des Fensterbalkens rotgelb umsäumt, die nach unten gerichtete Kante bläulich. Auf beiden Seiten des Balkens entsteht zwar ein spektrales Band, doch sind nur jene Farben deutlich zu sehen, die die äußerste Begrenzung gegen den Himmel bilden. Wie ist die farbige Begrenzung bei Verdeckung der oberen, linken und der rechten Pupillenhälfte?

Blickt man durch ein blaues Glas auf die leuchtenden Fäden einer Glühlampe — speziell Kohlenfadenlampen sind für diesen Versuch geeignet — so sieht man gleichfalls als Folge der chromatischen Aberration des Auges spektrale Farbbänder um die Fäden.

Bestimmung der Sehleistung. 185

106. Bestimmung der Sehleistung.

Erforderlich: SNELLENsche Sehprobentafel, Brillengestell mit runder Blechscheibe.

Das normale Auge kann zwei Punkte des Raumes *nur dann* voneinander getrennt sehen, wenn die Richtungsstrahlen von diesen beiden Punkten einen Winkel von ungefähr einer Bogenminute miteinander einschließen. Diese Tatsache benutzt man zur Bestimmung der Sehleistung mit Hilfe der SNELLENschen Tafeln. Diese enthalten mehrere Reihen von aus einzelnen Quadraten zusammengesetzten Buchstaben, wobei die Mittelpunkte zweier benachbarter Quadrate in einer für jede Zeile festgelegten Entfernung genau unter dem Winkel von einer Bogenminute gesehen werden. Beim E der Tafel stoßen z. B. die drei horizontalen Balken auf der rechten Seite so zusammen, daß je ein weißes Quadrat als Zwischenraum bleibt. Dieses wird bei *normaler* Sehleistung von den schwarzen Quadraten der Querbalken getrennt gesehen, weil die Richtungsstrahlen zwischen den Mittelpunkten den Mindestwinkel von einer Bogenminute miteinander einschließen. Bei herabgesetzter Sehleistung werden jedoch die weißen Quadrate nicht von den schwarzen getrennt gesehen, das E erscheint als geschlossene Figur, meist als O oder B. In ähnlicher Weise sind auch die anderen Buchstaben so konstruiert, daß sie *verwechselt werden müssen,* wenn die Sehleistung nicht normal ist.

Die übliche SNELLENsche **Sehprobentafel** enthält übereinander Reihen mit immer kleineren Buchstaben, von denen der erste, größte, bei normaler Sehleistung noch in 60 m Abstand gelesen werden sollte. Die folgenden Zeilen sind in 36, 24, 18, 12, 8, 6, 5, 4, 3, 2, 1 m Abstand zu lesen; eine ähnliche Tafel — für kleinere Räume bestimmt — beginnt mit 50 m und hat durch fünf teilbare Abstufungen. Neben jeder Zeile ist der zugehörige Abstand notiert.

Die Versuchsperson sitzt zur Ausschaltung der Akkommodation in 6 m Entfernung von der gut beleuchteten Sehprobentafel. Zur getrennten Prüfung jedes Auges wird ihr ein Brillengestell aus dem Brillenkasten aufgesetzt und das nicht geprüfte Auge durch eine eingesetzte Blechscheibe verdeckt. Aus der Entfernung von 6 m muß eine Versuchsperson mit normaler Sehleistung bei vollem, hellem Tageslicht bis zur Zeile für 6 m Abstand alles lesen können. Da die Sehleistung als Quotient aus der tatsächlichen Entfernung von der Tafel und dem für die letzte gelesene Zeile gültigen Abstand angegeben wird, ist in dem besprochenen Fall die Sehleistung 6/6, also normal. Es kann vorkommen, daß die Versuchsperson in 6 m Abstand auch noch die für 5 m oder für 4 m bestimmte Zeile lesen kann; sie hat dann eine *erhöhte* Sehleistung, nämlich 6/5 bzw. 6/4. Viel häufiger jedoch findet man, besonders bei Brillenträgern ohne ihr Augenglas, daß die Versuchsperson nicht bis zur 6-m-Zeile, sondern nur z. B. bis zur 24-m-Zeile lesen kann; dann ist die Sehleistung herabgesetzt und beträgt 6/24. Da diese Zahlen den tatsächlichen Abstand und die gelesene Zeile angeben, soll dieser Bruch *nicht gekürzt* werden.

Eine herabgesetzte Sehleistung kann vor allem dadurch bedingt sein, daß das Bild der Sehprobentafel auf der Netzhaut *unscharf* ist (Refraktionsanomalie) oder daß bei scharfer Abbildung das Auflösungsvermögen der Retina herabgesetzt ist. Kann durch Vorsetzen geeigneter Linsen die Refraktionsanomalie behoben werden, so wird die Sehleistung verbessert. Die Sehleistung des *korrigierten* Auges wird als **Sehschärfe** bezeichnet. Besteht keine Refraktionsanomalie, so ist die festgestellte Sehleistung zugleich auch die maximale Sehschärfe.

107. Untersuchung von Refraktionsanomalien; Bestimmung der Sehschärfe.

Erforderlich: SNELLENsche Sehprobentafel, Brillenkasten.

Beim normalsichtigen, **emmetropen Auge** werden, wie Abb. 77*I* zeigt, die aus der Unendlichkeit kommenden, *achsenparallelen* Strahlen auf der Retina zu einem Punkt vereinigt. Das ruhende normalsichtige Auge hat daher seinen Fernpunkt in der Unendlichkeit, seinen Nahpunkt z. B. bei einem Zwanzigjährigen $^1/_{10}$ m vor der Hornhaut.

Beim kurzsichtigen oder **myopen Auge** werden die achsenparallelen Strahlen schon *vor* der Retina vereinigt, wie Abb. 77*II* zeigt. Dies kann entweder durch eine gegenüber dem emmetropen Auge zu *starke* Brechkraft (Brechungsmyopie) bedingt sein, in den meisten Fällen aber, wie auch Abb. 77*II* zeigt, durch einen *Langbau* des Auges in der Richtung der optischen Achse bei *normalem* Brechungsvermögen (Achsenmyopie). Im letzteren Fall ist aber die normale Brechkraft relativ zu groß, ein myopes Auge kann daher *stets* als ein Auge mit zu starker relativer oder absoluter Brechkraft angesehen werden. Bei einer Myopie von z. B. 2 D wird das scharf gesehen, was ein emmetropes Auge mit 2 D Akkommodation scharf sieht. Der Fernpunkt liegt daher in diesem Fall $^1/_2$ m vor dem Auge. Ein 20jähriger Myoper hat ebenso wie der gleichaltrige Emmetrope 10 D dynamische Refraktion, bei maximalster Akkommodation hat er daher 12 D mehr als das ruhende emmetrope Auge, sein Nahpunkt liegt demnach $^1/_{12}$ m vor dem Auge. Die Brechkraft des myopen Auges wird durch Vorsetzen von Konkavlinsen reduziert. Wie groß ist das Akkommodationsgebiet im oben angegebenen Beispiel?

Beim übersichtigen oder **hypermetropen Auge** werden die achsenparallelen Strahlen *hinter* der Retina vereinigt, was durch eine schwächere Brechkraft (Brechungshypermetropie) oder durch einen zu kurzen Augapfel, wie in Abb. 77*III* (Achsenhypermetropie) be-

dingt sein kann. Das hypermetrope Auge kann als zu *schwach* brechend
aufgefaßt werden. Auch der Hypermetrope sieht einen unendlich
fernen Gegenstand unscharf; die auf der Retina des ruhenden Auges
zur Vereinigung kommenden Strahlen müssen infolge der geringeren
Brechkraft schon konvergent auf die Cornea auftreffen, so, als ob
sie von einem *hinter* der Netzhaut liegenden Fernpunkt (F) ausgingen.
Der Hypermetrope kann aber doch durch entsprechende *Akkommodation* auf einen entfernten Gegenstand scharf einstellen. Bei einer
Hypermetropie von 2 D werden 2 D akkommodiert, es bleiben bei

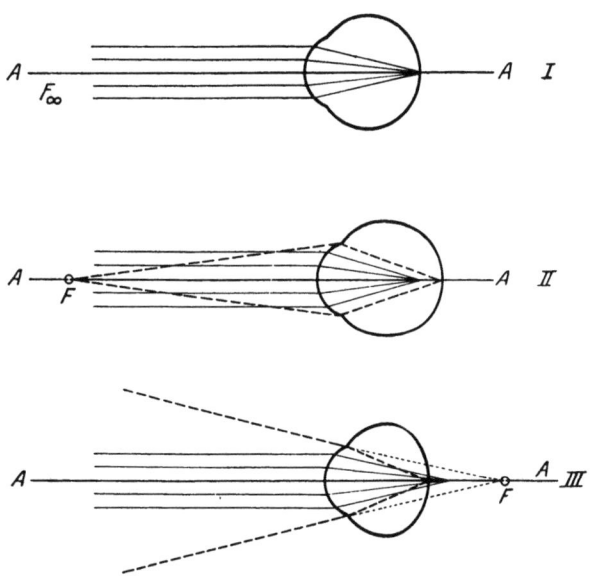

Abb. 77. Strahlenbrechung beim emmetropen (I), myopen (II) und hypermetropen Auge (III).
A optische Achse des Auges, F Fernpunkt.

einem Zwanzigjährigen von den 10 D der dynamischen Refraktion
nur mehr 8 D für den Nahpunkt übrig, der daher $1/8$ m vor dem Auge
liegt. Durch Vorsetzen von Konvexlinsen wird die Brechkraft des
hypermetropen Auges gesteigert. Wie groß ist das Akkommodationsgebiet im oben gegebenen Beispiel?

Wurde bei einer Versuchsperson eine **verminderte Sehleistung** gefunden, so kann sie emmetrop mit herabgesetzter Sehschärfe sein
oder myop oder stark hypermetrop.

Zur **Untersuchung der Refraktion** wird, nachdem für jedes Auge
getrennt die Sehleistung bestimmt und notiert wurde, einem Auge
bei abgedecktem zweiten mit Hilfe des Brillengestelles eine schwache

Konvexlinse (etwa 0,25 D) vorgesetzt und neuerlich die Sehprobentafel lesen gelassen. Das emmetrope Auge wird durch die Konvexlinse auf einen näheren Punkt eingestellt und sieht *schlechter*, ebenso das myope, dessen Brechkraft ja ohnehin schon zu groß ist. Gleich gut dagegen sieht der Hypermetrope, der jetzt bloß weniger zu akkommodieren braucht; wenn seine Hypermetropie größer ist als seine dynamische Refraktion, sieht er sogar mit der Konvexlinse *besser*. Hierauf setzt man der Versuchsperson eine schwache Konkavlinse (etwa 0,25D) vor und läßt sie wieder lesen. Der Emmetrope und der Hypermetrope sehen *nicht* wesentlich schlechter, weil sie die Schwächung der Brechkraft durch das Konkavglas mit der Akkommodation kompensieren können: nur wenn die Hypermetropie gleich oder größer ist als die dynamische Refraktion, wird schlechter gesehen. Der Myope dagegen sieht mit dem Konkavglas entschieden *besser*.

Wurde also festgestellt, daß eine Myopie oder eine Hypermetropie vorliegt, so muß die **zur** vollständigen **Korrektur nötige Dioptrienzahl** bestimmt werden. Man setzt eine Reihe von Gläsern vor und läßt immer wieder die Sehprobentafel lesen. Beim Hypermetropen beginnt man mit dem *stärksten* Konvexglas des Brillenkastens, damit zunächst das Bild der Buchstaben *vor* der Netzhaut entsteht und eine Störung der Bestimmung durch die Akkommodation ausgeschaltet wird. Durch Vorsetzen immer schwächerer Konvexlinsen wird das Bild immer mehr gegen die Retina verschoben, die Sehleistung wird immer besser, bis schließlich ein scharfes Bild eben auf der Retina entsteht. Bei Vorsetzen noch schwächerer Linsen wird das Bild hinter der Retina entworfen, durch die Akkommodation jedoch wieder auf die Retina gebracht, weshalb das Lesevermögen von einer bestimmten Linse an annähernd *konstant* bleibt. Die erste Linse (die stärkste) der Reihe, mit der gleich gut gelesen wurde, wird als Brille verordnet, weil dieses Glas das Bild des fernen Gegenstandes ohne Akkommodation gerade auf die Netzhaut bringt. Beim *myopen* Auge wird dagegen mit der schwächsten Linse begonnen, da der Vereinigungspunkt der Strahlen ohnehin vor der Retina liegt. Mit dem Vorsetzen immer stärkerer Konkavlinsen rückt das Bild immer näher gegen die Netzhaut, das Lesevermögen nimmt so lange zu, bis das scharfe Bild gerade *auf* die Retina fällt. Bei noch stärkeren Linsen entsteht es zwar *hinter* der Retina, wird aber durch Akkommodation wieder auf die Retina verlegt, so daß die Sehleistung konstant bleibt. Aus der Reihe der Linsen, mit denen gleich gut gelesen wurde, wird die erste (schwächste) Konkavlinse als Brille verordnet.

Ist *ein* Auge untersucht und korrigiert, so muß auch das zweite untersucht werden, da beide Augen nicht selten voneinander in ihrer Refraktion abweichen. Es ist auch nicht immer möglich, eine Sehschärfe von 6/6 durch die Korrektur zu erzielen. Man muß daher — wie erörtert — mit dem Vorsetzen der Linsen aufhören, wenn keine

Fortschritte im Lesevermögen mehr zu erzielen sind, auch wenn die Sehleistung z. B. nur bei 6/12 stehen bleibt. Es kann in diesem Fall auch eine besondere Form von Myopie oder Hypermetropie, ein Astigmatismus, vorliegen oder mit einer gewöhnlichen Myopie oder Hypermetropie kombiniert sein, so daß zur vollständigen Korrektur auch Zylindergläser erforderlich sind. Liegt kein Astigmatismus vor, so ist eben die Sehschärfe nur 6/12.

108. Nachweis des Astigmatismus mit dem Keratoskop.

Erforderlich: Keratoskop nach PLACIDO.

Beim emmetropen, myopen und hypermetropen Auge werden achsenparallele Strahlen stets zu einem Punkt vereinigt, der *in* der Retina, *vor* oder *hinter* ihr liegt. Findet keine Vereinigung *zu einem Punkt* statt, so spricht man von **Astigmatismus,** der stets auf eine *ungleiche* Krümmung der brechenden Flächen, vor allem der Hornhaut, zurückzuführen ist. Astigmatismus höheren Grades führt zu unscharfem und verzerrtem Sehen.

Beim **unregelmäßigen (irregulären) Astigmatismus** erfolgt die Strahlenbrechung ganz regellos; irregulärer Astigmatismus kann durch Verletzungen der Cornea, durch Narben oder auch vorübergehend durch Hängenbleiben einer Träne oder eines Schleimklümpchens auf der Cornea bedingt sein. Der irreguläre Astigmatismus wird durch Tragen einer *Lochblende* (stenopäische Brille, s. später) oder durch ein *Kontaktglas* — eine kugelförmig geschliffene Glasschale, die unter die Lider geschoben unmittelbar dem vorderen Augenabschnitt anliegt — gebessert.

Beim **regulären Astigmatismus** wird ein Bündel achsenparalleler Strahlen zu zwei Brennlinien vereinigt, die zwar senkrecht aufeinander stehen, aber nicht in der gleichen Ebene liegen. Die Cornea ist dann zwar regelmäßig, aber in verschiedenen Meridianen *ungleich stark* gekrümmt. Fast immer stehen die Meridiane mit schwächster und stärkster Krümmung *(Hauptmeridiane)* senkrecht aufeinander. Beim **geraden Astigmatismus** liegen sie horizontal und vertikal, beim **schiefen Astigmatismus** schräg. Da fast jede Cornea in der Horizontalen etwas *schwächer,* in der Vertikalen etwas *stärker* gekrümmt ist, so zeigt *jedes* Auge einen leichten, geraden Astigmatismus, der aber nur bei stärkerer Ausbildung das Sehen stört und korrigiert werden muß. Wegen der Häufigkeit dieser Form heißt er **Astigmatismus nach der Regel;** beim **Astigmatismus gegen die Regel** ist der *horizontale* Meridian der stärker, der *vertikale* der schwächer gekrümmte.

Stärkere Grade von regelmäßigem Astigmatismus können mit dem **Keratoskop nach** PLACIDO erkannt werden. Es besteht aus einer Scheibe von etwa 25 cm Durchmesser mit konzentrischen schwarzen und weißen Kreisen. Die Versuchsperson steht mit dem Rücken gegen das Fenster, der Untersucher ihr gegenüber; er bringt die gut beleuchtete Scheibe, die Kreise der Versuchsperson zugewendet, in Augenhöhe in einen Abstand von etwa 25 cm von dem zu untersuchenden Auge. Der Untersucher blickt durch das im Zentrum der Scheibe befestigte kleine Fernrohr und verschiebt es entsprechend oder nähert und entfernt die ganze Scheibe so lange, bis er auf der Cornea das Spiegelbild der Scheibe scharf sieht. Beim normalen Auge besteht das Spiegelbild aus Kreisen, liegt aber ein stärkerer Astigmatismus vor, so sieht man *konzentrische Ellipsen*. Da nämlich jeder Konvexspiegel umso kleinere Bilder liefert, je stärker er gekrümmt ist, so werden die Radien der Kreise in den Meridianen stärkerer Krümmung kürzer sein als in den Meridianen schwächerer Krümmung. Die große Achse der Ellipse entspricht daher dem am schwächsten gekrümmten, die kleine Achse dem am stärksten gekrümmten Hornhautmeridian. Liegt die lange Achse horizontal, die kurze vertikal, so handelt es sich um einen Astigmatismus *nach der Regel*, steht die lange Achse vertikal, die kurze horizontal, um einen Astigmatismus *gegen die Regel*, liegt die Ellipse schräg, um einen *schiefen* Astigmatismus. Zur Bestimmung der Lage der Hauptmeridiane wird auf das Keratoskop eine zweite Scheibe mit abwechselnd weißen und schwarzen schmalen Sektoren und einem roten Sektorenpaar aufgesteckt. Man läßt die Scheibe mit dem Keratoskop auf der Cornea spiegeln, beobachtet das Bild durch das Fernrohr und dreht die Scheibe mit der Strahlenfigur so lange, bis die roten Sektoren in der langen bzw. der kurzen Achse der Ellipse liegen. An einer Gradeinteilung kann die Lage dieser Meridiane abgelesen werden.

Der reguläre Astigmatismus wird durch **Vorsetzen von Zylindergläsern** korrigiert, wobei (so wie bei der sphärischen Hypermetropie und Myopie) zu geringe Brechkraft Konvexlinsen, zu starke Brechkraft Konkavlinsen erfordert. Die Zylinderachse muß immer senkrecht auf den zu korrigierenden Meridian gestellt werden. Ob Myopie oder Hypermetropie vorliegt und wieviel Dioptrien zur Korrektur notwendig sind, kann prinzipiell in der gleichen Art wie bei den sphärischen Refraktionsanomalien bestimmt werden, nur kommen Zylindergläser zur Anwendung, bei denen auf die richtige Lage der Achse zu achten ist.

Untersuche verschiedene Personen, besonders Brillenträger, mit dem Keratoskop, stelle fest, ob ein Astigmatismus vorhanden ist, wenn ja, welcher Art, und bestimme die Lage der Hauptmeridiane!

109. Stenopäisches Sehen.

Erforderlich: Metallplättchen mit feinem Loch, Kartonrahmen mit Gazestoff beklebt.

Die Iris hat im Auge die gleiche Funktion wie die Blende im photographischen Apparat. Sie erhöht durch Ausschaltung der

Randbezirke der Linse die Tiefenschärfe der Abbildung. Bei Betrachtung der PURKINJE schen Bildchen wurde auch festgestellt, daß beim Sehen in die Nähe die Pupille verengt wird, wodurch auch dann noch ein relativ scharfes Sehen möglich ist, wenn, wie z. B. bei der Presbyopie, auf den Gegenstand selbst nicht mehr eingestellt werden kann. Auch die unscharfe Abbildung beim irregulären Astigmatismus kann durch starke Abblendung — Vorsetzen einer ganz feinen Lochblende — gebessert werden *(stenopäisches Sehen)*.

Daß durch **Vorsetzen einer engen Lochblende** vor das Auge tatsächlich ein relativ scharfes Sehen auch *dann* möglich ist, wenn auf einen Gegenstand nicht ganz akkommodiert werden kann, beweist der folgende Versuch. Man bringt das auf einen Kartonrahmen aufgeklebte Stückchen Gazestoff nahe an das Auge innerhalb des Nahpunktes, so daß das Stoffgitter *nicht mehr* gesehen wird. Hierauf schiebt man das Metallplättchen mit dem feinen Loch unmittelbar vor das Auge — Brillenträger bringen es zwischen Brille und Auge oder legen die Brille ab — worauf das Gitter infolge der starken Abblendung wieder scharf gesehen wird. Die Maschen des Gitters erscheinen übrigens stark vergrößert; wie ist dies zu erklären?

110. Beobachtung der Gefäßschattenfigur im eigenen Auge.

Erforderlich: Elektrische Taschenlampe oder Bogenlampe und Linse, verdunkeltes Zimmer.

Durch seitliche, *diasklerale* Beleuchtung des Auges kann jedermann die Verteilung der Blutgefäße in der eigenen Netzhaut als Schattenfigur sehen. Man stellt sich im dunklen Zimmer in etwa 2 m Abstand von der Wand, an der man ein Fixationszeichen so anbringt, daß das zu untersuchende Auge etwas medial blicken muß. Von einer Hilfsperson wird mit einer Taschenlampe oder einer Bogenlampe und einer in der Hand gehaltenen stärkeren Konvexlinse ein Lichtbündel auf die temporale Seite der Sklera geworfen. In die Pupille selbst darf *kein* Licht hineinfallen. Die diasklerale Beleuchtung wird erleichtert, wenn man das untere und obere Augenlid mit zwei Fingern ein wenig spreizt. Das Lichtbündel muß von der Hilfsperson durch Verschieben der Konvexlinse leicht auf- und abbewegt werden. Man sieht plötzlich das Gesichtsfeld als rötliche Scheibe aufleuchten, die von den dunklen, verzweigten Gefäßschatten, die alle von einem Punkt ausgehen, durchzogen wird. Mit der Bewegung des Lichtstrahles verschieben sich auch die Schattenlinien, in denen man gelegentlich auch eine Art Pulsation sehen kann. Es handelt sich um den Schatten der in der Netzhautinnenseite verlaufenden Gefäße, der durch die seitliche Beleuchtung auf die lichtempfindliche Schicht der Retina geworfen wird. An die beim gewöhnlichen Lichteinfall durch die Pupille auf die Netzhaut geworfenen Gefäßschatten sind wir gewöhnt und sehen sie nicht mehr; sie fallen erst auf, wenn durch schräge, diasklerale Beleuchtung die Schatten auf andere Stellen der Netzhaut fallen.

111. Beobachtung der Blutströmung in den eigenen Netzhautgefäßen.

Erforderlich: Dunkelblaues Glas.

Bei der Beobachtung der Gefäßschattenfigur kann gelegentlich die Blutströmung in den Netzhautgefäßen als Pulsation beobachtet werden. Viel einfacher jedoch kann man sie sehen, wenn man durch ein das Licht dämpfendes, nicht zu dunkles blaues Glas gegen den hellen Himmel blickt. Man sieht nach kurzer Zeit das ganze Gesichtsfeld von feinen, hellen, blitzenden Pünktchen gleich einem Mückenschwarm durchzogen, die nach allen Richtungen durcheinanderlaufen. Diese hellen wandernden Pünktchen werden als Lücken zwischen den Blutkörperchen in den Netzhautgefäßen aufgefaßt.

112. Übungen mit dem Augenspiegel.

Erforderlich: Augenspiegel, Konvexlinse von 16 D, elektrische Lampe, verdunkelter Raum.

Der Augenspiegel ist ein Hohlspiegel mit Handgriff, mit dem von einer seitlich aufgestellten Lampe Licht in das zu untersuchende Auge geworfen wird. Der beleuchtete Augenhintergrund wirkt nun als heller Gegenstand, von dem Strahlen durch die Pupille austreten. Diese gelangen durch das zentrale Loch im Hohlspiegel zum Auge des Beobachters, das sich unmittelbar hinter dem Spiegel befinden muß. Ist das untersuchte und das beobachtende Auge *emmetrop* und *akkommodationslos*, so sieht der Beobachter den Hintergrund des anderen Auges mit dem Eintritt des Nerv. opticus (Papille) und den Gefäßverzweigungen in normaler (aufrechter) Lage (**Spiegeln im aufrechten Bild**). Bestehen Refraktionsanomalien, so müssen sie mit Linsen ausgeglichen werden, die in einer am Augenspiegel befestigten Scheibe eingekittet sind. Durch Drehen an der Scheibe wird eine Linse, deren Dioptrienzahl der algebraischen Summe der Korrektionsbrillen von Versuchsperson und Beobachter entspricht, vor das Loch des Spiegels gebracht. Ist das untersuchte Auge emmetrop, das des Untersuchers 2 D myop, so werden — 2 D im Spiegel eingestellt; ist das untersuchte Auge 1 D myop, das des Beobachters 3 D hypermetrop, so werden + 2 D eingestellt usw. Sind die Refraktionsanomalien nicht bekannt, so müssen sie vorher mit dem Brillenkasten bestimmt werden. Der Geübte kann allerdings durch probeweises Vorsetzen verschiedener Linsen die richtige sofort herausfinden und aus dieser, wenn seine eigene Refraktion bekannt ist, die Refraktionsanomalie des Untersuchten bestimmen (objektive Refraktionsbestimmung).

Abb. 78 zeigt die **Konstruktion des Strahlenganges** für zwei
emmetrope, akkommodationslose Augen beim Spiegeln im aufrechten
Bild. Denkt man sich in der Retina des untersuchten Auges A_1
einen kleinen Pfeil, so müssen alle z. B. von der Pfeilspitze ausgehenden Strahlen außerhalb des Auges ein paralleles Strahlen-
bündel bilden, weil beim emmetropen, akkommodationslosen Auge
die Netzhaut in der Brennebene des optischen Systems liegt. Die
Richtung des Strahlenbündels wird durch den ungebrochen nach
außen tretenden *Richtungsstrahl R* angegeben, zu dem die anderen
alle parallel sein müssen. Einer dieser Strahlen geht durch den vorderen Brennpunkt F_1 des beobachtenden Auges A_2, in dessen Innerem
er achsenparallel verlaufen muß. Ein zweiter Strahl geht durch
den Knotenpunkt von A_2, wird also als Richtungsstrahl nicht gebrochen und schneidet sich mit dem ersten in der Retina von A_2,

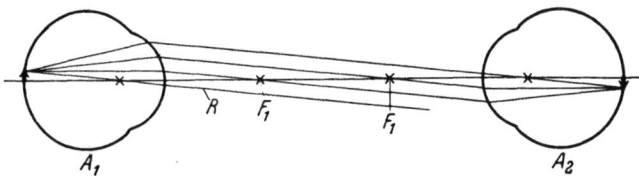

Abb. 78. Strahlengang beim Spiegeln im aufrechten Bild (beide Augen emmetrop und
akkommodationslos).
A_1 untersuchtes Auge, A_2 Auge des Beobachters, F_1 vorderer Brennpunkt, R Richtungsstrahl
für das Auge A_1.

wo das Bild der Pfeilspitze entsteht. Da bei der Abbildung der rechte
Winkel des Pfeiles in A_1 gegen die optische Achse nicht geändert
wird, erhält man das Bild des Pfeiles in A_2, wenn man vom Bild
der Pfeilspitze eine Senkrechte fällt. Nach der Zeichnung ist der
Pfeil in A_1 aufrecht, sein Bild in A_2 verkehrt; da alle Netzhautbilder
umgekehrt in den Raum projiziert werden, sieht man den Pfeil aber
aufrecht. Beim Spiegeln im aufrechten Bild sieht man immer nur
einen kleinen Teil des Augenhintergrundes, aber stark vergrößert,
doch lichtschwach.

Beim **Spiegeln im verkehrten** Bild wird eine Konvexlinse von 16 D
etwa 6 cm vor das untersuchte Auge gehalten. Die Konvexlinse entwirft in ihrer Brennebene ein Bild des Augenhintergrundes so wie
beim Spiegeln im aufrechten Bild die Augenlinse des Beobachters
auf seiner Retina. Auf das 6 cm hinter der Konvexlinse entstehende
Bild muß der Beobachter, der davon etwa 30 cm entfernt ist, akkommodieren oder einfacher die Akkommodation durch Einschalten
einer Linse von + 3 D in seinem Augenspiegel ersetzen, sofern er
emmetrop ist. Besteht eine Refraktionsanomalie, so ist die alge-
braische Summe von + 3 D und seiner Korrektionslinse vorzu-

194 Physiologie der Sinnesorgane und des Zentralnervensystems.

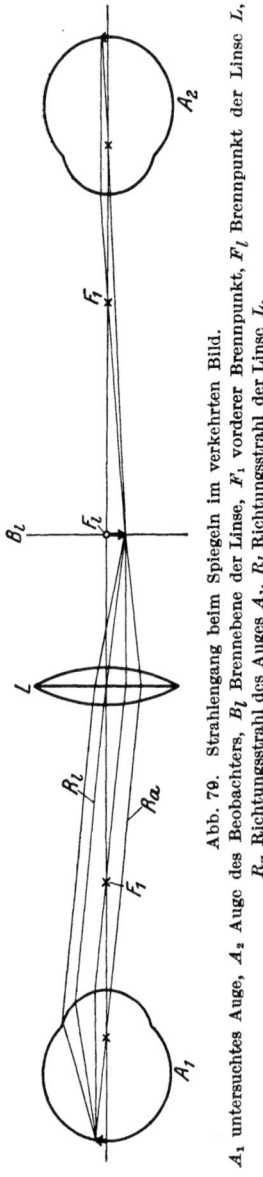

Abb. 79. Strahlengang beim Spiegeln im verkehrten Bild. A_1 untersuchtes Auge, A_2 Auge des Beobachters, B_l Brennebene der Linse, F_1 vorderer Brennpunkt, F_l Brennpunkt der Linse L. R_a Richtungsstrahl des Auges A_1, R_l Richtungsstrahl der Linse L.

schalten. Die Konstruktion des Strahlenganges ergibt sich aus Abb. 79. Von der Pfeilspitze in der Retina des emmetropen und akkommodationslosen Auges A_1 geht wieder ein Bündel außerhalb des Auges parallel verlaufender Strahlen aus, deren Richtung durch den Richtungsstrahl R_a angegeben wird. Die Konvexlinse L vereinigt das Bündel paralleler Strahlen zu einem in der Brennebene B_l gelegenen Punkt. Dieser wird dadurch gefunden, daß parallel zu R_a ein Richtungsstrahl R_l durch den Knotenpunkt der Linse bis zum Schnitt der Brennebene B_l gezogen wird. Zu diesem Punkt werden alle anderen Strahlen gebrochen und erzeugen das Bild der Pfeilspitze. Auf das in B_l entstandene Bild hat das Auge A_2 zu akkommodieren; das auf seiner Retina entstehende Bild wird in bekannter Weise durch Ziehen eines Richtungsstrahles und eines Strahles durch den vorderen Brennpunkt konstruiert. Obwohl nach der Zeichnung der aufrechte Pfeil des Auges A_1 im Auge A_2 wieder aufrecht abgebildet wird, entsteht infolge der umgekehrten Projektion des Netzhautbildes beim Untersucher der Eindruck eines verkehrten Bildes. Ist das Auge A_1 nicht emmetrop, so sind die austretenden Strahlen nicht parallel, das von der Linse L entworfene Bild des Augenhintergrundes entsteht daher nicht mehr in der Brennebene, sondern vor oder hinter ihr; da die geringfügige Verlagerung des Bildes durch eine entsprechende Stellung des Kopfes vom Beobachter kompensiert werden kann, ist beim Spiegeln im verkehrten Bild die Refraktion des Untersuchten bedeutungslos. Nur wenn eine sehr starke Myopie von z. B. 10 oder 15 D vorliegt, kann schon *ohne* Konvexlinse L im verkehrten Bild gespiegelt werden, weil das myope Auge allein schon in geringem Ab-

Übungen mit dem Augenspiegel.

stand vor dem Auge ein Bild des beleuchteten Augenhintergrundes entwirft. Das Spiegeln im verkehrten Bild bietet den Vorteil einer größeren Übersichtlichkeit und einer größeren Helligkeit, dafür ist aber die Vergrößerung geringer.

Zur ersten Übung im Augenspiegeln soll ein **Frosch** benutzt werden. Das Tier wird, wie Abb. 80 zeigt, in ein Tuch eingeschlagen, in die Nähe der Lichtquelle gebracht, der Augenspiegel — bei einer Refraktionsanomalie des Beobachters nach Einstellung der entsprechenden Linse — dicht vor das Auge gebracht und Licht in das Froschauge geworfen. Man muß dabei ganz nahe an das Tier herangehen

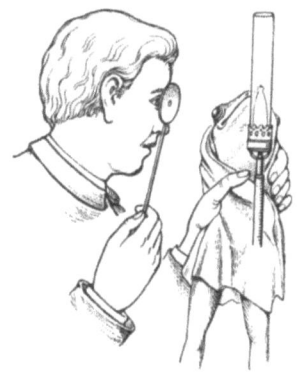

Abb. 80. Augenspiegeln beim Frosch im aufrechten Bild.

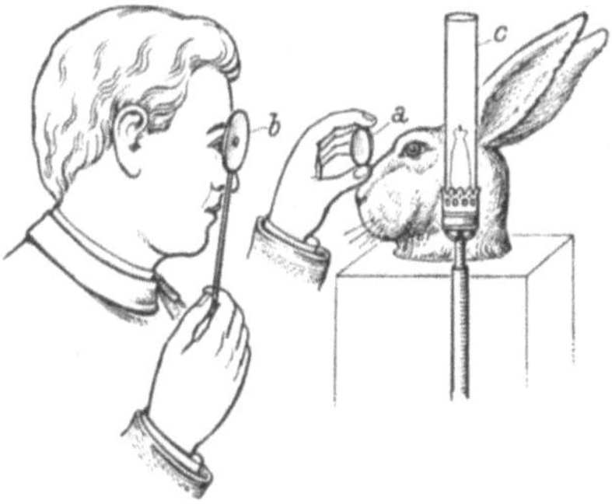

Abb. 81. Augenspiegeln beim Kaninchen im verkehrten Bild.
a Konvexlinse von 16 D, *b* Augenspiegel, *c* Lichtquelle.

und den Frosch in der Hand so drehen, daß der Augenhintergrund aufleuchtet. Er erscheint *bläulich-grün*, zeigt den Sehnerveneintritt und die Verteilung der Blutgefäße, in denen man auch die Bewegung der Blutkörperchen wahrnehmen kann. Wichtig ist, daß der Beobachter lernt, akkommodationslos zu schauen.

Zum **Augenspiegeln am Kaninchen** ist das Tier durch Einträufeln von Atropinlösung in den Bindehautsack vorbereitet, was zur Erweiterung der Pupille führt. Die Lichtquelle wird seitlich von dem durch ein Gestell unbeweglich gemachten Tier in Augenhöhe aufgestellt, der Abstand des Spiegels vom Tierauge ist beim Beobachten im aufrechten Bild wenige Zentimeter. Da das Kaninchen leicht hypermetrop ist, muß man eine schwache Konvexlinse in den Spiegel einschalten, wobei die notwendige Dioptrienzahl am einfachsten durch Ausprobieren gefunden wird. Man sieht einen *rötlichen* Augenhintergrund, die Papille und die Gefäßverzweigung. Am Kaninchen kann auch im verkehrten Bild gespiegelt werden, wobei, wie Abb. 81

zeigt, die Konvexlinse *a* sehr nahe an das Auge gebracht wird, der Beobachter mit dem Spiegel *b* jedoch 30—35 cm von der Linse entfernt ist. Der Emmetrope schaltet + 3D in den Spiegel, der Myope oder Hypermetrope seine Korrektionslinse dazu.

Das **Augenspiegeln beim Menschen** *im aufrechten Bild* erfordert eine besondere Anordnung von Versuchsperson und Beobachter, damit die beiden Augen genügend nahe aneinander kommen können. Zunächst ist in den Augenspiegel der schräge, *kleine* Spiegel einzusetzen. Soll das linke Auge der Versuchsperson gespiegelt werden, so muß auch der Untersucher das *linke* Auge benutzen, soll das rechte Auge gespiegelt werden, sein *rechtes*. Die Lichtquelle ist gleichfalls auf derselben Seite der Versuchsperson anzubringen wie das gespiegelte Auge. Zur Beobachtung der Papille läßt man die Versuchsperson an seinem gleichseitigen Ohr vorbei sehen. Im Spiegel ist die entsprechende Linse einzusetzen, wenn nicht beide Augen emmetrop sind. Der Untersucher muß mit Spiegel und Auge bis auf wenige Zentimeter an das Auge der Versuchsperson herangehen und darf nicht akkommodieren. Das Spiegeln *im verkehrten Bild* erfolgt so wie beim Kaninchen. Es ist gleichgültig, welches Auge benutzt wird und auf welcher Seite die Lichtquelle sich befindet. Beim Spiegeln eines menschlichen Auges im aufrechten Bild ist die Vergrößerung 14—16fach, beim Spiegeln im verkehrten Bild 4—5fach.

113. Augenspiegel nach THORNER.

Das Augenspiegeln, besonders am Menschen, erfordert eine gewisse Übung. Mit Hilfe des automatischen Augenspiegels nach THORNER kann man jedoch sofort den Augenhintergrund gut sehen. Der Apparat enthält eine kleine Glühlampe eingebaut und wird mit Hilfe eines Widerstandes an die Lichtleitung angeschlossen. Auf den Orbitalrand der Versuchsperson wird die Gummikappe aufgesetzt, vorher ist die Gradeinteilung unter der Gummikappe auf Null einzustellen, weil sonst nicht der charakteristische Teil des Augenhintergrundes, nämlich der Sehnerveneintritt und die Gefäßverzweigung, gesehen würde. Soll das rechte Auge gespiegelt werden, so ist der Apparat mit der mit *R* bezeichneten Seite nach oben zu halten, für das linke Auge mit der mit *L* bezeichneten. Die Versuchsperson muß den seitlichen, rotleuchtenden Punkt im Innern des Spiegels fixieren. Der Beobachter sieht im Spiegel ein kreisförmiges und ein rechteckiges Feld, von denen je nach dem zu spiegelnden Auge einmal das eine, einmal das andere oben ist. Im rechteckigen Feld sieht man das Auge der Versuchsperson und gleichzeitig in seiner Mitte den Brennpunkt der vom Lämpchen kommenden Lichtstrahlen als hellen Fleck. Der Beobachter muß den Apparat so lange bewegen, bis die Pupille in die Mitte des rechteckigen Feldes kommt, somit der helle Lichtfleck in der Mitte der Pupille liegt. In diesem Augenblick erscheint im runden Feld das Bild des Augenhintergrundes, auf das durch Drehen am Fernrohr scharf eingestellt werden kann. Durch Aufschrauben verschiedener Zusatzlinsen auf das Okular läßt sich die Vergrößerung steigern. Will man andere Regionen der Netzhaut untersuchen, so stellt man die Skala unter der Gummikappe z. B. auf 90° oder 180° und so weiter und sieht dann, wenn die Versuchsperson wieder den roten Punkt fixiert, einen gegen den früher betrachteten um 90° nach oben verschobenen Abschnitt der Retina bzw. bei 180° einen in gleicher Höhe wie der Sehnerveneintritt liegenden, jedoch temporal verschobenen Netzhautabschnitt usw. Um die Fovea centralis zu sehen, wird die Versuchsperson aufgefordert, statt auf den seitlichen roten Punkt auf das hellbeleuchtete Zentrum des Spiegels zu blicken.

114. Bestimmung des Gesichtsfeldes mit dem Perimeter.

Erforderlich: Perimeter, Gesichtsfeldschemata, farbige Bleistifte.

Das **Gesichtsfeld eines Auges** erstreckt sich ziemlich weit nach temporal und unten, ist aber nach oben und nasal stark eingeschränkt. Sein Umfang wird mit dem Perimeter bestimmt. Bei Untersuchung des *linken* Auges muß das Kinn der Versuchsperson auf die *rechte* Hälfte der Kinnstütze aufgesetzt werden, bei Untersuchung des rechten Auges auf die linke und es ist dann der weiße Mittelpunkt am Perimeter mit dem zu untersuchenden Auge zu fixieren, während das andere geschlossen werden muß. Um diesen Mittelpunkt kann ein gegen die Versuchsperson gerichteter Viertelkreisbogen gedreht werden; in der Ausgangsstellung liegt er in einer vertikalen Ebene in der unteren Hälfte des Gesichtsfeldes, beim Herausdrehen aus dieser Lage um die Gesichtslinie als Achse schnappt er automatisch in verschiedenen, voneinander um je 15 Winkelgrade abweichenden Stellungen ein. Auf diesem Kreisbogen kann eine weiße oder farbige Papiermarke verschoben werden. Sie wird zunächst an das äußerste Ende des Kreisbogens gebracht und von dort ganz langsam den Bogen entlang von außen gegen den Mittelpunkt geführt. Die Versuchsperson hat anzugeben, wann sie die Marke zum erstenmal sieht und ihre Farbe erkennen kann. Zunächst wird der Kreisbogen vertikal nach unten gestellt und für eine weiße Marke in diesem Meridian die Gesichtsfeldgrenze bestimmt, hierauf der Kreisbogen um 15° nach links oder rechts gedreht, die Marke nach außen geschoben, wieder langsam in das Gesichtsfeld geführt, bis die Versuchsperson sie zu sehen angibt, dann neuerlich der Kreisbogen um 15° in der gleichen Richtung weiter gedreht usf., bis die ganzen Meridiane des Gesichtsfeldes im Kreis herum ausgemessen sind und der Kreisbogen wieder in die Ausgangsstellung zurückgekommen ist. Die von

198 Physiologie der Sinnesorgane und des Zentralnervensystems.

der Versuchsperson angegebenen Gesichtsfeldgrenzen, die in Graden am Kreisbogen abgelesen werden können, werden in ein Schema nach

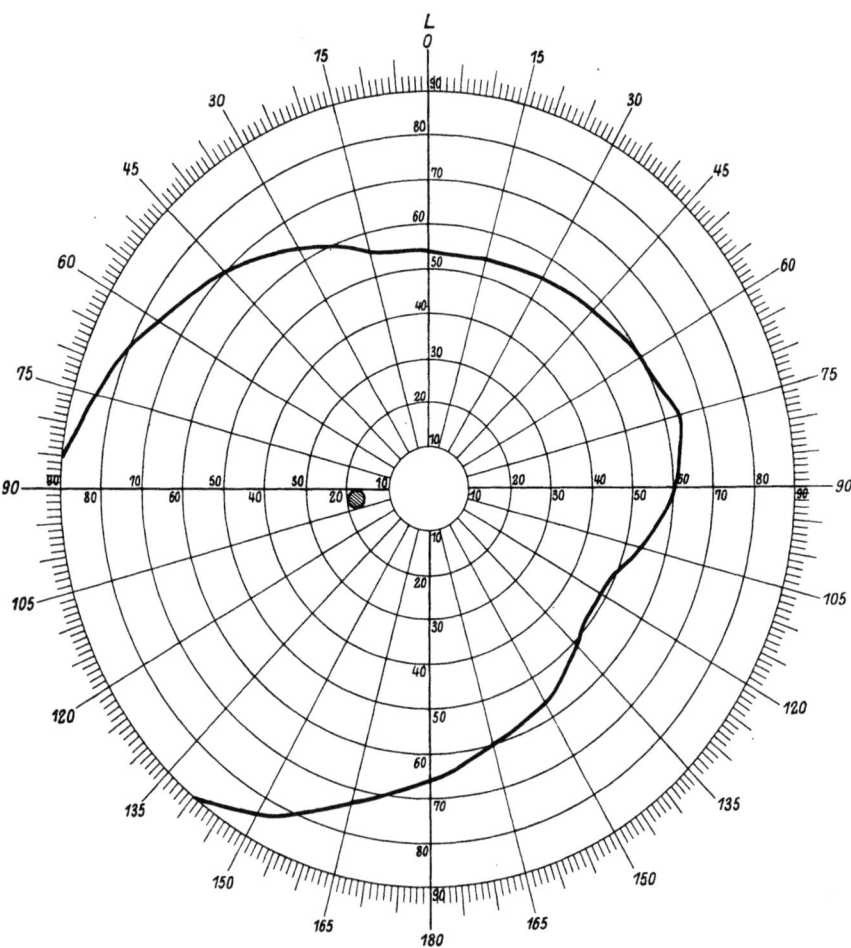

Abb. 82. Schema zur Eintragung der Gesichtsfeldgrenzen für das linke Auge.
N nasale Seite, T temporale Seite.

Abb. 82 eingetragen, wobei die jeweilige Stellung des Bogens den betreffenden Radius angibt, auf den der am Bogen abgelesene Winkelgrad für die Marke aufgetragen wird. Die einzelnen Punkte sind miteinander zu verbinden. Da die Schemata zur Gesichtsfeldbestimmung zum Vergleich bereits das normale Gesichtsfeld für Weiß aufgedruckt haben, so muß zur Eintragung das für das betreffende Auge bestimmte Blatt benutzt werden. Die Ausmessung des Gesichtsfeldes ist mit einer weißen, blauen, gelben, roten und grünen Marke vorzunehmen und die Grenze immer auf dem gleichen Schema mit einem Farbstift einzutragen.

Beim **selbstregistrierenden Perimeter** wird mit der Marke gleichzeitig ein Stift, jedoch in einem dem Perimeterschema entsprechenden, reduzierten Ausmaß bewegt. Wird das Perimeterschema in einen am Apparat vorhandenen Rahmen eingeschoben und nach Bewegen der Marke bis an die Gesichtsfeldgrenze das Blatt mit dem Rahmen gegen den Stift gedrückt, so wird automatisch auf ihm der betreffende Punkt des Gesichtsfeldes an richtiger Stelle im Schema markiert. Die Bestimmung erfolgt im übrigen so wie früher beschrieben, nur daß man statt abzulesen stets das Blatt gegen den Stift schlägt. Am Ende der Bestimmung werden die markierten Punkte zu einer Linie verbunden. Um die Gesichtsfeldgrenzen für die verschiedenen Farben voneinander unterscheiden zu können, sind verschieden geformte Spitzen dem Perimeter beigegeben, die beim Übergang von einer Farbe zur anderen auszuwechseln sind, so daß z. B. bei der Grenzlinie für Weiß wirkliche Punkte, bei der Grenzlinie für Blau kleine Kreise usw. auf dem Papier aufgezeichnet werden.

115. Prüfung des Farbensinnes.

Erforderlich: HOLMGRENsche Wollproben, pseudoisochromatische Tafeln nach STILLING.

Das **Spektrum des normalen farbentüchtigen Auges** reicht vom Rot unter kontinuierlichem Übergang der einzelnen Farben bis ins Violett. Alle für das normale Auge sichtbaren Farben lassen sich aus drei spektralen Lichtern zusammensetzen *(trichromatisches System)*. Bei der **totalen Farbenblindheit** fehlt die Farbenempfindung ganz, es werden nur Helligkeiten unterschieden; bei der **partiellen Farbenblindheit** fehlen einzelne Spektralfarben, an deren Stelle sich Zonen von neutralem Grau befinden. Das Farbensystem solcher Menschen läßt sich schon aus *zwei* spektralen Lichtern aufbauen *(dichromatisches System)*. Man unterscheidet nach v. KRIES *drei* Formen der partiellen Farbenblindheit: die *Protanopie*, mit einer neutralen Zone im Blaugrün und einer Verkürzung des Spektrums im Rot, die *Deuteranopie* mit einer gleichen neutralen Stelle, doch ohne Verkürzung des Spektrums und die *Tritanopie* mit einer neutralen Zone im Gelb. Protanopie und Deuteranopie stehen einander sehr nahe und werden zusammen als Rot-Grün-Blindheit bezeichnet. Der Rot-Grün-Blinde sieht z. B. die vom Normalen als Rot, Orange, Gelb und Gelbgrün bezeichneten Farbtöne wahrscheinlich als gelblich, aber mit verschiedener Helligkeit. Er verwechselt daher helles Rot mit dunklem Gelb, Braun und Olivgrün; Rosa oder Karminrot mit Grau, Bläulichgrün und Braungrün; Grün mit Graugelb, Bräunlichgrau und Graurosa. Die Tritanopie, auch als Blau-Gelb-Blindheit bezeichnet, ist selten; es fehlt, wie der Name sagt, die Empfindung für Gelb und Blau bzw. Violett. Zwischen der Farbenblindheit und dem normalen Farbensinn finden sich Zwischenstufen, die man als Farbenschwäche oder *anomale Trichromasie* bezeichnet.

Da bei den Gegenständen des täglichen Lebens vielfach bestimmte Farben mit bestimmten Formen und Helligkeiten verbunden sind, so kann ein Farbenblinder oft ganz richtige Farbenbezeichnungen nennen, obwohl er damit keine Farbvorstellung verbindet, sondern bloß aus Form und Helligkeit einen Schluß zieht. Viele Menschen wissen daher oft gar nicht, daß sie farbenblind sind; die Fernhaltung solcher Menschen von bestimmten Berufen, z. B. von Schiffahrt und Eisenbahn (wegen der farbigen Signallichter) ist aber unerläßlich.

Bei der **Holmgrenschen Wollprobe** wird der Versuchsperson eine Reihe farbiger Wollsträhne vorgelegt, ein Muster, z. B. hellgrün, herausgegriffen und der Auftrag erteilt, alle gleichfarbigen, wenn auch verschieden hellen Wollsträhne dazu zu legen. Der Farbenblinde legt z. B. zu Hellgrün auch fleischfarbige oder graurötliche Strähne. Bei Vorlage anderer Farben werden immer wieder die obengenannten Verwechslungsfarben hinzugenommen.

Bei den **pseudoisochromatischen Tafeln nach** STILLING, die mit Hilfe farbenblinder Maler zusammengestellt wurden, sind zwei *Verwechslungsfarben* in Form von runden oder unregelmäßigen Flecken verschiedener Helligkeit nebeneinander aufgetragen. Die Flecken der einen Farbe sind zu einer Zahl gruppiert, die Flecken der anderen als Grund gleichmäßig um die Zahl verteilt. Der Farbentüchtige kann trotz des Gewirres von Farbklecksen verschiedener Helligkeit die Ziffer lesen, weil zwischen Zahl und Grund eben ein Farbenunterschied besteht (z. B. Ziffer: Rosa, Grund: Bläulich-Grün). Der Farbenblinde sieht jedoch nur das Gewirr von Tupfen verschiedener Helligkeit und kann keine bestimmte Anordnung herausfinden. Jede Tafel enthält eine andere Farbenkombination; man zeigt der Versuchsperson eine Reihe von Tafeln und fordert sie auf, das Blatt genau zu betrachten und anzugeben, ob sie eine Ziffer findet und lesen kann.

116. Prüfung der Tiefensensibilität und der Koordination.

Erforderlich: Ruhebett, verschiedene Schälchen, Eprouvetten usw., Holzprisma, Stöpselbrett.

Wir sind von der jeweiligen Lage unserer Gliedmaßen, der Stellung der Gelenke und dem Kontraktions- und Spannungszustand der einzelnen Muskeln stets, wenn auch nicht immer bewußt, unterrichtet. Dies beruht zum Teil auf Druck- und Zugwirkungen auf die Haut, zum Teil auf den von den Nervenendigungen in den Gelenken,

Sehnen und Muskeln ausgehenden Erregungen, was als **Tiefensensibilität** bezeichnet wird. Von ihrer Bedeutung für die Lage und Orientierung im Raum der einzelnen Körperteile kann man sich durch folgende Versuche überzeugen:

Die Versuchsperson schließt die Augen und es wird vom Beobachter der eine Arm und die Hand in eine möglichst komplizierte Stellung gebracht, z. B. im Schultergelenk horizontal gehoben, im Ellbogengelenk gebeugt, die Hand in Pronationsstellung gebracht und die Finger gespreizt. Der Beobachter hat alle zur Herstellung der nachzubildenden Haltung notwendigen Bewegungen des linken Armes nur *ganz langsam* und *allmählich* durchzuführen und soll auch an keiner Stelle eine besondere *Druckwirkung* ausüben, damit nicht starke Haut- und Bewegungsempfindungen den Versuch stören. Die Versuchsperson hat hierauf mit dem anderen Arm und der anderen Hand die *symmetrische* Stellung einzunehmen. Der Gesunde kann dies ohne weiteres trotz der geschlossenen Augen, weil er — hauptsächlich durch seine Tiefensensibilität — die Stellung des anderen Armes und der Hand kennt. Bei Störungen der Tiefensensibilität kann der Patient diese Nachahmung der Armhaltung *nicht* ausführen.

Beim **Nasenspitzen-Zeigeversuch** streckt die Versuchsperson zunächst Arm und Zeigefinger nach vorn und berührt dann durch Beugen im Ellbogengelenk mit einer raschen Bewegung die Nasenspitze. Beim **Kniehakenversuch** liegt die Versuchsperson auf einem Ruhebett und hat bei geschlossenen Augen mit der Ferse des einen Fußes abwechselnd den Fußrücken und das Knie des anderen Beines zu berühren. In beiden Fällen wird die richtige Bewegung der Extremität gegen das Ziel durch die Tiefensensibilität geleitet. Bei Störungen der Tiefensensibilität fällt natürlich der Versuch anders aus.

Auf die Tiefensensibilität ist auch die **Stereognosie** zurückzuführen, das ist die Fähigkeit, durch Abtasten von Gegenständen bei geschlossenen Augen ihre Form zu erkennen. Über die Beschaffenheit der Oberfläche (rauh, glatt, hart, weich usw.) orientiert der Hautsinn; die Form der Gegenstände wird aber durch die zur Abtastung notwendigen Gelenkstellungen erkannt. Der Versuchsperson werden nacheinander verschiedene Gegenstände wie Taschenmesser, Streichholzschachtel, Schlüssel, Bleistifte, Münzen, Schälchen, Eprouvetten u. dgl. in die Hand gegeben; die Versuchsperson hat sie mit geschlossenen Augen zu beschreiben und zu benennen.

Die Tiefensensibilität spielt auch beim **ROMBERGschen Versuch** eine große Rolle. Die Versuchsperson hat die beiden Füße parallel nebeneinander zu stellen und die Augen zu schließen. Der Gesunde bleibt ruhig stehen, ängstliche Personen zeigen evtl. ein ganz leichtes Schwanken. Durch die Tiefensensibilität werden nämlich bei der geringsten Verlagerung des Schwerpunktes — die infolge der kleinen Unterstützungsfläche leicht eintritt — die Muskelspannungen reflektorisch so geändert, daß es zu keinerlei größeren Lageänderungen des Körpers und zum Schwanken kommt. Bei einer *Störung* der Tiefensensibilität *fehlt* diese Regulation, der Patient gerät daher nach Schließen der Augen ins Schwanken und kann umfallen. Bei offenen Augen kann der Patient zum Teil durch die optischen Eindrücke seine Stellung regulieren; doch tritt bei schwereren Störungen der Tiefensibilität bei parallel gestellten Füßen auch schon bei offenen Augen ein deutliches Schwanken auf, das beim Schließen sich wesentlich verstärkt. Die Tatsache aber, daß solche Koordinationsstörungen z. B. auch bei Erkrankungen des Vestibularapparates auftreten, zeigt, daß außer der Tiefensensibilität jedenfalls auch andere Faktoren beteiligt sind.

Die **Koordination von Muskelbewegungen** im Bereich der oberen Extremitäten kann auch mit dem Holzprisma und dem Stöpselbrett nach H. D. FRENKEL geprüft werden. Das 30—40 cm lange, horizontal gelagerte **Holzprisma** kann um seine Längsachse so gedreht werden, daß stets eine Kante oben ist. Eine der Kanten ist durch eine Hohlkehle ersetzt, die zweite so abgehobelt, daß eine wenige Millimeter breite, ebene Fläche vorhanden ist, die dritte als wirkliche Kante belassen. Die Versuchsperson hat mit einem spitzen Gegenstand, z. B. einer Stricknadel oder einem gespitzten Bleistift, zunächst die Hohlkehle, sodann die ebene Fläche und schließlich die Kante rasch entlang zu fahren, wobei der Arm frei gehalten werden muß und die Hand sich nirgends stützen darf. Der Gesunde wird meist bei der scharfen Kante versagen, während bei größeren Koordinationsstörungen selbst nicht die Hohlkehle ohne abzugleiten abgefahren werden kann. Das **Stöpselbrett** besteht aus einem mit einer Reihe von Löchern versehenen Brett, in die passend abgedrehte Holzstöpsel einzustecken sind. Die Versuchsperson erhält den Auftrag, z. B. alle entlang einer Kante in Löchern steckenden Stöpsel nach der Reihe herauszuziehen und sie in die diagonal angebrachten Löcher hineinzustecken. Der Gesunde kann dies in kurzer Zeit ausführen, bei Koordinationsstörungen wird aber speziell zum Hineinstecken der Stöpsel in die Löcher viel Zeit gebraucht. Wegen der nicht mehr fein abgestuften Bewegungen wird vom Patienten der Stöpsel wiederholt über das Loch hinausgeführt, bei der Rückbewegung das Loch gleichfalls wieder übersprungen, so daß eigentlich nur zufällig der Stöpsel gerade über das Loch gebracht und hineingesteckt werden kann.

117. Bestimmung der Reaktionszeit und der Wahlzeit.

Erforderlich: Neuramöbimeter nach EXNER, Chronoskop, verschiedene Schaltungsbehelfe.

Die **Reaktionszeit** ist die zwischen dem Reizmoment und einer darauffolgenden *bewußten, willkürlichen* Reaktion verstrichene Zeit. Für akustische Reize kann man sie sehr leicht mit dem **Neuramöbi-**

meter nach EXNER bestimmen. Der Apparat besteht aus einem in einer Schiene verschieblichen, berußten Glasstreifen. Über seiner Längsachse ist eine in der Querrichtung schwingungsfähige Feder mit einer Frequenz von 50 Hertz befestigt. Das eine Ende der Feder ist fest eingespannt, das andere mit einem kleinen, den berußten Glasstreifen berührenden Schreiber versehen, der die Schwingungen aufzeichnet. Ist der Glasstreifen ganz eingeschoben, so wird durch einen an ihr befestigten Stift die Feder aus der Ruhelage seitlich abgedrängt. Zieht der Versuchsleiter den Glasstreifen mit Hilfe eines Handgriffes heraus, so wird die Feder plötzlich freigegeben und beginnt zu schwingen, wobei ein Ton entsteht und durch den Schreiber die Schwingungen auf dem Glasstreifen aufgezeichnet werden. Durch Fingerdruck auf einen Taster wird der Schreiber vom Glasstreifen abgehoben und dadurch die Aufzeichnung der Schwingungen unterbrochen. Die Versuchsperson hält den Finger auf den Knopf und hat sofort, wenn sie den Ton hört, den Knopf hinunterzudrücken. Die zwischen dem Einsetzen des Tones und dem Druck auf den Knopf verstrichene Reaktionszeit kann man aus den aufgezeichneten Schwingungen ablesen. Jeder Erhebung des Wellenzuges entspricht $^1/_{100}$ Sekunde.

Mit Hilfe des **Chronoskopes** kann auch für andere Reizarten die Reaktionszeit bestimmt werden. Das Chronoskop ist im wesentlichen ein außerordentlich genaues Uhrwerk mit mehreren Zifferblättern, an denen auch noch Bruchteile von Sekunden abgelesen werden können. Das Uhrwerk wird durch Ziehen an einer Schnur in Gang gesetzt, doch werden die Zeiger erst mitgenommen, wenn mit Hilfe eines Elektromagneten ein Einschalthebel im Innern der Uhr betätigt wird. Die Zeiger bleiben augenblicklich stehen, wenn durch Unterbrechung des Magnetstromes der Schalthebel wieder losgelassen wird. Verschiedene Einrichtungen mit optischen, akustischen und elektrischen Reizen sind zusammengestellt (Aufleuchten einer Lampe, Schlag einer elektrischen Glocke, Öffnungsinduktionsschlag), durch Stromeinschaltung wird der betreffende Reiz ausgelöst und gleichzeitig der Elektromagnet bzw. das Chronoskop in Gang gesetzt. Die Versuchsperson hat nach Perception des Reizes auf einen Telegraphentaster zu drücken, der den Magnetstrom wieder ausschaltet und das Chronoskop arretiert. Die Differenz der Zeigerstellung vor und nach dem Versuch gibt dann die Reaktionszeit an.

Bestimme bei der gleichen Versuchsperson und der gleichen Reizart mehrmals hintereinander die Reaktionszeit. Ändert sich diese? Untersuche sodann für verschiedene Versuchspersonen mit der gleichen Reizart die Reaktionszeit; welche Unterschiede finden sich? Prüfe sodann die Reaktionszeit der gleichen Versuchsperson bei verschiedenen Reizarten! Prüfe die Reaktionszeit, wenn die Aufgabe gestellt ist, nicht auf ein Lichtsignal, wohl aber auf ein Schallsignal zu reagieren (**Wahlzeit**).

Sachverzeichnis.

Abblendung von Induktionsschlägen 121.
Abhorchstellen für die Herztöne 39.
Absorptionsspektrum 23.
Absteigender Strom 147.
Acetessigsäure, Nachweis im Harn 87.
Aceton, Nachweis im Harn 87.
Adrenalin, Wirkung auf das Froschherz 131.
Adsorption 62.
Äthylurethan als Narkoticum 123.
Agglutination 28, 30.
Akkommodation 179.
Akkommodationsgebiet 180.
Akkommodationskraft 180.
Akkumulator 92.
Aktionsströme des Herzens 152.
— des Muskels 149.
Albuminometer nach ESBACH 80.
Altersweitsichtigkeit 181.
Ampere 93.
Anelektrotonus 146.
Anode, reelle und virtuelle 156.
Anschlußapparat 158.
Aräometer 30.
Astigmatismus 176, 189.
Atemvolumina 55.
Atmungsgeräusche 38.
Atmungskurve 55.
Aufsteigender Strom 147.
Auge, emmetropes 178, 186.
— hypermetropes 186.
— myopes 186.
Augenspiegel 192.
— nach THORNER 196.
Augenspiegeln im aufrechten Bild 192, 195, 196.
— im verkehrten Bild 193, 195, 196.
— beim Frosch 195.
— beim Kaninchen 195.
— beim Menschen 196.
Auscultation 37.
— des Herzens 39.
— der Lunge 38.
Ausschleichen des elektrischen Stromes 137.

BÁRÁNYscher Zeigeversuch 172.
Barytwasser 57.
Belastung eines Froschmuskels 138.
Beleuchtung des mikroskopischen Präparates 4.
Benzidinprobe 32.
Benzol, spez. Gew. 31.
Berußen von Sphygmographenstreifen 43.
Beutelelement 91.
Bewegungserscheinungen durch Quellung 62.
Biuretreaktion 68.
Blut, spez. Gew. 30, 31.
Blutausstrich 4.
Blutdruck 51.
Blutdruckmessung 51.
Blutgruppen 28.
Blutgruppenbestimmung 29.
Blutkörperchen, rote s. Erythrocyten.
— weiße s. Leukocyten.
Blutkreislauf in der Froschschwimmhaut 124.
— in der Froschzunge 123.
Blutnachweis, chemischer 32.
— im Harn 88.
— im Kot 75.
Blutplättchen s. Thrombocyten.
Blutpräparat, gefärbtes, Herstellung 7.
— — mikroskop. Bild 8.
— natives 4.
Blutspektren 27.
Blutströmung in den Retinagefäßen 192.
Bogengangsmodell 172.
Brechkraft 177.
— einer Linse, Bestimmung 177, 178.
Brillenbestimmung 188.
Brillenkasten 174.

Calorischer Nystagmus 172.
Capillaren, Beobachtung beim Frosch 123, 124.
— — beim Menschen 52.
Capillarelektrometer 149.
Capillares Verhalten von Lösungen 59.
Carotispuls 46, 48.

Chloroform, spez. Gew. 31.
Chromatische Aberration des Auges 184.
Chromsäure-Tauchelement 91.
Chronaxie 161.
Chronoskop 203.

DANIELLsches Element 92.
Dauerkontraktion 127, 140.
Deckgläser, Reinigung 4.
Demarkationsstrom 153.
Dialyseversuch 59.
Differente Elektrode 156.
Dimethylamidoazobenzol 69, 70.
DONDERSsches Auge 179.
Drehnystagmus 171.
Drehspuleninstrumente 105.
Druckpunkte 162.

Einschleichen des elektrischen Stromes 137.
Einstich zur Blutgewinnung 1.
Eisenbahnnystagmus 170.
Eiweiß, Nachweis im Harn 79.
Eiweißfällung, reversible und irreversible 60.
Elektrische Reizung des Nerven 145.
Elektrode, differente und indifferente 156.
Elektrotonus 145.
Elektrotonusbrettchen 146.
Elemente, konstante 91.
— Schaltung 96.
Emissionsspektrum 23.
Empfindlichkeit eines Meßinstrumentes 106.
Empfindungsfläche 164.
Entartungsreaktion 161.
Ermüdungskurve 138.
Erregbarkeitsgröße 156.
Erythrocyte 6.
— Resistenzbestimmung 18.
— Zählung 12.
ESBACHsches Reagens 80.
Extraströme 121.
Extrasystolen 128.

Färbeindex 21.
Faradische Reizung des Froschherzens 126, 128.

Sachverzeichnis. 205

Faradische Reizung der Froschmuskeln 140.
— — menschlicher Muskeln 159.
Faradischer Strom 120.
Farbenblindheit 199.
Farbensinn, Prüfung 199.
FEHLINGsche Probe 81.
Fernpunkt 180.
Fett, Nachweis im Kot 75.
Fette, Emulgierung 72.
Fibrinflocke, Quellung 62.
Flammenkapsel von KÖNIG 48.
Flimmerepithel 131.
Flüstersprache 167.
FRAUNHOFERsche Linien 24.
Frosch, Narkose 123.
— Tötung 123.
Froschhaut, Ruhestrom 154.
Froschherz, Aktionsstrom 152.
— elektrische Reizung 126.
— Freilegung 125.
— in Flüssigkeit suspendiert 129.
— Registrierung mit Fühlhebel 127.
Froschschwimmhaut, Blutkreislauf 124.
Froschzunge, Blutkreislauf 123.
Funktionsprüfung des Labyrinthes 170.
— des Ohres 166.
Gärungsprobe 85.
Gallenfarbstoffe, Nachweis im Harn 86.
Galtonpfeife 165.
Galvanische Pinzette 145.
— Reizung des Froschmuskels 136.
— — menschlicher Muskeln 160.
Galvanischer Schwindel 174.
Gefäßschattenfigur 191.
Gelatine, Quellung 61.
Geldrollenbildung der Erythrocyten 7.
Gele 60.
Gesamtacidität 71.
Gesichtsfeld 197.
Giemsalösung 8.
Gleichströme 89.
Glimmlampe 28.
Glühlampe, Berechnung des Widerstandes 107.
Glühlampen, Hintereinanderschaltung 108.
— Parallelschaltung 108.
GOLTZscher Klopfversuch 126.
Guajac-Probe 32.
Häminkrystalle 21.
Hämoglobin, reduziertes 28.
Hämoglobinbestimmung 19.

Hämometer nach SAHLI 19.
Hämotest 29.
Harn, Nachweis von Aceton und Acetessigsäure 87.
— Nachweis von Blut 88.
— Nachweis von Eiweiß 79.
— Nachweis von Gallenfarbstoffen 86.
— Nachweis von Indikan 88.
— Nachweis von Urobilin 87.
— Nachweis von Zucker 81.
— physikalische Untersuchung 76.
— spezifisches Gewicht 77.
Harnsedimente 77, 78.
Herzdämpfung 36.
Herztöne 39.
Herzspitzenstoß 36.
Hintereinanderschaltung von Elementen 96.
— von Glühlampen 108.
Hörgrenze, obere, Bestimmung 164.
Hörgrenzen 164.
Hörvermögen 166.
Hörweite 167.
HOLMGRENsche Wollproben 200.
Holzprisma zur Koordinationsprüfung 202.
Indifferente Elektrode 156.
Indikatoren 70.
Induktorium 119.
Induktionsströme 120.
Isometrische Kontraktion 141.
Isotonische Kontraktion 133.
Jodkaliumstärkepapier zur Polbestimmung 99.
Jodlösung, LUGOLsche 65.
Kältewirkung auf das Froschherz 131.
Katelektrotonus 145.
Kathode, reelle und virtuelle 156.
Kautschuk, Quellung in Benzol 61.
Keratoskop 189.
KIRCHHOFFsches Verzweigungsgesetz 112.
Kniehakenversuch 201.
Knochenleitung 166.
Knotenpunkt 179.
Kohlenoxydhämoglobin 27.
Kohlepulver, Adsorption 63.
Kohlensäure in der Ausatmungsluft 57.
Kolloide 58.
Kompensationsmethode zur Bestimmung der Brechkraft 178.
Kompensatorische Pause 129.
KÖNIGsche Stäbe 164.
Konsensuelle Reaktion 184.

Koordination der Muskelbewegungen 202.
Kot, Blutnachweis 75.
— Fettnachweis 75.
— mikroskopische Untersuchung 73.
Kotpräparat, Färbung 75.
Kreuzkopf 45.
Kurzschluß 96.
Kymographion 46, 47.
Labyrinth, Reizung 171.
— — am Kaninchen 174.
Lackmuspapier zur Polbestimmung 99.
Lampenschaltbrett 109.
— zur Spannungsteilung 116.
Latenzzeit der Muskelzuckung 139.
— — Bestimmung 140.
Lecithin, Quellung 62.
LECLANCHÉ-Element 91.
Leiter, elektrische 88.
Leitfähigkeit 93.
Leukocyten 6.
— acidophile 9.
— basophile 9.
— eosinophile 9.
— mononucleäre 9.
— neutrophile 9.
— polymorphkernige 9.
— vom Frosch 11.
Leukocytenbewegung 11.
Leukocytenzählung 16.
Linsen, sphärische 174.
— zylindrische 174.
Lochblende 191.
Lokalisation auf der Haut 163.
Lösungen, kolloide 57.
— — Trennung von Krystalloiden 59.
Luftleitung 166.
Lymphocyten 9.
Magensaft, Reaktion 69.
Mamillarlinie 35.
MAREYsche Kapsel 45.
Mastzellen 9.
Mechanische Reizung des Nerven 144.
Medioclavicularlinie 35.
Membran, semipermeable 63.
Menschliche Muskeln, Reizung 155, 159, 160.
Meßbereich eines Meßinstrumentes 106.
Meßinstrumente, elektrische 105.
Mikroskop 1.
Mikroskopieren 3.
Milchsäure, Nachweis im Magensaft 71.
Mischpipette, Reinigung 14.
Monocyten 9.
Motorische Reizpunkte 155.
MÜLLERscher Versuch 41.

Sachverzeichnis.

Muskel, negative Schwankung 154.
Muskelaktionsstrom 149.
Muskeldemarkationsstrom 153.
Musculus gastrocnemius, Präparation 134.
Nahpunkt 180, 183.
Nahpunktsbestimmung 183.
Narkose am Frosch 123.
Narkoticumwirkung auf die TRAUBE-Zelle 64.
Nasenspitzen-Zeigeversuch 201.
Natriumdampf 28.
Negative Schwankung am Muskel 154.
Nerv, Demarkationsstrom 153.
— Nachweis der Polarisation 148.
Nerv-Muskelpräparat, Herstellung 144.
Nervenreizung 144, 145.
Neuramoebimeter 202, 203.
Nichtleiter, elektrische 88.
NYLANDERsche Probe 82.
Nystagmus 170.
— calorischer 172.
— durch Drehen 171.
— galvanischer 170, 174.

Objektträger, Reinigung 4.
Öffnungsschlag 120.
Ohm 93.
OHMsches Gesetz 94.
Orientierungslinien am Brustkorb 34.
Osmotische Reizung des Nerven 144.
Oxyhämoglobin 27.

Pantostat 158.
Parallelschaltung von Elementen 97.
— von Glühlampen 108.
Parasternallinie 35.
Pepsin 12.
Perimeter 197.
— selbstregistrierendes 199.
Perkussion 33.
— der absoluten Herzdämpfung 36.
— der Lungen-Lebergrenze 35.
PFLÜGERsches Zuckungsgesetz 147.
Phagocytose 12.
Phenophthalein als Indicator 70.
— als Polreagenspapier 99.
Phenylurethan, Wirkung auf TRAUBE-Zelle 64.
Physiologisches Rheoskop 142.
Pinselelektroden 152.

Piston-Recorder 46.
Plessimeterfinger 34.
Plethysmograph für den Finger 48.
Pneumograph 53.
Polarimeter 83.
Polarisation im Nerv 148.
Polarisationsstrom in Elementen 91.
Polbestimmung 99.
Polreagenspapier 99.
Presbyopie 181.
Prismen 176.
Pseudoagglutination 30.
Pseudoisochromatische Tafeln 200.
Pseudopodien der Leukocyten 11.
Pulskurve 44.
Pupillenreflex 183.

Quellung 61.
— Bewegungserscheinungen durch 62.
Quellungsförderung durch Säure 61.
— durch Temperaturerhöhung 62.

Radialispuls 42.
Reaktionszeit 202.
Reduziertes Auge nach DONDERS 179.
Refraktäre Periode 127.
Refraktion, dynamische 180.
— statische 179.
Refraktionsanomalien 186.
Resistenzbestimmung der Erythrocyten 18.
Resonanz 165.
Respiratorische Arrhythmie 45.
— Verschieblichkeit 35.
Retinabild, Größe 179.
Rheoskop, physiologisches 142.
Rhodankalium, Nachweis im Speichel 65.
Richtungsstrahl 179.
RINNEscher Versuch 169.
Reizelektrode 156.
Reizpunkte, motorische 155.
— — der oberen Extremität 157.
Reizung, elektrische, des Froschherzens 126, 128.
— — des Froschmuskels 135.
— — menschlicher Muskeln 155, 159.
Röntgenbild des Herzens 41.
— der Lunge 40.
ROMBERGscher Versuch 201.
Rückenlymphsack des Frosches 11.
Ruhestrom an der Froschhaut 154.

Salzsäure, freie 69.
— gebundene 69.
— im Magensaft, Berechnung 70.
— — Titration 69.
— quellende Wirkung 61, 68.
Schallabströmen aus dem Gehörgang 170.
SCHEINERscher Versuch 181.
Schieberwiderstand 103.
Schließungsschlag 119.
Schmerzpunkte 162.
SCHWABACHscher Versuch 168.
Schwindel, galvanischer 174.
Sedimentum lateritium 78.
Sehleistung 185, 187.
Sehprobentafel 185.
Sehschärfe 186.
Sekundäre Zuckung 149.
Serum, Dialyse 59.
— Eiweißfällung 60.
— zur Blutgruppenbestimmung 29.
Shunt 112.
Sicherungen 96.
SNELLENsche Tafel 185.
Sole 77.
Sonnenspektrum 27.
Spannung 93.
Spannungsteilerschaltung, von Lampen 116.
— v. Widerständen 113, 114.
Speichel, Nachweis von Rhodankalium 65.
— Verdauung 66.
Spektroskop nach BUNSEN 24.
— nach BROWNING 25.
— geradsichtiges 25.
Spektrum 23.
Sphygmograph 42.
Sphygmomanometer 50.
Spirometer nach HUTCHINSON 56.
Stärke, Jodreaktion 65, 66.
— Lösung 65.
— mikroskopische Untersuchung 64.
— Nachweis im Kot 74.
Stärkeverdauung 66.
Stationäre Strömung, Gesetz der 104.
Statische Refraktion 179.
Stenopäisches Sehen 190.
Stereognosie 201.
Stethoskop 38.
STILLINGsche Tafeln 200.
Stimmgabelversuche 168.
Stöpselbrett 202.
Stromkurven 29.
Stromquellen 89.
Stromschlüssel 95.
— als Shunt 112.
Stromstärke 93.
Stromwender 98.
Sudan zur Fettfärbung 75.

Tasthaar 162.
TEICHMANNsche Krystalle 21.
Temperaturpunkte 163.
Tetanische Kontraktion 127, 140.
Testwörter zur Hörprüfung 167.
Thermoden 163.
THORNERscher Augenspiegel 196.
Thrombocyten 6.
Thrombocytenpräparat 9.
Tiefensensibilität 200.
Titration des Magensaftes 69.
Transformator 110.
TRAUBEsche Membran 63.
— Zelle 64.
TROMMERsche Probe 66.
— — im Harn 81.
Tyndall-Phänomen 58.

UFFELMANNsches Reagens 71.
Unpolarisierbare Elektroden 152.

Untersuchung von Gläsern 176.
— der Refraktion 187.
Urobilinnachweis im Harn 87.

VALSALVAscher Versuch 41.
Verdauung von Fibrin 68.
— von Stärke 66.
Verdünnungsflüssigkeit zur Zählung der Erythrocyten 12.
— — der Leukocyten 16.
Verletzungsstrom 153.
Vitalkapazität 56.
Volt 93.
VOLTAsches Element 90.
Volumpuls 48.

Wärmewirkung auf das Froschherz 129.
WAGNERscher Hammer 119.
Wahlzeit 203.
Watt 107.

WEBERscher Versuch 169.
Wechselströme 89.
Weicheiseninstrumente 105.
Widerstand, elektrischer 93.
Widerstände in Hauptschlußschaltung 103.
— in Spannungsteilerschaltung 113, 116.
Wippe 100, 102.
— als Shunt 112.

Zählkammer nach THOMA-ZEISS, ältere Form 14.
— — neue Form 17.
— nach TÜRK 17.
Zeitsignal, elektrisches 55.
Zuckerbestimmung im Harn, quantitative 83.
Zuckernachweis im Harn 81.
Zuckung 136.
— sekundäre 149.
Zylindergläser zur Korrektur des Astigmatismus 190.
Zylinderlinsen 174.

MIX
Papier aus verantwortungsvollen Quellen
Paper from responsible sources
FSC® C105338

If you have any concerns about our products,
you can contact us on
ProductSafety@springernature.com

In case Publisher is established outside the EU,
the EU authorized representative is:
**Springer Nature Customer Service Center GmbH
Europaplatz 3, 69115 Heidelberg, Germany**

Printed by Libri Plureos GmbH
in Hamburg, Germany